园林美学

主编　张汝山

黑龙江大学出版社
HEILONGJIANG UNIVERSITY PRESS
哈尔滨

图书在版编目（CIP）数据

园林美学 / 张汝山主编 . -- 哈尔滨 ： 黑龙江大学
出版社，2023.10
ISBN 978-7-5686-0868-8

Ⅰ . ①园… Ⅱ . ①张… Ⅲ . ①园林艺术－艺术美学－
高等学校－教材 Ⅳ . ① TU986.1

中国版本图书馆 CIP 数据核字（2022）第 154628 号

园林美学
YUANLIN MEIXUE
张汝山　主编

责任编辑	宋丽丽　范丽丽	
出版发行	黑龙江大学出版社	
地　　址	哈尔滨市南岗区学府三道街 36 号	
印　　刷	廊坊市广阳区九洲印刷厂	
开　　本	787 毫米 ×1092 毫米　1/16	
印　　张	11.25	
字　　数	269 千	
版　　次	2023 年 10 月第 1 版	
印　　次	2023 年 10 月第 1 次印刷	
书　　号	ISBN 978-7-5686-0868-8	
定　　价	39.80 元	

园林作为物化形态的艺术品表现出特有的美，但园林美只是园林的表象和形式，而不是形成园林审美功能的内在原因。只有用美学理论研究园林的造园思想，才能找出园林为什么美，进而总结其规律，并借鉴古今发展创新园林艺术，以更多、更鲜活的园林艺术品呈现世人。于是，美学的一个新的分支——园林美学应运而生。

近年来，随着我国经济社会的发展，园林美化事业也有了飞速的发展。随着人民生活水平普遍提高，人们对"园林美""绿色环境"的需求也越来越强烈，因此，园林美学面临很多新的课题。基于此，编者编写了《园林美学》这本书。本书主要包括美学概述、园林美学概述、园林美的形态、园林美的创造、园林审美，以及园林美学的继承与发展六章内容。

本书具有条理性强、文字简练、材料翔实、结构严谨、重点突出、深入浅出等特点。本书在编写中既注重对基本理论的阐述，又结合园林实际进行分析，图文搭配，可读性强。

本书既适合普通高等院校建筑、城市规划、风景园林等专业教学使用，也可供建筑师、城市规划师及相关从业人员参考阅读。

由于编者水平有限，书中如有不当之处，希望园林界同人不吝指教。

编　者

目录

园林美学

第一章

美学概述

美学是哲学的分支学科。1735 年，德国哲学家鲍姆嘉通第一次使用了"美学"一词，人们因此称他为"美学之父"。鲍姆嘉通依据另一位德国哲学家莱布尼茨的学说，把人的精神世界分为知、情、意三部分。逻辑学研究"知"，它引导人们达到真；伦理学研究"意"，它引导人们达到善。但是，还没有一门学科研究"情"（感情），鲍姆嘉通建议由美学研究它，由美学引导人们达到美，从而取得与逻辑学和伦理学同等的地位。

第一节　美学思想溯源

美学思想的产生与发展是一个漫长的历史过程，独立成为一门学科迄今不到300年。正因为它是年轻的学科，处于发展阶段，各家存有争议，形成不同学派、体系，乃至出现尚无定论的情况。

爱美之心，人皆有之。"惟天地万物父母，惟人万物之灵。"（《尚书·泰誓上》）人的概念涵盖远古至今，有了人类便有了美。随着人类物质生产不断向前发展，美的领域被扩大，美的形态日益增多，人类审美经验更加丰富，审美能力也日渐提高。近代文明促使人们向各领域深入细致地探索、思考，当归纳出认识世界的哲学时，便有了审美经验与意识。于是，最初的美学思想便应运而生。

一、西方的美学思想

西方的美学思想源于古希腊。早期的美学思想多为只言片语，且依附自然哲学。代表人物当推柏拉图和他的弟子亚里士多德。他们把对美的哲学思考同艺术实践结合起来。柏拉图提出的"什么是美"的问题，至今仍然吸引着无数学者去探索。亚里士多德的《诗学》则成了最早的文艺美学经典。

古罗马基本延续了古希腊的美学思想。昆图斯·贺拉斯·弗拉库斯的《诗艺》、卡苏斯·朗吉弩斯的《论崇高》，都是沿着亚里士多德开辟的文艺美学思维，提出并分析了崇高这一美学概念。

文艺复兴时期人道主义的生活理想得到发展，表现在文艺和美学方面有三大基本特征：①艺术独立于神学之外，使人的才能得以发挥；②重新评价古希腊文化，进一步探讨艺术创造中的理论与技巧，强调人的尊严与个性；③要求艺术描绘现实，不再描绘神。当时提倡艺术家研究自然科学理论，如光学、解剖学、透视学等，并运用于绘画创作。文艺复兴给美学思想发展带来了生机与活力，促进了学科的形成。

近代欧洲，新兴的资产阶级着力探讨认识世界的主观心理条件。英国的经验主义哲学、大陆理性主义哲学及法国的启蒙运动，都给美学思想发展注入了新的活力。如戈特弗里德·威廉·莱布尼茨、克里斯蒂安·沃尔夫对理性的研究，焦万尼·巴蒂斯达·维柯对想象的研究，大卫·休谟对感情和观念的研究，都对后来美学学科的提出做了思想和理论准备。维柯关于诗人是根据诗的想象而不是理智逻辑进行创作的观点，休谟在《人性论》中，用情感解释审美现象，把美归结为快乐等专心于人类主体心理研究的论点，终于导致了德国启蒙运动时期美学家亚历山大·戈特利布·鲍姆嘉通于1725年提出，1750年正式用"Asthetik"作为专著名称，建立了美学学科。

二、中国的美学思想

中国的美学思想源远流长、博大精深。一般认为中国的美学思想始于先秦时期，为我国以后各种美学思想的形成与发展奠定了基础。

1.儒家美学思想

儒家美学是中国古典美学最重要的派别。儒家美学家在春秋时代有史伯、师旷、单穆公、伶州鸠、医和、伍举、季札、子产、晏婴等，均论及味、色、声等感官的美，美与和、美与善的关系，美的概念等。

孔子（公元前551—公元前479年）总结了前人的成就，开创了儒家美学思想体系，是我国美学的奠基人，他的美学思想载于《论语》中。孔子思想的核心是仁，所以他说"里仁为美"，即有仁义的地方就是美的。"礼之用，和为贵。先王之道，斯为美。"他认为美好的制度是像先王那样调和恰当的礼制；美好的性格是"君子惠而不费，劳而不怨，欲而不贪，泰而不骄，威而不猛"。也就是说，君子给人民以好处而自己却不耗费，劳役百姓而又不使他们怨恨，有所欲求但不贪心，安泰而不骄傲，威严而不凶猛。孔子认为礼是文艺的内容，是最重要的。"礼云礼云，玉帛云乎哉？乐云乐云，钟鼓云乎哉？"如果没有礼这个内容，玉帛、音乐有何意义？孔子认为内容与形式和谐统一才是完美的文艺、完美的人。"质胜文则野，文胜质则史。文质彬彬，然后君子。"如果内容胜过形式，内容虽好但缺乏文采，则也会显得粗野；如果形式胜于内容，形式虽美而内容不好，就会虚浮，华而不实。只有内容和形式和谐统一，才是完美的。

孟子（约公元前372—公元前289年）的美学思想见于《孟子》一书。他针对美善不分的思想，最早区别美与善两个概念。他提出"可欲之谓善，有诸己之谓信，充实之谓美，充实而有光辉之谓大，大而化之之谓圣，圣而不可知之之谓神"。己所不欲勿施于人就叫作善；真诚叫作信；善和信充实圆满，并表现于外，就叫作美；美而又有光辉的叫作伟大；伟大而又光辉四方，感化万民，就叫作圣；圣到了极点而无法估量，就叫作神。孟子认为人之初，性本善，性格美是先天固有的。由于受外界事物的影响，有些人的性格才变恶。因此要修身养性，以保持固有的善性。他提出"养浩然之气"。孟子强调美感的共同性，他认为"口之于味也，有同嗜焉；耳之于声也，有同听焉；目之于色也，有同美焉。至于心，独无所同然乎？心之所同然者何也？谓理也，义也。圣人先得我心之所同然耳。故理义之悦我心，犹刍豢之悦我口"。在中国艺术心理学史上，孟子第一次提出"共同美感"的问题。其根据是人的感觉器官的共同性。

2.道家美学思想

道家美学思想是与儒家美学思想互相对立、互相补充的极为重要的美学思想派别。

老子（公元前571—公元前471年？）是早于孔子的一位思想家。他的美学思想载于

《老子》一书。老子提出美与丑的对立统一。他说："天下皆知美之为美，斯恶已；皆知善之为善，斯不善已。"美作为一种社会现象，不仅在与善的区别中表现其自身的特点，而且还在与丑（恶）的对立中显示其自身。老子认为美与丑又是可以相互转化的。"唯之与阿，相去几何？美之与恶，相去若何？"即唯唯诺诺与苛责训斥，在有些人身上可以统一；美与丑的区别，也非天渊之别。老子认为形式美也应排除，"美言可以市尊，美行可以加人"。但"信言不美，美言不信。善者不辩，辩者不善"。

庄子（约公元前369—公元前286年）的美学思想载于《庄子》一书。庄子认为"天地有大美"，即天地具有孕育和包容万物之美。庄子还指出"道""生天生地""覆载天地，刻雕众形"，即天地万物由道派生而出。"夫得是，至美至乐也。"得到了道，就会获得美的最大享受，获得最高的美感。

先秦至两汉，儒家重善轻美的哲学伦理逐渐被强化。魏晋南北朝时期，中国的美学思想并未重蹈中世纪欧洲美学思想受神学束缚而影响发展的覆辙。此时美不再被看作善的附庸，而是转变为重美轻善，美学思想疏远了政治伦理，与玄学、佛学的探讨相联系。至隋唐中叶，形成一种新的美学思想，即与佛学特别是禅宗结合起来，追求超脱人世烦恼，达到绝对自由，但不否定个体生命的价值，不完全脱离世俗生活，幻想通过个体心灵、直觉、顿悟达到一种绝对自由的人生境界。如果说先秦两汉把美学思想作为形而上学和伦理学问题进行研究，魏晋南北朝以后则转入了审美心理的探讨。明代中叶到戊戌变法，随着商品经济的发展，中国资产阶级开始萌芽，出现了个性解放的浪漫主义倾向。美学思想呈现出推崇唯真的自然之美，力求艺术独创，强调美与实用、功利的思想不同，重视审美心理考察。五四运动后，美学思想走上了用西方美学观点研究中国传统美学的道路。王国维等人的一批著作为建立中国美学做了开拓性的工作，而使近代中国美学具有独立形态的是辛亥革命后的蔡元培，他对美学的重视和对美育的提倡，使中国美学走上了真正意义上的发展之路。

应当承认，中国的美学思想先于西方产生，到20世纪30年代，中国出现了一批美学领域专家，到20世纪80年代形成当代中国美学体系。

第二节　美的内涵与特征

一、美的概念

目前，美学处在发展和走向成熟的阶段，但要给这门学科下一个不争的定义是不太现实的，只能大体上给出一个多数人比较能接受的概念。汲取各家对美学的界定，可将其归纳为：美学是研究美、美感和美的创造的一般规律的科学，从根本上说是一门关于审美价值的学科。由于主要通过对文学艺术中的哲学问题加以探讨来进行研究，美学又有"艺术哲学"之称。美学又与伦理学、社会学、教育学、历史学等社会科学，乃至数学、化学、物理学、生物学、工程学等自然科学相联系。因此，美学是介于各种学科之间的一门独立的"边缘科学"。

对美学的界定已是众说纷纭，但大都比较接近。而要回答美学中"美是什么"这个所谓美的本质的问题，就更为复杂、更显得莫衷一是了。

古往今来，许多著名的哲学家、美学家都探讨过美是什么，从不同的角度提出了众多不同的有关美的本质的定义。例如，美是人们的观念、美是和谐、美是典型、美是理念、美是生活、美是关系、美就是真、美就是善……多得难以计数。现代西方有不少人对美的本质能否被认识抱怀疑态度。这种局面似乎柏拉图早就意识到了，美可意会，不可言传，他所说的"美是难的"，让今天的人们仍有同感。

之所以"说不清楚"，是因为从审美客体（客观事物）分析，美是到处存在的东西，却并非一目了然。美，乍看起来一清二楚，稍加思索便觉玄妙，难解其真面目。这是因为美是发展变化的，有的甚至稍纵即逝，使人难以把握、琢磨。更主要的是，美还分别表现于自然界、社会生活和文学艺术作品中，并存在着不同的形态。所以，从不同形态、千差万别的美的事物中，得出其定性的本质，绝非易事。从审美主体（人）的方面看，古代人和现代人对美的追求与向往表现出极复杂的情况与差异，是很正常的。孔子的名言"智者乐水，仁者乐山""仁者见仁，智者见智"就论证了人对美的反应大相径庭。即使同一个人，对同一个对象，在不同条件下，往往也会产生不同的审美评价。这种差异同样给认识和把握美的本质造成很大的麻烦。何况社会生活中的种种怪异现象时常成为待解的谜团，其为美学研究者设置的棘手课题是可以预见的。

尽管如此，人们有理由相信，世间一切事物，都终将被认知。美是什么，其本质的科学界定，迟早会在争鸣中逐渐达成共识。原因有三：①先哲的探索、正反两方面的经验，为我们积累了大量可借鉴的思路。这笔巨大的财富，将使今日的学者起点更高，更接近谜底。②现代科技的发展为美学的研究提供了极为有利的条件。③历史唯物主义、辩证唯物主义哲学，足以克服历史的局限性。

二、美的本质

1.美是人的本质力量的感性表现

审美活动究竟是一种自然现象还是一种社会现象，是美学研究中首先碰到的一个相当复杂的问题。有人认为，灿烂的阳光、皎洁的月色、婉转的鸟语、馥郁的花香，以至巍峨雄伟的泰山、神奇绝妙的黄山、奔腾不息的黄河、一泻千里的长江……不都是先于人类而存在的吗？怎么说美是一种社会现象呢？伟大的生物学家达尔文在《物种起源》《人类的由来及性选择》等著作中，不仅认为美可以先于人类社会而存在，还论证了美的意识也非人类所独有。达尔文通过观察，得出了禽兽甚至昆虫都有审美活动的结论。事实上，动物求偶期的活动，同人类的审美活动不能等同视之，前者为自然现象，后者为社会现象。在人类出现以前，宇宙太空的万事万物，无所谓美，也无所谓丑，它们尚未取得美所具备的社会属性与社会价值。所以，美是一种社会现象，是一个社会历史的产物，并且随着社会历史的发展而不断丰富和发展。

马克思主义认为，人是社会的动物。人与动物的根本区别，并不只表现在人比动物在生理上更加完善，在智能上更加聪明，更表现在人有从事社会实践活动的能力。人们在创造性活动中显示出来的聪明、智慧、才能，在追求新生活中显示出来的理想、情感、愿望，都是人的本质力量的具体表现。人的本质力量的形成和发展，是以生产劳动和整个社会实践为基础的。人的本质力量是随着人类社会活动的不断展开和社会历史的不断前进而不断丰富和发展的。

肯定美的本源来自社会实践，肯定美的内涵在于美代表了人在社会实践中的能动因素，还不能充分说明美的事物的本质特征。美的内涵以可以感知的存在形态显现出来，美是一种感性存在。美的事物和现象总是形象的、具体的，总是凭着欣赏者的感官可以直接感受到的。无论是自然美、社会美还是艺术美，其内容都要通过一定的色、声、形等物质材料所构成的外在形式表现出来。任何抽象的概念、道理以及各种各样的科学定义、公式，可以是非常正确的，甚至可以是适用范围相当广泛的真理，但不能成为通常意义上的审美对象。

美不只是具体的、形象的，美还具有令人动情的感染力。无论是面对艳丽的鲜花、招展的红旗，还是聆听优美的乐曲，人们都会情不自禁地感到心旷神怡。美的感染性是美本身固有的特点，既不是单纯表现在内容上，也不是单纯表现在形式上，而是从内容与形式的统一中体现出来的。美的东西之所以能引起人们爱慕、喜悦的心情，其主要原因还在于它们显示了人的本质力量。美的感性形态是流动的、新颖的。由于人类自觉的活动具有一定的创造性，人的本质力量又是积极向上的，因此美必然是流动的，充满着生气和新颖性。美的新颖性在社会美、艺术美中表现得尤为突出。

2.美是一种特殊的社会价值

审美价值的特殊性在于对象事物的审美属性能够引起人们对自己的肯定，从而获得情感愉悦。这种审美价值也具有客观属性，但在没有具体的审美主体出现时，客体的审美价值只能是潜在的。只有在一定的客观条件下，在具有一定审美能力的主体（人）出现时，才能在客体与主体之间形成一定的审美关系。审美价值是社会性与客观性的统一。审美价值来源于人类的社会实践，美不能离开社会实践的主体——人，美只能对于人而言，只能为人而存在。但是，对于每个作为审美主体的个人来说，审美价值却不是主观的，而是客观的。

人们崇尚的真、善、美，实际上都是客观对象的社会价值。真，是指各个物种自身的自然状况及内在的客观规律。凡是美的东西，一般来说首先应当是真的，是蕴含和符合客观规律的，这在人类社会生活及其产品中表现得尤为明显。善，就是人类在实践活动中所追求的有用或有益于人类的功利价值。真是美的基础，善是美的灵魂。美不能离开真与善，不能违背真与善，这只是三者关系的一个方面。另一方面，美又有自身特有的质的规定性，不能同真、善简单地等同，更不能以真、善取代。如果认为凡是真、善的东西，就一定是美的，那就过于简单了。战争为什么有时显得美，有时显得丑？为什么有时激起人们崇高的热情，有时又表现出惨无人道的兽性？究其根源，主要在于历史上的战争，有的体现了社会发展的必然要求，是反抗邪恶、拯救人类的旗帜；有的则逆历史前进的方向而动，给人民大众的生活带来无穷的灾难。前者包含着"真"，体现了"善"，因而显示出美的价值；后者背离了"真"，充满着"恶"，所以是丑的。美的价值不但表现在经济实用上，更重要的还表现在精神上。一件衣服，首先要考虑它的使用价值，但人们之所以讲究颜色、式样，其重要原因就是要使人在精神上得到愉悦和满足。尤其是各种各样的艺术作品，更要考虑到人们的精神需要。美的社会效用主要在陶冶人的精神方面，它能丰富人们的生活，怡悦人们的心情，启发人们的思想，还能使人们的视野更加开阔，品格更加高尚，灵魂更加纯洁，精神更加振奋。因此，人的审美活动，无论是美的欣赏，还是美的创造，在整个人类社会历史发展中，特别是在精神文明建设中都有着非常重要的作用。

美同其他许多事物和现象一样，都存在着相对性。其相对性主要表现在它的时代性、阶级性、民族性等方面的差异上。某些事物在某一历史时代是美的，到另一个历史时代可能就不那么美了。所谓环肥燕瘦，就反映了我国封建社会中不同时代对于女性美的不同标准。在汉朝崇尚的是清瘦、窈窕的女性美，因而轻盈善舞的赵飞燕，被视为美女的代表。到了唐朝，肥硕、丰满又成了女性美的主要标志，所以，"温泉水滑洗凝脂"的杨玉环，得到了特别的青睐。在阶级社会中，某些美也会打上阶级烙印。俄罗斯著名浪漫主义诗人瓦西里·茹科夫斯基赞赏这样的诗句：可爱的是鲜艳的容颜，青春时期的标志；但是苍白的面色，忧郁的症状，却更为可爱。不同民族生活在不同的环境中，有着不同的文化传统与心理习惯，就酿成了美的民族特点。美的事物无论具有多么突出的相对性，总蕴含着客观的、确定的美的内容，体现了美的规律性、绝对性。美的相对性或绝对性，都有其产生的客观历史依据。一方面，美的事物固然同周围的条件、环境有关，因而具有相对性；另一方面，事物之所以美，主要原因在于它自身具有美的特点、符合美的规律，这就是绝对性的方面。美是相对性与绝对性的统一。这种统一具体表现在美的绝对性寓于相对性之中，美的相对性必然同绝对性相联系而存在；事物的相对美的延伸发展，组成了事物的绝对美。

三、美的特征

1.客观性

物质世界处处存在着美，它只能被实践着的审美主体感受到。在自然领域，浩瀚宇宙、日月星辰、风雨雷电、高山峻岭、江河湖海、树木花草、飞禽走兽，无论是经实践改造过的自然，还是未经实践改造过的自然，都有美的存在。在社会领域，从旧石器时代加工修饰形态各异的石器、弓箭、陶器，到奴隶社会浑厚凝重的青铜器，到封建社会精巧美观的漆器、瓷器、编织品、金属器具，再到现代化生产基地、生活设施、琳琅满目的商品，它们都闪烁着美的感性光辉。人们抗击侵略凌辱的爱国主义壮举，反抗阶级剥削和压迫、推动历史前进的光辉业绩，为了真理奋不顾身、永不屈服的凛然正气，都展示出人性中最美好、最亮丽的光芒。

精神领域的美也是客观存在的。人们的心灵美实际上是现实美的反映，是现实中人与人之间关系和谐美的反映。而且，心灵美总是要体现在语言美、仪表美、行为美之中。艺术美也是现实美的反映，从来源上说它是客观的、物质的。但它是经过艺术家审美心理的中介，而后又借一定的物质载体、媒介转化为美的艺术存在，是艺术家审美心理、审美趣味、审美观念、审美理想的物化形式，在其现实存在上是客观的。

2. 社会性

正如只有人类社会出现后才有善一样，美是人类社会出现后才有的，它来源于人类社会实践。自然美也不例外，没有人类社会实践对自然的认识和改造，就没有自然之美。太阳给予人类光明、热量，大地给予人类丰富的物产，因而是美的；老鼠、苍蝇、蛔虫于人为害，因而是丑的。可见，自然美的社会性是人类实践赋予的，是人类社会的产物。随着实践拓展深入，自然与人类联系日益密切，自然物除它的物质功利性外，还可以作为休息、观赏、游戏的对象，进而可以作为愉悦性情的对象，这样就有了有益于人类精神生活的功利性。像山花野草这些没有或很少有物质功利性的东西也成为人们审美的对象，甚至连一些在物质方面对人类有害的东西，其某些方面的属性也能启迪人的智慧和引起精神上愉悦，进而成为人们的审美对象，如老鼠的机灵、蝴蝶的舞姿。

自然美有社会性，社会美的社会性更是不言而喻了。

3. 形象性

美作为客观物质的社会存在，是可感的、具体的、形象的。美的形象，一方面在于它内容的社会功利性，即有用、有利、有益于社会生活实践，是对实践的肯定，是一种价值；另一方面在于它质料和形式的合规律性，如对称、均衡、比例和谐等，二者统一构成完整的形象。

自然中美的形象，作为合目的性和合规律性相统一的形式，使主体在它们身上看到自己的生活，看到自己求真向善的本质力量。否则，单纯的自然不会在人们心灵中产生宁静或震撼等各种不同的审美感受。

社会中美的形象，作为合规律性和合目的性相统一的形式，如人类生产活动及其产品，是为人类需要和目的服务的，它们应该是合目的性的；它们之所以满足人类需要，实现人类目的，又因为它们符合客观规律，是合规律性的。孔繁森的形象之所以高大完美，是因为他全心全意为人民服务。这美的形象是通过他自己的一言一行逐步树立起来的，直接显露了人性中最美好的东西，显露了共产党领导干部所应有的艰苦奋斗、无私奉献的高贵品质。

艺术美的形象是艺术家依据自己的审美理想精心选择、提炼、加工而成的，比现实美的形象更集中、更典型。外在的现实生活内容经过艺术家内在的心灵生活内容过滤而物化为客观的艺术美的形象内容，因而它已失去了直接物质功利性，仅是一种精神功利性。

第三节　审美感受与审美情趣

一、审美感受

审美意识的最基本、最主要的形式是审美感受，即狭义的美感。审美感受是其他审美意识的基础。审美意识区别于其他社会意识的本质特征，主要是由审美感受的本质特征规定和制约的。对审美意识的特征和心理形式的研究，主要是对审美感受的研究。

审美感受是一种由审美对象所引起的复杂的心理活动和心理过程。在这个过程中，不仅由于审美主体的各种复杂的心理因素以及它们之间的相互作用，也由于审美主体受本身种种特殊条件（如生活经验、世界观、心理特征等）制约，因此这种心理活动的结果，不是客观事物简单的、机械的复写和模拟。

关于审美感受中的各种心理因素、心理过程以及它们之间的复杂联系，限于心理学的发展水平，现在还很难做出十分严格的科学分析和论证。一般来说，可以肯定的是，感觉、知觉、联想、想象、情感、体验、理解是审美感受中不可缺少的几种基本心理因素。

1.感觉与知觉

感觉是人的一切认识活动的基础，是客观事物在人的头脑中的主观映像。客观事物自身具有多种多样的感性状貌，如各种色彩、声音、形状、硬度、温度等。感觉就是对事物的这些个别属性的反映。只有通过感受，审美主体把握了审美对象的各种感性状貌，才可能引起审美感受。审美感受中其他一切更高级、更复杂的心理现象，如知觉、想象、情感等，都是在通过感觉所获得的感性材料的基础上产生的。

在反映事物个别特性的感觉基础上，形成了人们对现实中客观事物和现象的知觉。知觉的主要特点在于，它不只反映事物的个别特性和属性，更把感觉的材料联合为完整的形象。知觉以感觉为基础。要知觉一朵红花，必须首先感觉到花的颜色、形状和姿态等个别特性，感受到的客观事物的个别特性越丰富，对该事物的知觉也就越完整。

人的审美感受，总要以知觉的形式反映客观事物。也就是说，客观事物是作为整体反映在审美主体意识之中的。人通过大脑的作用，依靠多种分析器的共同参与，才能够反映客观对象多种多样的特征和属性，并产生综合的、完整的知觉。

总括审美中知觉的活动和特点，首先，它特别注意选择感知对象的形象特征，使知觉中的感觉因素高度兴奋，使对象的全部感性及丰富性被感官充分感受。其次，在审美活动中，知觉因素是受想象制约的，想象以各种联想方式加工和改造着知觉材料。在审美感受的心理活动过程中，就一般情况来看，知觉先于想象，但知觉和想象又互相作用。即特定的知觉引起特定的想象，特定的想象亦促进知觉的强化。

2.联想与想象

联想与想象是审美感受中两个十分活跃的心理要素。它们都具有由此及彼、从一个表象跳跃到另一个表象的能力，这种联系能力丰富了审美活动的表象类型，使审美活动能够在更广泛的层面上展开。

联想是指由一个事物想起另一个事物的心理活动，它可以指由眼前感知的事物联想起另一个相关的事物，也可以指由所联想到的事物再想到其他事物。例如，古人由秋风起想起莼菜、鲈鱼，又由莼菜、鲈鱼想起家乡，是典型的联想过程。客观事物之间存在着广泛的联系，有些事物在某些方面具有相似性，有些事物经常一起出现，有些事物的特征正好相反，还有些事物互为因果等，这些相关的事物在人的头脑中形成记忆表象之后，大脑会自动在它们之间建立某种暂时性或永久性的神经联系，一旦感知触及联系网链上的一个表象，则其他的表象都可能被联想到，从而相应地形成了相似联想、接近联想、对比联想、因果联想等类型的联想。

想象与联想关系十分密切。联想是由眼前的事物想到记忆中的表象，想象则是被眼前的事物激发，对记忆中表象加以分析综合、加工改造，在大脑中创造出新的表象的心理过程，这种借助表象进行的特殊思维形式，也被通俗地称为形象思维。想象属于高级的认知过程，它被特定的问题或动机所推动，伴随主体的情感活动，对储存的表象进行创造性的加工改造，形成对不在眼前或未发生的事件或场景的构想。

审美中的想象，包括观赏风景的各种审美活动中的想象，区别于工程设计等科学研究中的想象的特征之一，是不带直接的功利目的，并伴随着爱或憎等情感，与情感互相作用。例如，杜甫的《对雪》中的名句"瓢弃尊无绿，炉存火似红"，瓢里没有酒且不说，分明没有火而又觉得炉中似乎有火，这种幻觉的产生，是人发挥想象的结果。而这种想象活动的引起，既与他的记忆相联系，也是此时此地诗人感到孤独和贫困的情绪状态所促成的。火炉的设计当然也需要想象，但它恰恰不满足于构成幻想，而是与怎样才能发热的功利目的结合着。

人们的联想和想象活动与他们的生活教养、经验密切相关。各种形式的联想和想象是建立在人类特有的高级神经活动的基础上的，而其内容则是社会生活复杂联系的能动反映。联想和想象是能动的，却不是纯主观性的；是自由的，却不是任意性的。联想和想象，无论自觉或不自觉，总是受客观对象的要求所规定和制约。它必然指向一定的方向，这样才能达到对对象的审美素质的真正把握。

3.情感与体验

情感是一种介于感性与理性之间的特殊心理状态，它既具有感性活动的形象性，又具有知觉活动的判断力，是对外界事物是否符合自身需要做出的判断以及因此而形成的态度体验。能够直接满足主体的需要或有利于促成主体需要得到满足的事物，会立刻激发起积极的情绪状态，如愉悦、快乐、兴奋等。反之，不能直接满足主体的需要或不利于促成主体需要得到满足的事物，则会激发起消极的情绪状态，如烦躁、紧张、忧虑等。

在审美活动中所产生的情感活动，有时也被称作审美快感，但这容易与生理快感混为一谈。生理快感不过是由生理欲望和冲动得到满足而引起的身心快适，它在本质上是物质性的，而不是精神性的。审美快感则是一种精神的愉悦，它要求的是所谓的"赏心悦目"，而不是物质情欲的发泄。因此，它是人的一种高级的情感活动。

审美中的情感活动，以对审美对象的感知为基础。一般来说，主体的情感活动与对象的感性形式是密切联系的。在审美中，审美对象引起的感受、知觉、表象本身就带有一定的情感因素，而在知觉、表象基础上进行的想象活动，更能推动情感活动的自由扩展和抒发。所谓"登山则情满于山，观海则意溢于海"，就是对古人审美中的情感活动伴随对对象的感知而展开的描述，这也就是"情景交融"的境界。

体验也称体会，是指审美者亲身经历、感悟事物或事件，留下深刻印象的心理过程。体验过的事物或事件会使我们觉得真实、可信，并记忆深刻，是不需刻意记忆，随时可以想到的经验。体验的过程伴随着起伏而具体的情感，也是体验能够在记忆中保留相当长时间的原因。

体验是主体在特定的场景中，对周围环境事物和自身的思想感情的体会。如大自然的美，建筑物的精致，人与人之间的情感，自身的思想与变化，自己说过的话、参与的事件等。这些生活体验随着阅历的增加，将越来越丰富。体验包括对外界的印象和对内心的反思，共同构成人们的生活经历。主体的亲身体验在心理世界可以看成个性、思想、语言和行为等共同组合成的自我意识和经验。人们通过自己的感觉器官、思想工具对事物或事件进行了解和感受，是通过实践活动来认识周围事物的过程。

4.理解

理解作为一种理性的思维活动，是渗透在一切心理现象之中的。知识的获得与能力的培养都需要理解的参与。理解是逐步认识事物的联系、关系，直至认识其本质、规律的一种思维活动，是以一定的知识为基础认识新事物的心理能力。一方面，理解不等同于体会。两者的差别在于，理解是对事物的逻辑关系表示赞同，往往是顺着脉理进行剖析，达到对事件逻辑关系的承认。而体会，则是对事件中出现的表象、场景等的感受，是靠联想和想象来关联的，以达到对对象的情感性体验。另一方面，理解的过程也必须要体会来配合。要想理解别人的行为和观点，其前提是站在对方的角度去设想其处境和思考问题，从而感受到对方的用意，对之加以合理的解释。一般来说，不同的个体是站在不同的角度去体会感受的，因此对同一件事，每个人的理解是不尽相同的。这是因为人们对事物的感受体会是有选择的，每个人的大脑对事物的不同分析决定了理解的结论的差异。而理解他人的想法和行为，就是根据已提供的线索和资料，站在他人的认识立场和情感角度去看问题，充分地体会他人的心路历程，加上逻辑推理的帮助，才能得出与他人相同的结论。

审美过程中的理解也是如此，对审美对象的相关知识与背景的理解，可以帮助欣赏者更全面地感知和鉴赏作品，也可以帮助欣赏者在已有的审美经验的基础上，展开联想与思考，进行深层次的审美创造和鉴赏。

二、审美情趣

所谓审美情趣，是指人在审美活动中表现出来的喜欢什么、不喜欢什么的情感的倾向。它不同于某一具体的美感心理过程中的情绪和情感活动，也不同于基于某一具体的美的认识而产生的美感愉快，而是体现在个人审美活动中的一种主观的好恶。

情趣有美丑之分，雅俗之别。凡是高尚的、健康的、文雅的情趣，都是美的情趣；凡是低下的、腐朽的、粗俗的情趣，都是丑的情趣。情趣给人的美感也是多种多样的，有高雅含蓄之美，有诙谐轻松之美，有磅礴壮阔之美，有纤柔小巧之美。

每个人都有自己特定的情趣。人们根据各自的兴趣爱好，参加各种各样的业余活动。随着社会生活的发展，人们的生活情趣也更加多种多样。张平治在《生活与美学》一书中就其活动的范围和项目、产生的功能和作用，把情趣分为若干类。属于艺术类的，如唱歌、跳舞、吟诗、作画、书法、摄影、读各种文艺作品、看电影电视、观看各种艺术表演等；属于体育类的，如打球、赛跑、游泳、滑冰、体操、登山、武术、弈棋等；属于消遣类的，如猜谜、散步、养花、钓鱼、打扑克、逛公园、出外旅行等；属于鉴赏类的，如养鱼、集邮、藏画、剪辑、装潢、收集古玩、采集标本、制作影集等；属于实用类的，如养鸡、种菜、烹调、裁剪、缝纫、编织、刺绣、理发、整容、制作家具、装修等。

以上的分类，未能包罗无遗，但从此亦可看出人类情趣之丰富多彩。

英国美学家和教育家斯宾塞曾说：没有油画、雕塑、音乐、诗歌以及各种自然美所引起的情感，人生乐趣会失掉一半。梁启超先生也说：情趣是生活的原动力，情趣丧失，生活便成了无意义。

美的情趣可以陶冶人的气质，影响人的性格，培养人的高尚情操，提高人的思想认识和艺术修养，还可以增加各种知识，开阔眼界，消除身心疲劳，促进身心健康，享受各种娱乐，感受生活的舒畅愉快。

第四节　生态美学

一、生态美学产生的时代背景

每个时代都有自己的审美观和价值观，不同的审美观与不同的人类思维范式密切相关。仪平策教授在《从现代人类学范式看生态美学研究》一文中认为，人类的思维范式大致经历了 3 个阶段，即古代农业文明阶段的世界论范式、近代工业文明阶段的认识论范式和现代后工业文明阶段的人类学范式。[①]

在人类历史进程的发展和思维范式的转变中，美学的学术立场也相应发生变化。古代美学所表述的和谐观主要体现了人对世界的依附和顺从，其学术立场可以视为一种客体本位论。近代美学的和谐观则建立在人的主体性的高扬以及由此带来的人与世界对立冲突的基础上。其学术立场可以称为一种主体中心论。

正是在近代工业文明阶段的主体中心论的引导下，人类将自身置于世界之上，以利用自然、改造自然的过程为美。这种思想鼓舞了工业进程的积极性，工业革命以爆炸式的速度席卷全球，人类的科学和技术急速发展，对自然的改造也大踏步进行。然而这种以人类为中心、以世界为对象的主客二元对立的思维范式导致了人类自信心的高度膨胀和对占有自然的强烈欲望，人类对资源的过度消耗和对自然的盲目改造首先导致了自然环境的恶化，资源的稀缺又进一步导致了社会结构的失衡，人类欲望的不断膨胀与残酷现实的相互打压使人类的精神世界危机重重。而自然生态、社会生态、精神生态三方面的问题就构成了近代工业社会的生态问题。

当人与自然、人与社会之间的关系以及人自身的精神世界的失衡产生了十分尖锐的冲突时，人们开始认识到生态问题的严重性，并纷纷行动起来寻求各种解决办法。其中，生态主义格外引人注目。生态主义要求人类真正超越个体或局部利益至上的价值观以达成对自然界与整体利益的尊重。这种对过去主客二元对立框架的超越使人类思维范式进入了后现代文明阶段，人类开始将感性具体的人类生活本身肯定为真实的、终极的实在，视为理性、思维的真正基础和源泉。

在后现代的经济与文化背景下，人类的哲学观、人生观、世界观、价值观都发生了生态化的变革，表现在美学上，也带来了审美观念的生态变革。法国社会学家费里于 1985 年指出，"生态学以及有关的一切，预示着一种受美学理论支配的现代化浪潮的出现"。正

[①]　仪平策：《从现代人类学范式看生态美学研究》，载《学术月刊》2003 年第 2 期。

如费里所预见的那样，从 20 世纪 80 年代后期开始，生态美学思想在美国悄然兴起。而正是在生态批判的发展中，生态美学理论也得以实践与发展。

生态美学的诞生，呈现出深刻而又丰富的问题域。作为一种崭新的理论形态，或后现代文化背景下一个极为重要的美学理论课题，生态美学的深刻性首先在于它所拥有的价值立场与理论向度。这种价值立场与理论向度突出表现在生态美学是从一种新的存在观的高度，重新思考人与现实、人与自然、人与文化间的审美关系，是对美学现代性的深入思考与反省。

二、生态美学思想的内涵

对于生态美学的含义，有狭义与广义两种理解。狭义的生态美学着眼于人与自然环境的生态审美关系，提出特殊的生态美范畴。广义的生态美学则包含人与自然、社会以及自身的生态审美关系，是一种在当前经济与文化背景下产生的有关人类的崭新的存在观。它是在后现代语境下，以崭新的生态世界观为指导，以探索人与自然的审美关系为出发点，涉及人与社会、人与宇宙以及人与自身等多重审美关系，最后落脚到改善人类当下的非美的存在状态，建立起一种符合生态规律的审美的存在状态。所以说事物所表现出的生态美不仅体现了这一事物的美，还体现了对整个生态系统的审美观照。某一事物的美和整个生态系统的美也是不可分割、不能独立存在的。生态系统的范畴指的是人与自然构成的生命体系，以及支持该生命体系存在的物质环境和精神人文环境。生态美体现在生命从产生到消亡的整个过程中，也体现在人和自然、人和他人、人和自身这些多重关系的相互协调之中。

三、生态美学发展过程中的主要观点

1.马克思"自然向人生成"的观点

众所周知，早在自然生态学诞生之前，马克思就以深邃的远见表达了一种生态学的意蕴及智慧。在《1844 年经济学哲学手稿》中，马克思不仅明确提出了"自然向人生成"的观点，指出人是自然界的一部分，全部所谓世界史不过是人通过劳动生成的历史，不过是自然向人生成的历史。历史本身是自然史的一部分，是自然界生成为人这一过程中的一个现实部分。而且，更为重要的是，马克思还特别强调，自然界是关于人的科学的直接对象，始终主张人的自然主义和自然的人道主义的统一，把人和自然以及人和人之间的对抗的真正解决，看作存在和本质、对象化和自我肯定、自由和必然、个体和族类之间的抗争的真正解决。马克思的这种自然主义和人道主义统一的观点，在他的《政治经济学批判》和《资本论》中得到贯彻。当代中国美学曾流行一种观点，认为"自然向人生成"是个深刻的哲学课题，这个问题又真正是美学的本质所在。马克思主义的思维与存在的同一性，把自然的人化看作这种同一性的伟大的历史成果，看作人的本质之所在？是深刻的历史唯物主义和实践论哲学,它指向审美领域。"自然向人生成"何以能够指向审美领域,成为美学的本质之所在?仅以自然人化和历史积淀的观点去解释是远远不够的,它同样需要生态学的思想和方法。马克思的这些理论和见解之所以具有生态学的精神和价值,就在于它是以人类的"类存在"和"类本质"为理论视界,在更高的程度上,把人和自然、人本主义和自然主义有机地综合起来,把自然界的生成规律与人的价值目的统一起来,并对自然界存在的意义以及自然界生态智慧中所具有的丰富的人本内涵,做出了明确的肯定和深刻的揭示。正如马克思、恩格斯所反复强调的,不仅自然事物"物物相需",人作为自然的一个有机组成部分,也与整个自然以及自然中的其他事物相互依赖、互生和共生。对于自然来说,我们不是外人,我们与自然是一体的,我们的血肉和大脑,都属于自然,我们就生活在自然中。这些理论的价值取向在于探知世界整体关联性的秘密,倡导人与自然、人与社会关系的和谐、并存与共融互补。马克思的理论有丰富的生态哲学内涵,它不仅为生态学进入人类广泛的社会实践和文化领域提供了理论前提与方法论依据,也从本源、科学的层面上提示了美存在的生态学奥秘。

2. 海德格尔"天、地、神、人四方游戏"的观点

生态美学是在打破传统的二元对立的哲学思维模式基础上,借鉴萨特、海德格尔等的存在哲学,而建立起的生态美学特殊的生态哲学体系,其主张自然界的整体性、统一性、联系性和平衡性。生态美学已经打破了主客二分的思维模式,用一种存在论的整体观念来思考,主张把整个自然万物都放在生态环境的整体之中,在生态链环上互相影响、互相作用,使世界处于一种相互依存的动态和谐的变化之中,使整个生态环境充满着生命的韵律。在这个逻辑起点中,不存在人与自然、主体与客体的对立分化,而是在整个动态的变化中,生态有其自身的发展规律,在规律中寻求内在的平衡和与外在事物的和谐共处,在平衡中保持整个生物界的延续,这种整体的、联系的、平衡的关系正是生态美学发展的理论思维来源。陈望衡明确指出"生态美学的哲学基础是生态哲学"。他用生态哲学中的"部分与整体""主体与客体"阐释生态美学的逻辑思维框架,生态哲学中的"整体"是着眼于整个生物界的,万物都是这个整体中的一个环节。事物的整体与部分的分别只具有相对的意义,不具有绝对的意义。离开部分,整体将不复存在,而离开整体,其部分也不能成立,整体与部分在整个生态系统中不存在地位高低、功能主次之分,两者是互相影响、互相决定的平等关系。王德盛把生态美学界定为"亲和"美学,认为人和世界的关系不是主体和客体的"对象性存在",而是一种"亲和性"的价值存在,自然、社会、人自身的各种外部存在形式转化为一种内在的生命体验和生命关怀,并发现了人与世界相互联系的内在审美方式。"亲和"是在整体合一的生态世界中所达到的一种平衡、和谐、统一,是建立在生态哲学所强调的人与自然万物整体、平等的基础之上的,是对生命联系的内在延伸。

人类与地球及自然不是相互对立的,而是构成一个有机的整体。这是生态中心主义哲学观最重要的理论,是其区别于主客二分的传统思维模式的基本点。需要阐明的是,"生态中心主义"原则中的平等是一种相对的平等,是每个存在物在生命环链之中的平等。人类

和动、植物在生命环链中所处的位置不同，但是都应充分具有生存、繁衍和体现自身的发展的权利，人类的这种权利应以尊重其他物种的权利为其前提。

现象学大师胡塞尔首先提出主体间性概念，为了避免先验自我的唯我论嫌疑，他企图寻找先验主体之间的可沟通性，把基于"先验统觉"之上的主体之间达成共识的可能性称为主体间性，这种主体间性是认识论的主体间性，而不是本体论的主体间性。但是，主体间性概念一经提出，就超出了主体性的框架。在存在哲学的代表人物海德格尔晚期的哲学思想中，主体间性才具有了本体论的意义。他批评了技术对人的统治和对自然的破坏，提出了"诗意地栖居"的理想，认为栖居本身必须始终是和万物同在的逗留，属于人的彼此共在。具体地说，就是大地、苍穹、诸神和凡人，这四者凭原始的一体性交融为一。这种"天、地、神、人四方游戏"的思想体现了一种主体间性的哲学。

3.康德"无利害、推己及人"的观点

在康德的三大批判里面，判断力批判常被称为第三批判，这不仅是写作时间先后顺序的缘故，更重要的是因为康德批判哲学的原先构想只有第一和第二批判，只是写完之后才发现缺了一块，即自然与自由之间存在着巨大的鸿沟，无法实现从前者到后者的过渡，因此必须在二者之间搭建一座桥梁，第三批判就是在这种情况下产生的。康德批判哲学的核心就是人的自由问题，它贯穿三大批判的始终。首先，第一批判提出了人的先验自由的命题。其次，第二批判提出了实践自由的命题。最后，由于无论先验自由还是实践自由，都是超越感性层面的，并不能证明人在感性现实生活中能够实现自由，即实现从自然的人到自由的人的过渡。第三批判从自然的合目的性出发，证明了通过审美活动，人是可以实现自由的。因此，康德美学并非一般意义上的艺术哲学，而是直接问话人何以为人的"人学"。人在审美活动中对审美对象采取一种非功利欲望的审美观照，这与生态哲学对对象的非功利自由观照在思想上是一脉相通的。就此而言，康德美学的生态意蕴显而易见。

四、当前中国生态美学的理论形态

虽然生态美学在我国发展时间不长，但是研究的成果颇丰。在我国越来越重视生态文明建设的现实背景下，学者们建构出了各具特色的生态美学的理论形态。如党圣元认为，曾繁仁、曾永成、袁鼎生的生态美学观，是我国生态美学研究中较为完善、具有代表性且影响广泛的几个理论成果。[①] 又如胡友峰认为，程相占、曾繁仁、陈望衡以及鲁枢元等人的研究成果，是我国生态美学当代话语体系的主要理论形态。[②] 具体而言，有如下比较典型的理论形态。

---

① 党圣元:《新世纪中国生态批评与生态美学的发展及其问题域》，载《中国社会科学院研究生院学报》2010 年第 3 期。
② 胡友峰:《中国当代生态美学研究的回顾与反思》，载《中州学刊》2018 年第 11 期。

1. 曾繁仁的生态存在论美学

生态存在论美学以存在论的生态哲学作为理论基础。胡塞尔现象学的提出，是通过"悬搁""现象学还原""交互主体性"原则对二元论进行解构，提供了一个全新的观察、理解世界的角度，对生态美学起到了开启道路的作用。海德格尔、梅洛－庞蒂则使生态美学得以深入并趋于完善。生态存在论美学的另一个理论支撑是中国古代传统美学——气本论生态生命哲学，涉及生命本体之美、书画之美、音乐之美、诗文之美、日常生活之美、身体之美、戏曲之美、建筑之美。曾繁仁认为，生态美学的重点是培养一种审美观念。生态美学是时代的必然产物，它不是一种具体的美学形态，而是新时代的审美观念。它代表着一种栖居之美、一种生存与生命之美。曾繁仁教授首先对"实体"之美与"关系"之美做出解释，明确了生态存在论美学中生态美的定义以及生态美学的存在论差异。在存在论生态美学中自然之美并不是我们传统意义上认为的实体环境之美，而是生态存在论的家园之美，也就是海德格尔提出的诗意的栖居的状态之美、关系之美。曾繁仁指出，要以整体论生态观作为生态审美教育的哲学基础，改变传统的、占统治地位的"人类中心主义"生态观，以这种关系之美代替传统的艺术成为生态审美教育的新手段。

2. 曾永成的人本生态美学

曾永成基于马克思的"自然向人生成"观点提出"人本生态观""生成本体论"。[①]人本生态观认为人是在躯体的基础之上具有思想、精神，能实践的人。人类的生态意识，特别是马克思主义的人本生态观，作为"自然界的自我意识"，就是对自然界的生态规律的"发现"。只有从"生成本体论"出发来认识人本生态美学，才能更加准确地领悟人本生态美学思维视域的基本精神。自然向人生成的过程中，存在着普遍的生命体生态调节方式，也就是节律感应。节律感应最终随着人的生成而上升为一种主体性的审美"关系"。在人本生态学视域下，审美活动是在人类自我生成的过程中产生的，并且在"节律感应"的规定下具有生态性。在审美活动中审美需要和审美活动的功能相互作用、相互影响，审美需要是在自身生命节律之下的一种享受和改善自身状态的生物性本能，审美对象以精神节律、自身表现出的意义来激发审美主体的感应，使其生命节律发生变化，审美需要得到满足。

3. 袁鼎生的审美生态观

袁鼎生确立了美学的元范畴"审美场"。[②]作为生态美学的核心范畴、整体研究对象，生态美学的理论构成依据生态审美场的生成、转化、发展而展开。生态审美场的本质是生态审美活动圈。在袁鼎生看来，整个人类审美场是以时间顺序排列成的审美文化生态圈。由古代具有依生之美的天态审美场转化为近代具有竞生之美的人态审美场，再转化为现代具有共生之美的生态审美场。整生是生态美学的精髓，象征着生态系统相互融合的运行形

---

① 曾永成：《从生成本体论到人本生态观——对马克思"自然向人生成"说的生态哲学阐释》，载《成都大学学报（社会科学版）》1998 年第 4 期。
② 袁鼎生：《生态艺术哲学》，商务印书馆 2007 年版。

态，是生态美学整体规律的表征，是生态美学中的最高生态方法，也是对生态辩证法的运用与演绎。

4.鲁枢元的生态文艺学[①]

生态批评家鲁枢元是我国生态文艺学学科的开拓者。生态文艺学的着重点在于对文学艺术与自然的关系进行探究讨论。在生态文艺学中，最重要的概念是精神。鲁枢元将"精神生态"与"自然生态""社会生态"并列，将精神生态学视为生态文艺学今后的发展方向。出于对现代性的思考，鲁枢元认为精神生态的发展或衰败会引起自然生态的状态变化，人类精神在生态系统中处于主导地位，如今的生态危机便是人类精神生态失衡的体现。在此背景下，鲁枢元提出"精神圈"概念，并将"精神圈"纳入生态系统之中。精神圈是代表着一个人的信念、理想、精神等的一个虚拟的圈，作为生态系统的最高层次在很大程度上决定着生态系统的运转方向。他认为文学艺术是精神的丰富来源，艺术是"精神圈"的主要表现形式，通过艺术将自然转化为精神资源，可使文明与文化不断发展。

5.程相占的生生美学

"生生"一词源于《周易》，代表着中国古代围绕着生命生长的哲学智慧。生生美学的提出也证明着中国古代文化传统中存在着生态美学。生生美学关注人类如何更好地生存。生生美学是对"文弊"的批判。"文弊"是"文明"的对立面，是人类历史中的假、恶、丑的一面。审美活动恰恰是对"文弊"的超越，生生美学的建构强化了美学作为"文化病理学"对"文弊"的批判功能，其未来发展还会因与城市美学、环境美学、身体美学等学科结合而更为明朗。

6.陈望衡的环境美学

陈望衡认为美学的意义在于与现实相结合的发展。他将环境美定位成一种"家园感"。"乐居""乐游"是环境美的两大体现。[②]居在环境美中是最主要的功能，占决定性地位。游服从于居，只有在居的条件满足后，游才会慢慢成为可能。环境美学关注的重点是人的生活，将环境构造出家园感是环境美学的实践目的。环境美学提倡将美学与人居环境相结合，以审美的眼光看待工程，将工程做成景观，主张打造历史感城市以及山水园林城市，不应当将农村景观当作城市景观来改造，农村景观应当更加突出人与自然、人与人之间的亲近性。

综上所述，我国生态美学在理论方面已经发展出了若干流派，取得了不少成绩。我国生态美学的发展趋势，将表现在以下几个方面。

第一，进一步建立和完善生态美学的中国话语。许多学者在发表自己的学术见解时，大部分运用的都是西方学术话语。我国生态美学建设应当继续挖掘自身理论资源，总结提炼自身的实践经验，运用中国的概念、理论、智慧，创造出富有中国特色的生态美学话语，

---

① 鲁枢元：《生态文艺学》，陕西人民教育出版社2000年版。
② 陈望衡：《环境美学》，武汉大学出版社2007年版。

使其更好地服务自己、更自信地走向世界。

第二，进一步挖掘我国传统文化中的生态美学思想。中国是具有五千年历史的文明古国，古代农耕文化所体现的依靠自然、敬畏自然的人与自然相处模式融入了中华民族的美学理念。在"轴心时代"诞生的中国古代哲学典籍、文学艺术作品中都包含着丰富的生态智慧。我们应当进一步挖掘并进行创造性转化，使其重新散发出智慧的光芒。

第三，进一步从实践维度践行生态美学理论。要让生态美学不再是书斋里的学问，生态美学就必须走向社会发展的各个领域，走向生态文明新时代，走向建设美丽中国这个宏大的实践场。在中国特色社会主义新时代，我国社会主要矛盾已经发生转变。如何让人民更生态地、更美丽地生活，将是生态美学面对的实际问题，它必须能够为美丽中国的建设提供正确的理论指引。

第二章

园林美学概述

园林美学是美学的分支学科，是一门研究园林艺术美特征和规律的学科。通过对由自然美、社会美、艺术美三者结合和渗透的园林进行分析，提高我们对园林的审美能力，增强我们的创美意识。

第一节　园林美学基本观点

一、园林美学的相关概念

1.园林

园林的起源很早，但"园林"这两个字的广泛使用是从中华人民共和国成立以后才开始的。从园林产生和发展的历史来看，不同的历史时期，不同的民族，不同的国家对园林这个概念的使用是不同的。如中国历史上曾出现"囿""苑"与"园"等不同的名称。日本则称"造园"。美国习惯用"风景"（Landscape）这个概念。美国使用"风景"的概念主要受欧洲的影响。园林概念的不同名称反映了园林在不同的发展阶段中内容和形式的变化，也反映了不同民族、不同文化传统对园林的认识和影响，同时还反映了园林从低级到高级、从简单到复杂的发展过程。

园林的名称可以不同，但其本质是共同的。园林一开始就是社会实践的产物，这也是共同的。园林一开始就与人类社会的物质生产不可分割，并且随着人类社会物质生产实践的发展而发展。原始社会，人类的物质生产能力低下，人们生活资料的获得已经相当困难，是不会想到建造园林的。只有当社会的物质资料的生产能力发展到一定的程度，并且出现了与之相适应的精神财富时，才有可能逐渐产生供人安乐享受的园林。正如恩格斯指出的：人们首先必须吃、喝、住、穿，然后才能从事政治、科学、艺术、宗教等活动。这一历史唯物主义的基本原理对我们研究园林美学的理论是十分重要的。

从园林的最初形态来看，可以说它是生产实践的直接产物。从种植刍秣（喂牛马的草料）和狩猎的场地，到专门种植植物和圈养动物的"囿"都是由于生产和生活的需要而产生的，似乎看不到它们与造园思想的联系。历史唯物主义告诉我们：社会存在决定社会意识，社会意识能动地反作用于社会存在。人们的生产是有目的、有意识的实践活动。当时人们是有目的、有意识地在发展生产，所以"田"和"囿"的出现绝不是任意的、偶然的，而是人们长期生产和生活实践的经验积累。事实上，奴隶社会出现的狩猎场地，是帝王巡猎和消遣的活动场所。因此，园林的最初形态实际上是人们生产意识的反映，也是人类生活实践经验的物化。当然，那时还谈不上完整的造园思想。造园思想的产生、丰富和完善直接依赖社会实践的不断发展。

2.园林美

园林美是风景园林师对生活（包括自然）的审美意识（思想感情、审美趣味、审美理想等）和优美的园林形式的有机统一，是自然美、艺术美和社会美的高度融合，是衡量园林作品艺术表现力强弱的主要标志。

园林作为一个现实生活境域，营建时就必须借助物质造园材料，如自然山水、树木花草、亭台楼阁、假山叠石乃至物候天象等，这些自然事物是构成园林艺术作品的基础。将这些造园材料精心设计，巧妙安排，便可创造出优美的园林景观。因此，园林的美首先表现在园林作品的这些可视的形象实体上，如假山的玲珑剔透、树木的红花绿叶、山水的清秀明洁……这些造园材料及由其组成的园林实境的美的属性构成了园林美的第一种形态——自然美。同时，这些自然物还构成了可供人们游憩的现实生活境域——实境。

尽管园林艺术的形象是具体而实在的，但是，园林艺术的美又不仅仅局限于这些可视的形象实体上，还借山水花草等形象实体，运用种种造园手法和技巧，合理布置造园要素，巧妙安排园林空间，灵活运用形式美的法则，传达人们特定的思想情感，抒写园林意境。也就是说，园林艺术作品不仅是一个简单的物象、一片有限的风景，还要有象外之象、景外之景。这与诗歌、绘画有许多共同之处，即"境生于象外"。这种象外之境，即园林意境，此为虚景，它是"情"与"景"的结晶。重视艺术意境的创造，是中国古典园林在美学上的最大特点。中国古典园林的美可以说主要是意境美，也就是一种艺术美。园林的艺术美在中国古典园林中还有很多体现，例如，在有限的园林空间里，缩影无限的自然，造成咫尺山林的感觉，达到小中见大的效果，艺术空间无意中被拓宽了。再如，扬州的个园，成功地布置了四季假山，运用不同的素材和技巧，使春、夏、秋、冬四季的景色同时展现，从而延长了艺术时间。这种拓展艺术时空的造园手法强化了园林美的艺术性，使艺术美得到很好的体现。

当然，中国园林艺术绝没有因为重视意境的创造而忽略社会美的创造。事实上，园林艺术作为一种社会意识形态，绝不会纯粹地为艺术而艺术，它自然要受制于社会而存在。作为一个现实的生活境域，亦会反映社会生活的内容，表现园主的思维倾向。例如，法国的凡尔赛宫苑，其园林的严整布局，是君主政治至高无上的象征。再如，上海某公园的缺角亭，作为一个园林建筑的单体审美，缺角后就失去了其完整的形象。但它有着特殊的历史意义：建此亭时，正值东北三省沦陷于日本侵略者手中，园主故意将东北角去掉，表达了为国分忧之心。理解了这一点，就不会认为这个亭子不美，而是感受到一种更高层次的美的含义，也就是社会美。还有许多与园林有关的自然景物传说所体现出来的美，实质上也是一种社会美。

可见，园林美应当包括自然美、艺术美、社会美三种形态。用简式表示，即"园林美＝自然美＋艺术美＋社会美"。

系统论有一个著名论断：整体不等于各部分之和，而是要大于各部分之和。英国著名美学家赫伯特·里德（Herbert Read，1883—1968年）曾指出：在一幅完美的艺术作品中，所有的构成因素都是相互关联的，由这些因素组成的整体，要比其简单的总和更富有价值。[1]园林美不是各种造园素材单体美的简单拼凑，更不能理解为自然美、艺术美和社会

---

① 里德：《艺术的真谛》，王柯平译，辽宁人民出版社1987年版。

美的累加，而是一个综合美的体系。各种素材的美、各种类型的美相互融合，从而构成一种特殊的美的形态——园林美。

3.园林美学

园林美学是应用美学理论研究园林艺术的美学特征和规律的学科。

近年来，我国文艺园地空前繁荣，美学领域也得到了长足的发展。与其他学科的发展趋势相类似，美学的研究也要求宏观、微观结合在一起。宏观要求高度的抽象，更富哲学性，站得高，看大体和整体趋势，对微观起指导作用。微观要求具体、细致、深入，要求多角度、多层次，为宏观研究提供思考和概括的材料。宏观和微观相结合，相得益彰。因此，美学研究表现出既分化又综合交叉的发展趋势。一方面，哲学意味很浓的、高度抽象的、与艺术心理学和艺术社会学密切结合的普通美学或美学基本理论仍继续得到发展。另一方面，出现了音乐美学、电影美学、小说美学、书法美学、绘画美学、建筑美学、技术美学等美学的应用分支学科。美学研究的这两种趋势为创立园林美学提供了一定的理论基础，同时也为园林美学的创立树立了良好的典范。从园林艺术本身的发展来看，中国园林艺术，尤其是中国古典园林艺术业已取得了灿烂辉煌的成就，为建立园林美学提供了比较完备的实践资料。

随着园林事业的复兴，园林理论研究工作也有了很大的发展，对建立园林艺术美创造了可能条件。当然，目前园林的艺术理论仍大大落后于园林艺术实践的要求，这不仅表现在目前尚无系统的园林艺术理论来指导园林创作，也表现在没有统一的、客观的园林艺术审美标准来评价作品以及指导人们欣赏园林。人们会说"萝卜青菜，各有所爱"，但作为共同的民族，共同的时代，应该有一个统一或相近的客观的审美标准。而且，现在提到的很多所谓园林艺术理论大多套用中国的古典画论。多少年来，我们一味地强调园林与绘画的共通之处，却忽视了它们作为两种不同艺术类型的明显的个性差别。不能否认共同诞生于中华民族文化之中的园林和绘画有着共同的艺术精神，但两者均应有各自完整的艺术理论。从某种意义上说，长期套用使园林艺术自身理论得不到发展和创新，以至当前，园林界不仅在园林艺术的概念和范围上存在着很大分歧，而且连关于主要造园材料在园林中的地位和作用的评价亦无一个客观的科学的态度。从园林创作方面来说，对园林作品的评价也缺乏统一的标准。园林的设计方案甚至可以为少数人所左右。从园林欣赏的角度来看，许多优秀的园林作品似乎只为少数专家所欣赏，更多的游客只是走马观花、看看热闹，因为他们缺乏应有的园林艺术知识，以及园林审美理论的指导。美学应该能够影响人们的审美活动，是艺术创作和欣赏的一种强大的精神力量。从园林艺术方面来说，美学应当用于园林创作与园林欣赏实践。要做到这一点，就必须将美学理论与园林艺术相结合，形成一门新的边缘交叉学科——园林美学。它理应与音乐美学、电影美学、建筑美学、技术美学等并列，成为应用美学的一个年轻分支。

园林美学要对园林这门艺术做哲学的、心理学的、社会学的研究，就应当从哲学的、心理学的、社会学的角度研究园林艺术的本质特征，研究园林艺术和其他艺术的共同点与不同点，分析园林创作和园林欣赏中的各种因素、各种矛盾，然后找出其中规律性的东西。

在研究园林美学时要注意以下几个问题。

第一，园林美学主要是研究为什么这样的园林是美的，以及隐藏在园林现象背后的东西，而不是研究什么样的园林是美的。

第二，园林美学主要是要解决园林现象中为什么会出现美与丑的疑问，而不是研究园林中美与丑的比较和关系。

第三，园林美学中可以介绍一些不同流派的园林美学特征，但要注意园林美学不是古今中外各种园林的比较学。园林美学的任务是说明园林的不同流派的美学特征的原因何在。

4.美学与园林美学的关系

美学和园林美学是既有联系又有区别的两门学科。

美学与园林美学都与哲学有着密切的联系。美学和园林美学的客观性和社会历史性是一致的，因此两者都属于社会科学；美学和园林美学的一些基本范畴虽有区别，但美学中的一些基本范畴，如美、崇高、优美等在园林美学中也是基本适用的；美学和园林美学都是要揭示事物的本质及其规律，因此两者的思辨性质在本质上是一致的。

美学和园林美学的区别也是比较明显的。美学是以艺术为中心，研究整个人类对现实的审美关系，美学研究的内容涉及人类社会每个领域。而园林美学是以造园思想为中心，研究人对园林的审美关系，研究的内容虽然比较广泛，但没有涉及人类社会的每个领域，而主要涉及园林的历史存在。美学是研究一般规律的，园林美学是研究具体规律的。美学和园林美学各自的任务也不同。美学的任务从根本上说，是从世界观和方法论上研究美的本质和人对现实的审美关系。园林美学当然离不开世界观和方法论，但其主要任务是帮助人们认识园林的本质和园林的审美功能。因此，我们可以说美学和园林美学的关系很像哲学和具体科学的关系，美学给园林美学提供世界观和方法论的指导，园林美学的研究成果反过来又极大地丰富和完善美学的理论内容。

二、园林美学研究的内容和范围

1.传统园林美学研究的内容

（1）园林史，主要研究世界上各个国家和地区园林的发展历史，考察园林内容和形式的演变，总结造园实践经验，探讨园林理论遗产，从中吸取营养，作为创作的借鉴。从事园林史研究，必须具备历史科学（包括通史和专史），尤其是美术史、建筑史、思想史等方面的知识。

（2）园林艺术，主要研究园林创作的艺术理论，包括园林作品的内容和形式，园林设计的艺术构思和总体布局，园景创作的各种手法，形式美构图原理在园林中的运用等。

园林是一种艺术作品，园林艺术是指导园林创作的理论。从事园林艺术研究，必须具备美学、艺术、绘画、文学等方面的基础理论知识。园林艺术研究应与园林史研究密切结合起来。

（3）园林植物，主要研究应用植物来创造园林景观。在掌握园林植物的种类、品种、形态、观赏特点、生态习性、群落构成等植物科学知识的基础上，研究园林植物配置的原理，植物的形象所产生的艺术效果，植物与山石、水体、建筑、园路等相互结合、相互衬托的方法等。

（4）园林工程，主要研究园林建设的工程技术，包括地形改造的土方工程，掇山、置石工程，园林理水工程，园林驳岸工程，喷泉工程，园林的给水排水工程，园路工程，种植工程等。园林工程的特点是以工程技术为手段，塑造园林艺术的形象。在园林工程中运用新材料、新设备、新技术是当前的重大课题。

（5）园林建筑，主要研究在园林中成景的，同时又供人们赏景、休息或起交通作用的建筑和建筑小品的设计，如园亭、园廊等。园林建筑无论单体或组群，通常都是结合地形、植物、山石、水池等组成景点、景区或园中园，它们的形式、体量、尺度、色彩以及所用的材料等，同所处位置和环境的关系特别密切。因地因景、得体合宜，是园林建筑设计必须遵循的原则。

2. 当代园林美学研究内容的新变化

当代在世界范围内城市化进程的加速，使人们对自然环境更加向往；科学技术的日新月异，使生态研究和环境保护工作日益广泛深入；社会经济的长足进展，使人们闲暇时间增多，促进旅游事业蓬勃发展。因此，园林美学是一门为人的舒适、方便、健康服务的学科，也是一门对改善生态和大地景观起重大作用的学科，有着更加广阔的发展前途。

园林美学的发展一方面是引入各种新技术、新材料、新艺术理论和表现方法用于园林营建；另一方面是进一步研究自然环境中，各种自然因素和社会因素的相互关系，引入心理学、社会学和行为科学的理论，更深入地探索人对园林的需求及其满足途径。

3. 园林美学研究的范围

（1）每个时代的社会生活与各个历史阶段的基本情况。
（2）审美心理、审美意识、审美标准、审美理想等。
（3）园林史、园林艺术思想史、园林建筑学和建筑材料学。

三、园林美学研究的任务和方法

1. 园林美学研究的任务

（1）指导人们科学地、全面地认识园林这一社会现象。
（2）帮助人们树立正确的园林审美意识。
（3）培养和发展人们对园林的审美能力。

（4）使人们充分认识到要继承、保护和发展中国园林，即继承、保护和发展中国的优秀传统文化。

2.园林美学研究的方法

（1）理论与实践相结合的方法。在园林美学的研究中要以辩证唯物主义和历史唯物主义为指导，这是研究方法的理论基础。

园林美学的研究要从实际出发，在对大量事实的研究中形成观点，找出规律，用于指导创造园林的具体实践。既不应该从抽象的概念、定义出发，脱离造园实践，也不能停留于经验现象的罗列，而是要从对造园实践的观察、分析、概括上升到理论，再通过造园实践的检验发展园林美学。

（2）历史与逻辑相统一的方法。园林美学研究必须把历史的方法和逻辑的方法统一起来。因为，园林美学是一门研究在社会实践基础上改变园林审美现象的科学。园林美学中的各个范畴和规律是随着造园实践活动的发展而形成的。即便是同一个范畴和规律，在不同历史时期也有不同意义。如果园林美学研究不把逻辑的方法和历史的方法统一起来，而是单纯从逻辑上进行研究，就很容易陷入抽象空洞的概念和推理之中，因而不可能得到真正的科学成果。

第二节 园林发展史

中国园林历史最古老，从古代看，黄帝时代已有雏形，殷商开始兴盛。秦汉以前为形成阶段，魏晋南北朝至隋唐为发展阶段，宋代有更大发展，元代却短暂停滞，明清进入高峰期。世界园林除中国外，以欧洲为盛。古埃及初建规则式园林，古希腊（欧洲文明发源地）开始发展，古罗马继续，在意大利有更大发展并传入法国。英国园林以自然为主，自成风格。

一、中国古代园林史

中国是"世界园林之母"，中国园林有着悠久的历史和独特的风格，可谓经久不衰、源远流长。

1.黄帝起讫时期

据史料记载，在距今约5 000年前的黄帝时代，就已出现园林雏形——玄圃。其后尧设虞人掌山泽、苑囿、田猎之事，舜命虞官掌上下草木鸟兽之职责。在距今3 000年前的殷商时代，在甲骨文中出现"囿"和"圃"，以后又出现了"苑"和"园"（"囿"和"苑"畜禽兽，大曰"苑"，小曰"囿"；"圃"种菜，"园"种花果）。西周、东周时代，处于原始状态的园林又有了新的发展。

2.春秋战国时期

周朝后期进入春秋战国时期，随着孔子思想的产生和发展，人与自然的关系由敬畏逐渐转为敬爱。这一时期，诸侯割据，诸侯造园之风渐趋兴盛，风格各有异同，出现了园林形成早期的繁荣景象。

3.秦汉时期

公元前221年，秦始皇灭六国，建立了中国历史上第一个统一的中央集权制封建王朝，统一文字，统一货币，统一度量衡。他集中全国人力、财力、物力，筑长城、修驰道、兴水利、建宫殿。在都城咸阳北陵之上，模仿诸侯国的建筑式样，建造了规模宏大的宫苑建筑群，展示了建筑艺术的空前水平。在渭河南岸建上林苑，苑中以阿房宫为中心，伴衬诸多离宫别馆。还在咸阳引渭水、筑长池，堆土为蓬莱山，开创了园林中人工堆山之先例。秦朝强大，但到秦二世（胡亥）就结束了，历时仅15年就被汉朝取代。西汉、东汉前后426年，是中国历史上第一个盛世，迎来了园林事业的大发展（秦汉以前为第一个大阶段，即园林形成阶段；自秦汉开始就进入第二个大阶段，即园林发展阶段）。公元前139年，汉武帝开始修复和扩建秦时的上林苑，"广长300里"，是规模宏大的皇家园林。殿、堂、亭、台、楼、阁、廊、榭等园林建筑纷繁争辉。还挖了许多池沼、河流，栽种名果奇卉，豢养珍禽贵兽，供帝王观赏与狩猎之用。在汉长安西郊构建的建章宫，是个苑囿性质的离宫。宫中除各式楼台建筑外，还有河川、山冈和宽阔的太液池，池中筑有蓬莱、方丈、瀛洲三岛。这种模拟海上神仙境界，在池中置岛的方法逐渐成为我国园林理水的基本模式之一。在建筑造型上，汉代由木构架形成的屋顶已具有庑殿、悬山、歇山、囤顶和攒尖五种形式。汉代后期，私人造园渐兴，模仿自然成为风尚。袁广汉之茂陵园是此时私家园林的代表。园林建筑在布局上已不拘泥于均齐对称的格局，而是随地形变化高低错落地布设。

4.魏晋南北朝时期

魏晋南北朝时期（公元220—581年），为分裂战乱时期，政治动荡，战争频繁，人民生活贫苦，文化艺术与园林艺术却得到较快的发展。许多文人雅士为了逃避社会现实，进入名山大川找寄托、求超托，山水游记、山水诗、山水画开始出现，在文艺上孕育出六法论——"气韵生动""骨法用笔""应物象形""随类赋彩""经营位置""传移模写"，对园林艺术的创造产生了深刻的、长远的影响。自东汉初，佛教经西域传入中国，并得以广泛流传，佛寺广为修建，正如诗云："南朝四百八十寺，多少楼台烟雨中。"东汉晚期，中国土生土长的道教开始形成，至南北朝时达到早期高潮。老子哲学之隐逸意识，渗入山水画和园林审美意识之中。从北魏起，许多著名的寺庙、寺塔都选择在风景优美的名山大川兴建，形成"自古名山僧占多"之说。梁思成在《中国的佛教建筑》中说：佛寺的布局，采取了中国传统世俗建筑的院落式布局方法。一般说，从山门起，在一根南北轴线上，每隔一定距离就布置一座殿堂，周围用廊庑以及一些楼阁把它们围绕起来。这些殿堂的尺寸、规模，一般是随同它们的重要性而逐步加深，往往到了第三个或第四个殿堂才是庙宇的主要建筑——大雄宝殿，这些殿堂和周围的廊庑楼阁等就把一座寺院划为层层深入，引人入胜的院落。[①]

5.隋唐时期

公元 581 年，隋文帝再次统一中国，但存在时间不长（共 37 年），后被唐朝所替代。隋朝统一后，官家的离宫苑囿规模很大，尤其是隋炀帝在洛阳兴建的西苑，更是极尽奢靡。《大业杂记》说："苑内造山为海，周十余里，水深数丈。其中有方丈、蓬莱、瀛洲诸山，相去各三百步，山高出水百余尺。上有通真观、集灵台、总仙宫，分在诸山。风亭月观，皆以机成，或起或灭，若有神变。海北有龙鳞渠，屈曲周绕十六院入海。""其中有逍遥亭，八面合成，结构之丽，冠绝今古。"[②]这种园中划分景区，建筑按景区形成独立的组团，组团之间以绿化及水面间隔的设计手法，已具有中国大型皇家园林布局基本构图的雏形。

唐朝是汉朝以后的一个伟大时代，它谱写了我国古代历史上最为光辉灿烂的新篇章，政治安定，经济繁荣，生活富庶，呈现出"太平盛世"的景象。国家的强盛，促进中外文化、艺术的大交流、大融合，文艺上产生了"盛唐之音"。园林在规模和艺术上突飞猛进，跃上新的台阶。如在皇家园林中，华清宫位于临潼县骊山北麓，距今西安约 20 千米。布局上以温泉之水为池，环山列宫室，形成一个宫城，名为"温泉宫"，后定名为"华清宫"。私家园林中，如白居易在洛阳履道坊所筑之宅第园林为"五亩之宅，十亩之园，有水一池，有竹千竿"，清静幽雅，乃人居佳境。隋唐时期的园林继承了秦汉时期宏大的风格，又精心于艺术创造。园林建筑不仅类型众多，注重选址，而且讲究因地制宜地造景与取景，所谓"巧于因借"，取得了良好效果。皇家园林，布局严谨，功能多样，规模宏大，自成一体；私家园林，重自然山水，追求志清意远、因画成景、以诗入园的意境；寺观园林已转向风景名胜区，山清水秀，森林环抱，寺观恢宏，相映生辉。这一时期造园的特点是已开始吸收山水诗、山水画的境界，使园林景物具有诗画的情趣。这标志着中国自然式风景园林已进入成熟时期，开始为世人所瞩目。

6.宋元时期

宋代在中国历史上对古代文化传统起到承前启后的作用，是中国古典园林在理论和实践上走向更高发展水平的重要时期，中国造园活动已进入高潮期。随着山水画的发展，许

---

① 梁思成：《中国的佛教建筑》，载《清华大学学报》1961 年第 2 期。
② 杜宝：《大业杂记辑校》，辛德勇辑校，三秦出版社 2006 年版，第 14 页。

多文人、画师不仅写诗于山水画中，更融诗情画意于庭园中，产生了自然山水园。北宋时期的大型皇家园林——艮岳，是自然山水园的代表作。艮岳位于宫城外，内城的东北隅，周围十余里，"岗连阜属，东西相望，前后相续，左山而右水，后溪而旁陇，连绵弥满，吞山怀谷，其东则高峰峙立，其下则植梅以万数，绿萼承跗，芬芳馥郁。结构山根，号萼绿华堂。又旁有承岚、昆云之亭，有屋外方内圆如半月，是名书馆"。"寿山嵯峨，两峰并峙，列嶂如屏，瀑布下入雁池。"（宋徽宗《御制艮岳记》）由此可见，艮岳在造园上有一些新的特点：首先，把人们的主观感情和对自然美的认识与追求，比较自觉地移入了园林创作之中，它已不是像汉唐那样截取优美自然山水的一个片段或一个领域，而是运用造园艺术在有限空间内创造出深邃的意境。其次，在创造自然山水园景观效果方面，手法十分灵活、多样。艮岳本来地势低洼，但通过筑山，依山势主从配列，并增设岗阜形成幽深的峪壑，还用太湖石堆砌，又引江水、凿池沼，沼中有洲，洲上置亭。艮岳在掇山理水上的成就，是我国园林发展到一个新高度的重要标志，对以后的园林发展产生深刻影响。南宋时期的江南园林得到极大发展，如杭州西湖周围分布着几十座皇家御花园以及王公大臣的私园，真是"一色楼台三十里，不知何处觅孤山"，园林盛况空前。宋代园林建筑已没有唐朝那种宏伟刚健的风格，而是更加精巧、秀丽，形式多样，富于变化。《木经》和《营造法式》这两部建筑文献的问世，更推动了建筑技术及物件标准化水平的提高。

元朝忽必烈又一次统一中国，疆域空前拓展。但由于连年征战，经济停滞，民族矛盾深重。元朝在大规模都城建设中，把壮丽的宫殿与幽静的园林交织在一起，人工神巧与自然景色交相辉映，形成元大都的独特风貌，在建筑形式上，略带异域风情。除宫廷建筑外，其他园林建筑甚少，处于短暂的停滞阶段。

7.明清时期

元朝虽然完成了中国历史上又一次统一，但时间也不长，就被明朝所取代。明朝是中国历史上第三个高峰期。由于政治稳定，经济发展，园林和园林艺术又重新得到发展。清代的文化、建筑、园林基本上沿袭了明代的传统，园林继续向精细方向发展，走上封建社会中的最后一个高峰。

明清时期，在园林和园林建筑方面的主要成就有如下3个方面：①在园林的数量和质量上大大超过历史上的任何一个时期。②明清时期的园林建筑在民族风格基础上依据地区特点所形成的地方特色日益鲜明。中国园林的四大基本类型（皇家园林、私家园林、寺观园林、风景名胜园林）都已完备成型。它们在总体布局、空间组织、建筑风格、动态序列、意境创造等方面各具特色。③产生了一批造园理论著作和设计建造家。中国有关古代园林的文献，在明清以前多数见于文史、画论、名园记和地方志中，其中《洛阳名园记》和《吴兴园林记》等都是重要的资料。明清以来，在广泛总结实践经验的基础上，把造园作为专门学科来加以论述的理论著作相继问世，其中最重要的著作有明代计成的《园冶》、文震亨的《长物志》，具有划时代的意义，对中国今后园林事业的发展具有不可估量的作用。

二、外国园林史

1.日本园林

日本园林初期大多受中国园林的影响，尤其在平安朝时代（约我国唐末至南宋），为"模仿时期"。到了中期因受佛教思想，特别是禅宗影响，多以闲静为主题。明治维新以后，因受欧洲致力于公园建造的影响，造园风格改变。日本园林发展大致经历了以下6个时代。

（1）平安朝时代。当时，平安京三面环山，山城水源、岩石、植物材料丰富，故仿照我国唐朝模式，建造宫阙殿宇及庭园等园林建筑。

（2）镰仓时代。当时武权当道，崇尚武功，冷落造园。然而正值佛教兴隆，受禅宗影响，造园风格多以闲静幽邃的僧式庭院为主。如当时有名的称名寺（位于横滨市金泽）为其典型。造园大师梦窗国师的作品——西芳寺庭园、天龙寺庭园是朴素风尚枯山水式庭园的典型。在艺术手法上是中国北宋山水法的意匠。

（3）室町时代。受中国明朝文化的影响，生活安定，渐趋奢侈，文学美术的进步，绘雕、插花及拳道的发达，推动民众造园艺术的广泛普及，日本造园进入黄金时代。枯山水平庭具有极端的写意风格，显示自然风景高度概括、精练的意境。在置石方面，以单块或组石为主，很少堆叠成山。树木选用不太高大的观赏树木，却十分注意修剪或绑扎且不失自然形态。京都西郊龙安寺南庭是日本"枯山水"的代表作。

（4）桃山时代。当时的人们对建筑、绘画、雕刻、工艺及茶道等非常关注，开创日本造园个性时代。造园设计偏重于写意，在庭园内用草地代替白沙，草地上铺设石径，散置山石，并配石灯和几株虬曲小树。茶室门前设石水钵，供游人净手。这些成为日本庭园必不可少的点缀小品。

（5）江户时代。造园事业非常发达，江户时代前期流行"回游式庭园"。其面积较大，常以水池为中心，周围配以茶亭，用园路连接。水池中心有一个中岛或半岛为蓬莱岛，并环池开路，人在其中为庭园内点景之一，连续出现的景观各有主题，由步径小路连接成序列风景画面。著名的京都桂离宫就是典型代表。在广泛实践的基础上，总结出了造园的3种样式，即"真之筑""行之筑""草之筑"。其中，"真之筑"基本上是对自然山水的写实模拟，"草之筑"纯属写意的手法，"行之筑"则介于二者之间。

（6）明治维新时代。明治维新以后，日本一破昔日的闭关主义，初期更以国事甫定，摧毁多处园囿，后来接受欧洲文化而致力于公园的建造，成为日本有史以来的公园时代。明治中叶，庭园形式脱颖而出，庭园中配置大片草地、岩石、水流。

2.欧洲园林

欧洲园林起源于古埃及和古希腊。欧洲最早接受古埃及和中东造园影响的是古希腊，古希腊将精美的雕塑艺术及地中海区盛产的植物加入庭园，使庭园更具观赏功能。几何式造园传入古罗马，再传入意大利，将水变为美妙的喷泉出现在园景中，在山坡上建起许多台地式庭园，把树木修剪成几何图形。台地式庭园传到法国后，成为平坦辽阔的形式，并加进更多的花草栽培成人工化图案。英国部分造园家不喜欢这种违背自然的庭园形式，而是提倡自然庭园，内有天然风景似的森林及河流，有像牧场似的草地及花卉。后来又产生了混合式庭园，形成了美国等造园主流，并加入科学技术及新潮艺术等内容，使造园有了游憩及商业上的用途。

（1）古代欧洲园林。

古希腊：古希腊是欧洲文明的发源地。公元前10世纪时，古希腊已有贵族花园。公元前5世纪，贵族住宅往往以柱廊环绕，形成中庭，庭中有喷泉、雕塑、瓶饰等，栽培蔷薇、百合、风信子、水仙等芳香植物，最终发展成为柱廊园形式。当时公共集会及各种集体活动频繁，因此建造了众多的公共游乐地，圣庙附近的圣林也成为民众聚集和休息的场所。圣林中竞技场周围有大片绿地，布置了浓荫覆被的行道树和散步小径，有柱廊、凉亭和座椅。这种配置方式对以后欧洲公园的形成颇具影响。

古罗马：古罗马受古希腊文化的影响，很早就开始建造宫苑和贵族庄园。由于气候条件和地势的特点，庄园多建在郊外依山临海的坡地上，将坡地辟成不同高程的台地，各层台地分别布置建筑、雕塑、喷泉、水池和树木。用栏杆、台阶、挡土墙把各层台地连接起来，使建筑同园林小品融为一体。园林的地形、水景、植物都呈规则式布置，树木、绿篱被修剪成各种几何体和绿色雕塑。这奠定了后世欧洲园林艺术的基础。

（2）中世纪欧洲园林。

中世纪指从公元5世纪后期到公元15世纪中期。这一时期整个欧洲处于封建割据的自然经济状态。当时，除寺庙园林和城堡园林之外，园林建设几乎完全停滞。寺庙园林依附于基督教堂或修道院一侧，包括果园、菜园、药圃、花坛等，布局随意无定式。城堡园林用深沟高墙隔离，园内置藤萝架、花架和凉亭，沿城墙设坐凳。有的中央堆一座土山，上建亭阁，便于观景瞭望。

（3）文艺复兴时期的欧洲园林。

意大利园林：西方园林在更高水平上的发展始于意大利的文艺复兴时期。由于田园自由扩展，风景绘画融入造园中，并且建筑雕塑在造园中利用，直接影响了欧洲各国的造园形式。意大利园林一般附属于郊外别墅，由设计师统一设计、统一布局，但别墅不起统率作用。它继承了古罗马花园的特点，采用规则式布局而不突出轴线。园林分两部分，紧挨着主体建筑物的部分是花园，花园之外是林园。别墅的主建筑一般建在台地上，下面几层台阶是花园，外围多为天然林木。用管道将水引到平台上，借地形修渠道，让水层层下跌，形成喷泉、跌水。16—17世纪是意大利台地园林的黄金时代。著名的埃斯特别墅为该时期园林设计的典型。

法国园林：17世纪，意大利文艺复兴式园林传入法国。法国多平原，有大片天然植被和大量的河流湖泊。法国人没有完全接受台地园的形式，而是把中轴线对称均齐的规整式园林布局手法运用于平地造园之中，从而形成法国特有的勒诺特尔式园林。该园林把宫殿或府邸放在高地上，居于统率地位。从建筑的前面伸出笔直的林荫道，其后是一片花园，花园的外围是林园。花园里，中央轴线控制整体，配上几条次要轴线，外加几道横向轴线，便构成花园基本骨架。沃·勒·维贡特府邸花园便是这种古典主义园林的代表作。

（4）18世纪英国自然风景园。

英国丘陵起伏。17—18世纪时，由于毛纺工业的发展而被辟为牧场。草地、森林、树丛与丘陵地貌相结合，构成了英国天然风致的特殊景观。这种优美的自然景观促进了风景画和田园诗的兴盛，进而影响到园林艺术，于是人们逐渐厌弃了早先流行的封闭式城堡园林和规则严谨的勒诺特尔式园林，而探索另一种近乎自然、返璞归真的新风格的园林，即自然风景园。自然风景园抛弃了所有几何形状和对称均齐的布局，代之以弯曲的道路、自然式的树丛和草地、蜿蜒的河流，讲究借景和与园外的自然环境相融合。英国自然风景园发展过程中，曾受到中国园林艺术的启发。英国皇家建筑师钱伯斯两度游中国，归去后著文盛谈中国园林，并在他设计的邱园中首次应用中国式手法，在园中建亭、廊、塔等园林建筑小品。

3.美国近、现代园林

美国历史较短，多元文化衍生出混合式园林。早期盛行英国自然风景园，此后传入意、法、德模式，在南部和西部盛行西班牙式园林。以美国为代表的现代园林，接受了各国的庭园式样，有一时期风行古典庭园，以后又渐渐自成风格，成为混合式园林。城市公园和住宅花园倾向于自然式。为扩大教育、保健和休养功能，建设乡土风景区，1858年，纽约市建立了美国历史上第一座公园——中央公园，为近代园林先驱奥姆斯特德设计。他强调公园设计要保护原有的优美自然景观，避免采用规则式布局；在公园中心地段保留开阔的草地；强调应用乡土树种，并在公园边界栽植浓密的树丛或树林；利用徐缓曲线的小道形成公园环路，有主要园路可以环游整个公园。这些设计思想被美国园林界推崇为"奥姆斯特德原则"。美国城市公园除有仿古典式园林建筑和现代各流派的园林建筑小品外，还有北美印第安人的图腾柱，这是美国城市公园的一个重要标志。国家公园是19世纪诞生于美国的又一种新型园林。建立国家公园的主要宗旨在于对遭受人类干扰的特殊自然景观、天然动植物群落、有特色的地质地貌加以保护，并进行科学研究和向游人开放。黄石公园是美国最大的国家公园。

三、现代园林与发展趋势

针对当前人类生存环境不断恶化的严峻趋势，世界各国都把保护环境、实现可持续发展作为今后发展的首要任务。森林是陆地生态系统的主体，具有调节气候、涵养水源、保持水土、防风固沙、抵御自然灾害和减少污染等多种功能，对维持生态平衡、保护人类生存和发展的环境具有不可替代的作用。随着人类现代文明的发展和生态意识的提高，崇尚自然、回归自然的热潮正在全球兴起。走进森林、休闲旅游成为人们追求的新时尚。

中国园林已从小园林（庭园）走向大园林（风景园林），从模仿自然、浓缩山水发展到走进自然、真山真水，从只供少数人欣赏游憩的闭锁空间发展为广大民众休闲游览的开放空间，从古典园林艺术发展为具有现代气息的博采众长的多元化环境艺术。现代园林发展趋势主要体现在以下几个方面。

1. 规模扩大，形式多样

从规模来看，现代园林的数量增多，面积扩大。现在的发展趋向是规模还会继续扩大，如城市公园数量在不断增加，乡镇也纷纷建立公园；风景区也越来越多，自 1982 年全国第一个国家森林公园——张家界国家森林公园成立以来，以森林为主体的森林公园如雨后春笋，数量急剧上升。截至 2018 年底，全国已建立森林公园 3 505 处，其中国家级森林公园 881 处。另外，医院、学校大院、厂矿企业大院、疗养院、干休所大院以及居民区小游园等达到绿化标准和园林艺术要求的都可纳入广义的园林中。

2. 功能从以观赏为主向以生态为主的大目标转变

古典园林的功能为"可望、可行、可游、可居"，而风景园林常与旅游密不可分。旅游有食、住、行、游、购、娱六大要素，按功能可分为观光旅游、美食旅游、购物旅游、休闲旅游、访问旅游、生态旅游等，但围绕的中心及发展方向必然是崇尚生态、回归自然。

3. 组成元素发生变化

古典园林主要由建筑、水体、垒石、花木四部分构成。现代园林以大面积的自然山水为主，隐以少量的景点建筑和服务设施建筑；在天然的地带性植被的基础上，在特殊区域加入观赏性乔灌木及花草；还有被保护的野生动物以及被招引或放养的鸟类动物等。

4. 寓意发生变化

古典园林的园名及园中的建筑、雕塑、书画、花木等都有其寓意。例如，苏州沧浪亭取自《楚辞·渔父》中"沧浪之水清兮，可以濯吾缨。沧浪之水浊兮，可以濯吾足"。拙政园取自晋代潘岳《闲居赋（并序）》中"灌园鬻蔬……此亦拙者之为政也"之意。园内建筑厅堂、楼阁、亭榭、轩馆等也各有寓意。再如，拙政园的"远香堂"是赞颂荷花"出淤泥而不染，濯清涟而不妖"的高尚品德，"雪香云蔚亭"是颂扬梅花的傲骨风格，花木中牡丹象征富贵，松、竹、梅为"岁寒三友"，梅、兰、竹、菊为"四君子"，竹子"未出土时便有节，及凌云处尚虚心"寓意为有气节、谦虚，青桐"家有梧桐树，引得凤凰来"寓意为栖凤，枇杷寓意为兄弟团结，石榴寓意为多子多福，等等。现代园林在园中有仿古建筑和园林植物，还会保留上述传统的某些审美理念，但在总体上焕然一新，祖国大好河山处处生机勃勃，呈现一派繁荣、和谐的光辉景象。

5. 从城市走向山野

古典园林多数在城区，而风景园林已向城郊和山区转移。由于交通发达和旅游设施完善，原来的深山幽谷不再遥远，原来"以小见大，以少胜多"的理念也将改为"会当凌绝顶，一览众山小"。

6.形成多元融合的风格

风景园林将汲取国外园林艺术的长处，形成多元融合的风格，处理好人与环境的关系，不断丰富和创新中国的园林艺术，使源远流长的中国园林更加绚丽多姿，更加和谐完美，更加诗情画意，更加让人流连忘返。

第三节　园林美的内容

园林美是通过物质实体表现出来的人化生态环境美，主要包括自然美、社会美和生态美。

一、园林的自然美

自然美是指客观自然界中自然事物之美。园林的自然美是指人化生态环境中具备形式美的自然事物，是自然界原有的感性形式引起的美感。

1.园林自然美的内容

纵观古今、博览中外，大多数园林都离不开由自然物质所构筑的自然美。自然美又可分为两大类。

一类是未经过人类加工改造的自然美，如湛蓝的天空、洁白的云朵、柔和的月光、温暖的太阳，还有高耸的山峰、无际的大海、莽莽的草原、静谧的森林等。像湖南的张家界、四川的九寨沟等，它们虽然未经过人类加工改造，但都是通过人的选择、提炼和重新组织的大自然风景。这类自然美和社会生活的联系是以形式美为中介的，以其所特有的自然风貌，使人得到愉悦并获得美的享受。我国现在比较注重对这类自然美的开发，如庐山的瀑布、黄山的奇峰、险峻的华山等自然景观都属于自然美的范畴。

另一类是经过人类加工改造的自然美，它又可分为一般加工和艺术加工两种。属于一般加工的自然美，如我国西部沙漠的绿化，对长江、黄河的治理等；属于艺术加工的自然美，如园林艺术、插花艺术等。我国传统园林的自然美，遵循"虽由人作，宛自天开"的审美标准，使人体会到自然原本的美貌。

2.园林自然美的特征

（1）多面性。自然物的属性是多方面的，人们通过联想使自然美具有了多面性。例如，古代士大夫多以竹为美，居必有竹。魏晋时期有竹林七贤（阮籍、嵇康、山涛、刘伶、阮咸、向秀和王戎），唐代有竹溪六逸（李白、孔巢父、韩准、裴政、张叔明、陶沔）。竹子的特性是多方面的，可以引起多方面的联想，它的美也就具有多面性。唐代裴说的《春日山中竹》："数竿苍翠拟龙形，峭拔须教此地生。无限野花开不得，半山寒色与春争。"赞美竹子先于野花争春斗艳的强大生命力。宋代文同的《一字至十字成章二首·咏竹》："心虚异众草，节劲逾凡木。"由竹的内里虚空的形象联想到人的虚怀若谷的品质，由竹的节节分明联想到人的气节。清代郑燮的《竹》："一节复一节，千枝攒万叶。我自不开花，免撩蜂与蝶。"赞颂竹的不媚不谀，朴实无华。郑燮的另一首《竹石》："咬定青山不放松，立根原在破岩中。千磨万击还坚劲，任尔东西南北风。"则赞颂竹的坚韧精神。可见竹之美的丰富性。

（2）变异性。自然美常常发生明显的或微妙的变化，处于不稳定状态。时间上的朝夕、四时，空间上的旷奥，人的文化素质与情绪，都直接影响对自然美的评价。苏轼《题西林壁》："横看成岭侧成峰，远近高低各不同。"说的是同一座山岩，由于观照的距离、角度不同，所呈现的景观和美也就不同。同一自然物，由于人们的欣赏角度不同，获得了不同的自然美感。黄山"耕云峰"上有块奇石，如从皮蓬一带观看像鞋子，而在玉屏楼前右侧去欣赏，却像一只松鼠面对"天都峰"，仿佛正要跳过去，因而又称"松鼠跳天都"。我国古代画家从不同季节观察山、水、云、木的变化，总结出不同的自然美。例如，山景四时是"春山淡冶而如笑，夏山苍翠而如滴，秋山明净而如妆，冬山惨淡而如睡"；水色四时是"春绿、夏碧、秋青、冬黑"；云气四时是"春融怡，夏蓊郁，秋疏薄，冬黯淡"；林木四时是"春英、夏荫、秋毛、冬骨"。

（3）两重性。自然美具有美、丑两重性。由于自然属性在人类社会中的作用不同，人们对自然美会产生截然不同的审美评价。如桃花以它艳美的芳姿为人所爱，人们常用它比喻美貌的少女。崔护的名句"人面桃花相映红"便是以桃花之美，烘托少女之美。但桃花容易凋零，又会让人想到不坚贞，如李白在《古风·桃花开东园》中斥责桃花"岂无佳人色？但恐花不实。宛转龙火飞，零落早相失。讵知南山松，独立自萧瑟"。丰坊甚至讽刺桃花的无情："开时不记春有情，落时偏道风声恶。东风吹树无日休，自是桃花太轻薄。"另外，一些通常被当作丑的代表的自然物，有时也可以作为美的对象来歌颂。如狼总被人认为是凶残和狡诈的象征，但在奴隶出身的古罗马寓言作家费德鲁斯笔下，狼却成为追求自由的勇士的象征，进而被赞美。后来裴多菲也写过《狼之歌》，对狼尽情歌颂。即使是同一自然物的同一属性在不同条件下也可以成为美或丑的对象。老虎有凶猛吃人的属性，人们常常把老虎与贪婪凶残联系在一起，老虎成为丑与恶的对象，如人们把"笑里藏刀"的恶棍称为"笑面虎"等。但是，老虎又具有旺盛的生命力和威武雄壮的特性，于是人们又把它作为审美对象，如称赞高大健壮的男子为"虎背熊腰"，形容健壮憨厚的男孩子为"虎头虎脑"，描述有朝气和活力的年轻人为"生龙活虎"等。

二、园林的社会美

社会美是指人类社会事物、社会现象和社会生活中的美。园林的社会美是指园林艺术的内涵美。

1.园林社会美的内容

园林艺术的内涵美源于生活，将社会生活中的道德标准和高尚情操寓于园林景物之中，使人触景生情。这是园林特有的感性、直观的效应在人的感觉中发生作用。在中国社会几千年的历史发展中，人们通过园林审美而实现自我人格完善的事例不胜枚举。至今仍可从一些传世园林作品中见到如"养真""求志""寄傲""抱冰"等标举人格的园林题额，甚至皇家苑囿和官府私园也常以"澹泊敬诚""澡身浴德"一类的警句为景区、景点命名。

园林社会美的内容主要包括民族元素、地方元素和时代元素。

民族元素指园林的平面布局、空间组合、风景形象在内容与形式、结构体裁及艺术手法上，反映本民族的地理环境、经济基础、社会制度、政治文化、语言词汇、生活方式和风土人情等方面的特性。这种特性，符合该民族在长期的历史发展过程中逐渐形成的文化心理、思想感情和审美习惯。

地方元素指园林充满着浓郁的地方色彩。园林的地方元素是构成园林社会美的重要条件。地区的自然地理和风土人情，是构成园林地方性的因素。中国传统园林中最有地方性特色的有江南园林、北方园林和岭南园林。江南园林重雅致，北方园林主华美，而岭南园林兼有南北之长，于华美中见雅致。

时代元素指园林在不同历史时期、不同社会发展阶段所表现出的不同特性。如秦宫汉苑规模巨大，是中国大一统帝国发展初期宏伟气势的象征；魏晋南北朝园林以自然山水为特色，反映了当时士人山水文化与隐逸情趣的风尚；现代园林又以崭新的风貌，反映着新时代继往开来的社会文化特征。如北京的菖蒲河公园，园中的艺术园圃、雕塑小品、四合院民居建筑都各具特色，公园将历史文化、自然生态、现代人文景观有机地结合在一起，实现了古朴与华丽相依、现代与传统相伴、古代文化与现代文明交相辉映的特色。菖蒲河是一条蕴含民族文化精华的历史文脉河，菖蒲河公园也是一个京味十足的现代园林。

2.园林社会美的特征

（1）娱乐性。园林能调节人们的精神生活和缓解人们紧张劳累的状态，使人们获得身心愉悦。园林的娱乐性常与文化休闲、体育活动相联系，并常常将爱国主义和科普教育寓于娱乐之中。

（2）稳定性。园林所表达的社会美内容是相对稳固而确定的，体现了当时人们的社会生活和审美意向，不是个人联想或想象的结果。如承德避暑山庄，正宫的全组建筑基座低矮，梁枋不施彩画，屋顶不用琉璃。庭院的大小，回廊的高低，山石的配置，树木的种植，都使人感到平易亲切。当今天的游人步入避暑山庄时，仍然可以感受到平和与朴素的审美气息。

（3）正面性。园林艺术以其鲜明、健康的形象，引导游赏者达到净化身心的境界。园林艺术与其他艺术有所不同，许多艺术形式可以通过丑的事物来反衬美的事物，从而加强美的事物的感染力。园林艺术则不然，人们从园林设计开始就不允许假、丑、恶的事物出现。

三、园林的生态美

1.生态与生态美

"生态"一词源于古希腊文，原意是"人和住所"。19世纪中叶，生物学家借用它来表示生物与环境的关系。后来，日本学者译为"生态"，即生存状态。现在人们把存在于生物与环境之间的各种因素和相互关联、相互作用的关系叫作生态。

生态美是生命与其生存环境相互协调所显现出来的和谐之美。生命与环境之间的交流与融合是准确而有秩序的，好的生态环境就像一部交响曲，生命犹如交响曲中的乐音，组成整个环境的乐句，奏响生态美的乐章。

生态美与传统的自然美有联系，但也有区别。生态环境是指由生物群落及非生物自然因素组成的各种生态系统所构成的整体，主要或完全由自然因素形成，并间接地、潜在地、长远地对人类的生存和发展产生影响。生态环境的破坏，最终会导致人类生活环境的恶化。生态环境与自然环境是在含义上十分相近的两个概念，有时人们会将其混淆，但严格来说，生态环境并不等同于自然环境。自然环境的外延比较广，各种天然因素的总体都可以说是自然环境，只有具有一定生态关系构成的系统整体才能称为生态环境。仅有非生物因素组成的整体，虽然可以称为自然环境，但并不能叫作生态环境。从这个意义上说，生态环境仅是自然环境的一种，二者具有包含关系。生态美是具有一定生态关系构成的系统整体所显现出来的和谐之美，自然美是客观自然界中所有自然事物之美。

生态美是天地之大美，是人与生态环境和谐相处之大美。人要和所有生命打成一片，同呼吸，共命运，与天地万物融为一体，以达到"天人合一"的崇高境界。当然，对体验生态美的这种同一性境界，不应理解为完全消除生命的个性差异，由混沌进入虚无，追求无差别的绝对同一，而是既包含着所有生命的差别，又不执着于这种差别，努力超越物我对立，克服由于自己与万物的差别而产生的距离，冲破狭隘的自我中心主义的封闭，感受生态美的胜境。

2.园林生态美的特征

园林的生态包含两个系统的协调：一是园林内部生态系统的协调，二是园林内部生态系统与园林外部生态系统的协调。由此看来，园林的生态美应该是园林内部生态系统及其与外部生态系统的和谐一致。园林的生态美具有以下特征。

（1）生命之美。园林的生态美是以生命过程的持续流动来维持的。无论是园林中的花草树木，还是鱼虫禽兽，都以其旺盛的生命状态、斑斓的色彩、异样的情趣，令人振奋，给人美感。

（2）和谐之美。生命之间相互依赖、互利共生以及与环境融为一体展现出来的美是多层次的、丰富的。这种美通过一定空间中的生态景观得以体现，园林中具有生态美的一些布置、科学合理的人工生态景观也体现着这种和谐的特征。城市中的园林、文化景观和自然风景相融合的旅游区都充分地观照了自然环境中的地形地貌、山水草木等因素，使人为的建筑与特定地区的生态环境相协调，使人产生较好的审美体验，而不是单纯从经济方面的功能着眼，粗暴地破坏与环境的和谐关系。

（3）共生之美。所谓"共生"，是指共同生存。如果从整个地球着眼，可以把地球生态美看作由共同生存而形成的美。园林是各种显隐性因素的共生体，共生之美是一种有益的启迪，这种启迪虽然不那么感性与直观，但是无论人们走进罗布林卡、登上庐山，还是感悟圆明园、游览拙政园，或多或少都会通过园林而反过来观照人类自身的自然属性和社会属性，只是观照的程度由于个体的差别有深有浅罢了。

第四节 园林艺术

一、园林艺术的含义及其特征

园林艺术是通过园林的物质实体反映生活与自然之美，表现园林设计师审美意识的空间造型艺术。它常与建筑、书画、诗文、音乐等其他艺术门类相结合，成为一门综合艺术。园林艺术是一定社会意识形态和审美理想在园林形式上的反映，因此，它也是精神领域的艺术。

园林艺术作为精神劳动的一种，必须借助一定的物质材料（造园材料），作为园林设计师的想象与构思的载体，以自然生活为蓝本，发挥造园技艺，创造出人的审美意识、情感、理想与一定的物质形式相结合的园林艺术品。

构成园林艺术作品载体的自然或人工材料均无意识，因此，园林艺术作品不可能如戏剧、影视等由人物活动来惟妙惟肖地表达创作者的审美意识、情感和理想，而是间接地以优美的园林形式给人们带来生理上的愉悦和心理上的美感，为人们的工作与生活创造出一个怡人的环境氛围，达到陶冶情操、振奋精神的效果。

园林艺术也称造园艺术。有专家指出："造园"只是指营建或修造园林的全过程，并不包括园林艺术的全部内容。园林艺术的完整内容应包括造园和赏园。所造之园（园林艺术品），若封闭置之，没有游客欣赏享受，其艺术价值也难以实现。所以"造园"只突出了"造"而难以显示"欣赏"的成分。此外，"园林"比"造园"更富有现代气息和自然意味。"园林"既有自然造化，又具有人工痕迹。过去的古典园林"造"味很浓，大多在人工环境里植草木、引水体、置山石，无论是再现自然，还是按人的意志对自然材料进行加工，都是从无到有的过程，用"造园"较为贴切。现代园林不再是局限于把自然景色搬到人工环境的"造园"，而是包括了以自然造化为主的自然风景区、自然公园等。比如，地质公园是在自然地貌区加以"理景"而成，能够让人感受大自然的神奇、壮丽、秀美，绝不是"造"出来的，套用"造园"一词就尤显欠缺了。园林比造园含义更宽泛。

作为艺术的一个门类，园林艺术有自己的特征。

1.园林艺术的综合性

如前所述，园林艺术是与多种艺术相结合来显示其综合性的。另外，其综合性还表现在学科构成上。园林艺术品的研究与创造综合了生物学、生态学、建筑学、土木工程学、美学等多个学科的相关理论，采用多种方法协同完成。除学科与艺术的综合性外，园林艺术与其他艺术一样，也反映人们的社会生活，表现造园者的哲学思想和人生哲理，即将造园者的人生观、价值观、审美理想等哲学理念，以园林艺术形式加以表达。据此，园林艺术与哲学这门带有普遍性的学科是紧密关联的，这也是其综合性的一种体现。

2.审美与使用功能的统一性

园林艺术是一种带有实用性的艺术。实用艺术的美，突出特点是与功能相联系。例如，一只玲珑剔透的镂空玉雕酒杯，无论其花饰如何精美，一旦丧失了盛酒的功能，就难以唤起人们完美的感情。具有更高实用美学意义的园林艺术同样如此。园林作为满足人们文化生活、物质福利需求的现实物质文化环境，必须在布局等方面能首先使游人感到生理和心理上的舒适。享受园林美是一个消耗体力的过程。设想一下，一座没有舒适的、可满足游览活动需要的设施的园林，游览者疲乏时没有休憩之处，烈日当头时没有遮阴设施，饥渴难耐时无饮食供应等，即便景观再优美，怕也游兴大减，更谈不上品味美的意境了。一座不实用的园林，在景象构图上再煞费苦心，也不会真正给人以美感享受。

当然，凡事都有度，"实用"不能强调为"主义"。因为园林艺术的实用功能仅是一个方面，过分强调功能性，园林美必然降为功能性的一个附属品。园林艺术要求其实用功能和审美特性高度统一。如片面强调实用，忽视乃至否定了审美，园林也就不复为艺术了。实用的园林应具备美的特征，美的园林也应兼备实用功能。这种辩证统一是园林艺术创作的原则之一。

3.技术、经济与园林的统一性

有了园林艺术的创意、构思，只是完成了园林工程的理论准备，接下来便是经济与技术工作的开展。园林的经济性首先表现在园林选址和总体规划上，其次表现在设计和施工技术上。园林建设的总投资、建成后的经济效益和使用期间的维护费用等，都是衡量园林经济性的重要方面。

园林投资是城市园林建设的先决条件，征地费用高的地盘未必是造园的理想基地，选址得当可以少花钱造好园。选址结束后便是造园施工投资及建成后运营管理的投资等。应当指出，好的园林不完全是用钱堆出来的。合理选材，改进施工，提倡以植物为主，减小投资规模，增进园林艺术的审美功能，以优美的艺术效果来建设园林具有十分重要的现实意义。

造园须通过技术来完成，所以园林审美观与科学技术水平有着直接关系。从古典园林中雄伟的殿堂、高耸的宝塔，到现代园林建筑中巧妙的结构、新型的材料、自控灯光、音乐喷泉、点睛的小品等，都从技术上表现出人的智慧和力量，给人以美感。

造园活动作为一种特殊的艺术创作过程或精神生产过程，其投资的经济效益，不同于一般物质生产采用投入与产出之比作为经济效益标准，它还要兼顾环境效益，即通过改善环境质量，给人们生产生活提供适宜的环境空间，如净化空气、防止沙尘、调节温湿度等，创造提高人们身心健康水平的生态效益，间接地产生尚未能定量计算的经济价值。

二、中西园林艺术的异同

伴随时代发展，世界的经济、科技、文化全球化的趋势日渐突显。对中西园林艺术加以比较，能够促进我国园林事业的发展，具有理论与现实的意义。

1.中西园林艺术风格的差异性

世界园林艺术的多样性前文已指出，这些园林风格各成体系，皆有历史积淀，并形成了鲜明的特点和很高的艺术成就。下文以中国古典园林和法国古典园林为中西方园林艺术的代表加以比较，审视中西传统园林艺术的不同。

代表西方园林艺术风格的是 17 世纪下半叶法国古典主义园林，其特点是一切园林题材的配合讲求几何图案的组织，在明确的轴线引导下做左右前后对称布局。甚至花草树木都修剪成各种规整的几何形状，表现出形式美的整齐一律、均衡对称法则。总之，一切都纳入严格的几何制约关系之中，表现为明显的人工创造，从而形成了欧洲大陆规则式园林艺术风格。显然，其强调的是人工美或几何美，认为它们高于自然美。

中国古典园林艺术是中国文化艺术长期积累的结晶，它充分反映了中国人对自然美的深刻理解力和高度鉴赏力。中国人是人类历史上较早发现自然美，并将自然美的规律转化为人工美的巨匠。中国古代园林的风格与西方传统的规则的几何形风格迥然不同，它是以自由、变化、曲折为特点，源于自然、本于自然、高于自然，将人工美与自然美相结合，从而达到"虽由人作，宛自天开"的效果，形成了自然式山水风景园的独特风格，堪称世界上最精美的人工环境之一。

中西园林艺术风格的差异在于，西方着眼于几何美或人工美，中国着眼于自然美。

中西园林艺术之所以形成截然不同的艺术风格，有以下几个原因。

（1）中西方园林起源方式与状态受历史条件影响，各有不同，从而造成其艺术风格的差异。早在公元前 11 世纪，中国园林的萌芽便发源于自然。当时，周文王圈定一块地域，对其加以保护，让天然的草木和鸟兽滋生繁育其中，供帝王、贵族狩猎和游乐。所圈的地域中除了夯土为台（灵台）、掘土为沼（灵沼）之外，都是朴素的天然景象。其天然植被、山川景色、飞禽走兽，相映成动静之野趣，实在无须再尽人为之能事了。可见，中国园林一开始就洋溢着纯粹供自己欣赏娱乐的、大自然的草莽山林气息。

西方园林，究其根源，最初大多出于农事耕作的需要。如法国的花园就起源于果园和菜地。一块长方形的平地，被灌溉沟渠划分成方格，果树、蔬菜、花卉、药草等整整齐齐地种在这些格子形畦地里，全部为劳动生产的人工之作。在此基础上种植灌木、绿篱而成为朴素、简单的花园，即法国古典主义园林的胚胎和雏形。

园林艺术无疑会和其他艺术门类一样，更多地受到社会条件和文化背景的影响。中西方园林艺术差异的形成显然与各自的历史条件相关。

（2）中西方哲学思想体系的差异影响园林艺术的审美思想，中西园林艺术风格势必也会出现差异。中国崇尚自然的概念源于老庄哲学，即道家思想。到魏晋时期，士大夫阶层渴望逃避现实，远离充满斗争的社会，追求自然、适意、淡泊、宁静的生活情趣和无为的人生哲理。这种人生哲学表现在审美情趣上，是追求一种文人所特有的恬静淡雅、浪漫飘逸的风度，质朴无华的气质和情操。不以高官厚禄、荣华富贵为荣，相反，避风尘、脱世俗的文人雅士，遨游名山大川、寄情山水，乃至隐身山林、复归自然，寻找天人合一的慰藉与共鸣，投身隐士生活，成为时尚追求。

这种崇尚自然的社会风尚，促使艺术家产生了表现自然美的情感动力。以大自然为源的山水、田园、隐士等题材，成了诗歌、绘画艺术竞相开拓的领地。而这些以自然山水为题材的绘画与诗歌，促进了我国山水园林的诞生。许多园林设计都出于画家之手，而山水画论也就当然成为园林设计的原理，它们共同遵循"外师造化，中得心源"的创作原则。外师造化指以自然山水为创作的楷模，中得心源指经过艺术加工而使自然景观升华。园林艺术则是用造园手段在选定的真实空间里再现自然美景，这种人与自然融合的天人合一的理念，展示了中国人的哲理。

在西方哲学中，代表唯理论的笛卡儿等，过分强调理性在认识世界中的作用，这种理性是先验的"天赋观念"。他们认为几何和数学无所不包，一成不变，是一切知识领域的理性方法。在这种唯理的观点影响下，法国古典主义园林被打上了鲜明的时代印记。17世纪下半叶，正是法国绝对君权、国王便是一切的社会。此时，以几何和数学为基础的理性判断取代了感性的审美经验，用圆规和数字计算美，寻找最美的线形、最美的比例，而不是相信眼睛的审美能力。这自然也就导致了园林艺术几何风格的形成。

（3）城市规模与规划布局的差异影响园林艺术风格。古代历史上中国长期为中央集权制，其城市规模很宏大，各种建筑布局井然有序，呈棋盘格局。西方由于封建割据，国土四分五裂，城市规模比较小，且依地形布局，起伏弯曲而凌乱。中国园林艺术在统一中求变化，西方园林艺术则在变化中求统一，这也是两者风格各异的原因之一。

（4）造园材料、地理条件等物质方面的差异也导致艺术风格的不同。物质方面的差异表现为：中国多名山，利用山多、石材丰富的特点，运用不同石材的质、形、色、纹，营造出峰、岩、壑、洞等，组成各异的假山，唤起人们对崇山峻岭的联想，使人仿佛置身于山川野趣之中。西方则善于利用大片土地构筑建筑来统率园林，其石材应用，仅限于雕塑和建筑等领域。

2.中西园林艺术风格的同一性

中西园林艺术风格由于诸多原因形成了两大不同类型，但同属园林艺术门类，必然有可划分为同类的共同之处。了解其共性，相互取长补短，促使中西园林艺术的综合，具有现实意义。园林艺术作为一种优秀的世界性文化，也正朝着"世界园林"的目标迈进。

中西园林艺术风格有下列共同性。

（1）以人为本的同一性。园林艺术是和人类生命运动有关联的时空艺术，即园林艺术是人的艺术。园林是由人创造设计的，是为人而造的。人的内涵当然涵盖古今中外的人，任何种族、民族、阶级、时代的人都是作为人类的一部分、一分子，或一方面而存在的。所谓"园林的人类同一性"，从文化人类学的观点来看，就是人类园林文化中所体现的人类一致具有的、彼此相通的、内在同一的人性。这种本质的同一性，可以流动于不同时空的园林艺术差异性之中，可以跨越民族的、阶级的、地域的、历史的鸿沟，而成为人类文化心理结构中最基本的架构模式。因此，中西方造园的目的是一致的：补偿现实生活境域的某些不足，满足人类自身心理和生理需要。在这一点上中西园林艺术是具有同一性的。

（2）中西园林艺术的社会同一性。园林艺术作为一种社会意识形态，受制于社会的经济基础。在封建时代，社会财富集中于少数人手中，只有皇家或富豪才有可能建造园林。即使是"半亩园""空中花园"也要占用土地，家徒四壁、无立锥之地的穷人，生存尚难，绝无受用园林之想。因此，表现在社会特性上，园林艺术在中西方历史上服务对象是同一的。

（3）中西园林艺术的物质同一性。中西园林的造园材料均不外乎建筑、山水和花草树木等物质要素。在具体建筑式样、叠山理水方法及花木选择配置等方面，虽有差别，却异曲同工。如花木的配置，各园均有差异，但游人享受到的繁花似锦、万紫千红、香气袭人、四季常青之美，各国皆无一例外。所以，作为造园艺术的物质载体，造园材料具有同一性。

（4）中西园林艺术相互交流的同一性。尽管受时空限制，无论是中国还是西方，起初都只在自己的地域内创造了自己的园林艺术风格。但中西交流的道路，早在汉代就已打通。在漫长的物质文化交流历史上，园林艺术的交流也同时展开了。此后，马可·波罗的宣传，使很多欧洲人更加仰慕中国宫廷园林之美。自17世纪末到19世纪初，在欧洲掀起了中国园林热，中国园林被法国画家描述成"再没有比这些山野之中、山岩之上，只有蛇行斗折的荒芜小径可通的亭阁更像神仙宫阙的了"。中国园林是自然天成的，无论是蜿蜒曲折的道路，还是变化无穷的池岸，都不同于欧洲的那种"处处喜欢统一和对称"的造园风格。这种自然天成的风格与法国启蒙主义思想家提倡的"返璞归真"相吻合。在这种多方宣传、介绍中国园林艺术之风的影响下，1670年，法国国王路易十四为取悦蒙台斯班侯爵夫人，在凡尔赛宫主楼1500米处，建造了仿中国式的"蓝白瓷宫"。宫外仿南京琉璃塔风格，内部陈设中式家具，取名"中国茶厅"。此后，各地相继出现中国式花园。乃至路易十五下令，将凡尔赛宫花园里经过修剪的树木统统砍光，因为中国式园林对自然情趣的追求，影响了法国人对园林植树原则的认识。英国那时也受中国园林艺术风格的影响，一时间，仿效中国园林池、泉、桥、洞、假山、幽林等自然式布局风格形成高潮。在西方，中国园林赢得了"世界园林之母"的美誉。

交流自然是双向的，西方园林艺术是伴随传教士进入中国的，基督教会兴建了不少西式建筑庭园。西方思潮和物质文明的入侵，尤其表现在建筑艺术的西化上，在绿化环境上也不可避免地出现了西式园林。澳门、广州、扬州、安庆等地，不仅有许多西式建筑，还出现了一些西式园林。如扬州何园的西洋楼，水竹居的西式喷泉水池，安庆王氏园的重台叠馆（屋顶花园）。最典型的当属北京圆明园中的长春园，园中欧式建筑和西洋水法，集中西式园林建筑之大成，园中还可见到凡尔赛宫与德·圣克劳教堂式的大喷水池和巴洛克式宫苑等，成为融中西艺术风格于一体的代表名园。中西园林艺术风格各异，虽然分为两大系统，各有千秋、竞放异彩，但同属世界园林的组成部分，同为人类的共同财富，其园林美学思想相互交流、相互借鉴、相互包容。在相互融合的同一性基础上，共同构建、创造更完美的新型园林，以便更好地以不尽的园林美造福人类。

第三章

园林美的形态

园林美的形态，指的就是园林因具体条件、环境所表现出来
的不同的美的形态，具有独特的味道，即总的"趣味倾向"的类型，
或总的情趣表现的类型。

作为一种艺术美的形态，园林美的形态既包含与一般艺术美共有的形态，又包含特有的形态。掌握好这些形态是很重要的，对从事园林创作的人尤为重要，因为他们对园林的感受绝不能仅停留在"美""好看"这样泛泛的水平上（人的美感有一定的主观性，不一定能够正确地评价园林美）。同时，园林美的形态极其复杂多样，这是由多方面原因造成的，既有与一般艺术相近的共同原因，也有园林艺术特有的原因，甚至不同形态都有不尽相同的原因，科学地分析这些原因有助于在创造时能自觉地去提升园林的艺术魅力。

由于形成园林美的原因极其复杂，园林美的形态也较为繁多，难以完全列举，以下我们只能选择其主要的形态做简单分析，更多的形态要靠读者在园林审美实践中自己去比较和把握。

第一节　地形美

使园林高低起伏、错落有致且富有层次美感的假山叠石、片池理水是园林中主要组成部分，被称为园林地形美，即山水美。园林的优美景致能让人身心放松，消除疲劳。在自然之外之所以需要园林，在天然山水之外之所以需要人造的山水，这与城市的兴起直接相关。在一定意义上讲，园林是在城市居民渴望山水林泉之乐的精神促动下创造出来的。因此，在园林创作中，叠山理水占有十分重要的地位。离开了山水，园林就不再是园林，将无任何美感可言。当然，园林中的山不可能像大自然中的山那样雄伟壮观，园林中的水也不可能像大自然中的水那样汇集百川、奔腾入海，园林只能在有限的空间中显现山水美的神韵。也就是说，园林中的山水与自然中的山水相比较，就只能追求神似了。人工堆叠起来的假山和人工开凿出来的湖泊、濠涧、瀑布、溪流等假水，只能着意于意境和情趣的渲染。游人看到这样的山水，虽然明知其假，但因其凝结了某种特定的情趣而产生某种真实感，似乎看到了名山大川，"假中见真"，得到美感享受。本节从山水造景与园林审美的关系入手，解读中国古典园林的山水美。

一、假山叠石美

园林中的假山叠石，虽是静态凝固的，但具有自然之形；虽是天生的，但有人工的雕琢技巧。园中假山叠石一旦耸立起来，园林便悄然鲜活起来，显得曲折幽深、千姿百态。

1.假山

假山指以土、石堆叠而成的山形造景。中国传统园林，无论是北方帝王苑囿，还是江浙私家花园，山水景色均是园中主要观赏对象。综观园林山景，除了大型苑囿及城郊风景园林中多利用真山加以改造外，多数均为人工堆叠而成，称为假山。园林假山的规模、形式极为丰富多样。

假山有四个重要作用：一是假山为园林中造景的骨架。没有假山，园林将是一片平坦，景观就会显得单调而乏味。二是假山为园林水景的主要依托。只有在平地上堆出峰、岭、谷、洞、坡、矶，才可能引入水源，创造出泉、瀑、溪、池等园地景色。三是假山能在园林中作为欣赏的主景。四是假山能作为各个景区空间的分隔屏障，是造园家塑造空间主要应用的技术手段。

假山堆叠一般用土、石两种材料。因所用的土、石比例的不同，又可分为全土假山、全石假山和土石假山三种。土山、石山，或是土石相合的山，都是园林造景的骨架。因此，园林创作的第一个形象结构就是堆叠假山。

（1）全土假山是园林史上最早出现的人造山。先秦时期"高台榭，美宫室"的建筑风格，为园林堆土筑山积累了丰富的经验。《尚书》中提到的"功亏一篑"，就源自用土堆山的实践。《汉书》中则有"采土筑山，十里九阪"的记载，可见其历史的悠久。纯用土堆筑的山需有较大的空间才能堆高，且山坡较缓，山形浑朴自然，很有点儿山野意味。但是其占地过大，一般中小园林中很少采用。比较多的是用土来塑造带有缓坡的地形，使园林风景出现自然的起伏。古园中每每有梅岭、桃花坞，均是缓缓起伏的土坡地形。

（2）全石假山为假山堆叠之最难者，需要较高的山水画艺术修养和技术水平。中小园林中，此类人造山较多，一些小庭院中依壁堆叠的山景造型，基本上均是全石假山。全石假山可以再现自然山景中的一些奇特的景观，如悬崖、深壑、挑梁、绝壁等。它的堆叠，受传统山水绘画影响较大，用不同的石，有不同的堆法。如堆湖石山，多用绞丝皴、卷云皴；堆黄石山，多用斧劈皴、折带皴。同时又要掌握对位平衡法，对选石、起重、连接等有较高要求，常采用悬、挤、压、挂、挑、垂等特殊施工手法，表现出古代造石匠师的精湛手艺。正因如此，我国园林中也存在不少堆得并不成功的例子。一般园林中，平庸的全石假山容易产生"排排坐""个个站""竖蜻蜓""叠罗汉"等拙劣的造型。但我国传统名园的不少全石假山由于造园家艺术造诣较高，在创作上做到源于自然、高于自然，使所叠假山集中了自然山石景观的长处，成为传世杰作。如苏州环秀山庄的湖石假山，是清代叠山家戈裕良所作。他在整体设计上着眼于山的气势，局部处理中注重山石的脉理走向，并使用了铁钉锡带，如同造环洞桥一般，以致大小山石紧密联成一体，石与石之间的接缝处以米浆和石灰黏合，出现的缝线好似石之脉纹。这占地半亩的假山景观变化多样，有峰、岗、崖、壁、洞、罅等多种景观，但又不显得繁杂琐碎。从主要赏景平台北看，可见峰峦起伏，悬崖延伸，石罅曲折，板桥横空。游览需步栈道，穿洞府，攀危崖，跨深谷，随谷之转折盘旋西上山顶。最巧妙的是主峰下的洞口正好纳西角的山洞于其中，两洞相套，深远别致。而在问泉亭看东南山景，可见双峰对峙，中间是一道幽谷。峰实谷虚，石实溪虚，山水相映，主次分明，真正做到了"山形面面看，山景步步移"。

（3）土石假山，即土石相间的假山，通常以石为山骨在半缓处覆以土壤。也有的以土先塑造成基本山形，再在土上掇石。这种假山，最大的优点是山上林木花草都能正常生长，而且有土有石，也更符合自然中山岭的形象。因此在古典园林中，土石假山数量最多。土石假山具有较多样的景观风貌：土多的地方，就出现平缓的土坡；石多的地方，便形成陡峭山壁。山下还可用石构筑洞穴，并可用石铺成上山蹬道，还可以用石垒起自然形式的石壁作挡墙，在其上堆土栽树等。上海嘉定的秋霞浦池南湖石大假山、苏州沧浪亭的大假山、苏州拙政园池中的两岛山都是土石混合而成的，它们在园林中都起到很重要的造景作用。半土半石的假山最能体现出自然雅朴的风格。

同济大学的陈从周先生在《说园（三）》中曾写道："假假真真，真真假假。《红楼梦》大观园假中有真，真中有假，是虚构，亦有作者曾见之实物，又参有作者之虚构。其所以迷惑读者正在此。故假山如真方妙，真山似假便奇……"这种"假山如真方妙"的美学观点，包孕着"真"的假山系统，从其性质来看，是以"假"为主，即以人工堆叠为主的系统。至于包孕着"假"的真山系统，其"真山似假"的美学特征，则可以分成几个层面来理解：一是人力对真山本身及其周围环境的加工，即对地形地貌所做的较大的改变；二是山区花木的人工栽培，即对山体外貌的绿化和美化；三是山区建筑物系列的建造，即对原有景观的更大改变；四是题名刻石、匾额对联等种种精神性的加工和美化。总之，这类妆山饰水、栽木造亭，都可看成真中之假。借用《红楼梦》中的"假作真时真亦假"来诠释最为合适。假山固然可以"真化"，而真山也可以"假化"——艺术化。

以颐和园为例，万寿山比起原型瓮山来，山体经过人为加工；周围的环境——水系，从元代起就引西山水入湖；建造建筑群，丰富景观。这些都是不同程度、不同层面的"假化"，即艺术化、审美理想化。颐和园万寿山，可以说是"真山似假便奇"的典范之作。综合性的黄石大假山，以上海豫园为最，这是明代著名造园家张南阳的杰作。此山用浙江武康黄石叠成，高约四丈，重峦叠嶂，深涧幽壑，磴道纡曲，古木葱郁，山上建造凉亭，山脚面临清池，显得峻峻嵯峨，气势磅礴。扬州个园的黄石大假山，内外空间造型均妙。其内部洞府特别大，既节省了石料，又扩大了内外空间的体量，体现了经济、功能、审美三者的统一。苏州耦园的综合性大假山也是江南园林中的佳构。刘敦桢先生曾给予其高度的评价和审美的描述。他写道："平台之东，山势增高，转为绝壁，直削而下临于水池，绝壁东南角设蹬道，依势降及池边，此处叠石气势雄伟峭拔，是全山最精彩部分……绝壁东临水池，此处水面开阔，假山体量与池面宽度配合适当，空间相称，自山水间或自池东小亭隔岸远眺，山势陡峭挺拔，体形浑厚……几株树木斜出绝壁之外，与壁缝所长悬葛垂萝相配，增添了山林的自然风味。此山不论绝壁、蹬道、峡谷、叠石，手法自然逼真，石块大小相间，有凹有凸，横直斜互相错综，而以横势为主，犹如黄石自然剥裂的纹理，和明嘉靖年间张南阳所叠上海豫园黄石假山几无差别。"然而以上三者各有其个性之美：豫园假山雄伟中有秀润之气，个园假山雄伟中具玲珑之趣，耦园假山雄伟中带峭拔之致。

苏州狮子林素以湖石假山而名垂史册，风闻全国。其被传是元代大画家倪云林的手笔，而且还被乾隆皇帝赞赏，并移植至北方宫苑，于是狮子林被誉为"假山王国"，并被列为苏州四大名园之一。然而盛名之下其实难副，若从园林美学的角度透视，该园现存的湖石叠掇作品，其实大部分是不成功的。这主要表现在以下几个方面：①杂乱无章。

假山的叠掇，要讲究章法，石不可杂，纹不可乱，块不可小，缝不可多，贵在乱中见整，杂多中见统一。所谓统一，就是有气势、有艺术的整体感。狮子林有玲珑的湖石，古树名木较多，艺术素材很好，但艺术成品却不理想。如山上罗列了不少太湖石峰，使原来缺乏变化的体形更显杂乱琐碎；又如指柏轩南的石壁，无皱与涡，而石洞边缘又多作尖角，壁面还有不少挑出的石块，或上翘，或下垂，显得零碎。克罗齐在《美学原理——美学纲要》中说："美现为整一，丑现为杂多。"狮子林大部分的假山，杂多有余且整一不足，或者说，缺少主宰杂多的统一性，故而缺少真山的意态神韵之美。②局促闷塞。元人饶自然的《绘宗十二忌》中的第一忌就是"布置迫塞"，并指出："须上下空阔，四傍疏通，庶几潇洒。若充天塞地，满幅画了，便不风致，此第一事也。"狮子林正犯此忌，指柏轩南面一带，以及池边的大部分假山，都显得堆塞臃肿，上下少空阔，四旁欠疏通，有迫塞之弊，少风致之美。空白是中国艺术美的一门大学问；虚灵是中国美学的一个重要范畴。可是，狮子林的假山，迫塞而少空白，拥挤而不虚灵，使人感到透不过气来。③曲折失度。曲折通幽是一种美，特别是园林意境美的一种重要表现。狮子林现存假山，为后人改造，与倪云林简古清远的画风相去甚远，一味地以人工的奇巧、过分的曲折取胜，更适宜孩子捉迷藏，曲折过度使艺术美走向反面。④形象媚俗。孔传所写的《云林石谱·序》说："物象宛然，得于仿佛。"所谓"得于仿佛"，就是要人们自己展开思维的彩翼去迁想妙得。狮子林立雪堂前庭院里，一石似牛头，在其前叠蟹形石，意为"牛吃蟹"，其名既俗且浅露，其形也不美，乃园林建构中的弄巧成拙、化美为丑。

2. 叠石

在中国古典园林中，石是园之"骨"，也是山之"骨"，甚至一片石即一座山。因此，论山必先论石，而论石又必先论述石头的文化背景，即石头和中国人的历史的、美学的因缘。石头文化，是中国特殊而有趣的微观文化之一。在中国文艺美术领域里，红木架上置一块玲珑多姿的英德石，就成了所谓文房清供；在盆景艺术领域里，将一块砂积石略微加工，置于白石水盆内，就成了咫尺千里的山水风景；在绘画领域里，石头是人们喜闻乐见的题材，郑板桥在画上题："四时不谢之兰，百节长青之竹，万古不移之石，千秋不变之人。写三物与大君子为四美也。"在城市雕塑领域里，江南一带的花池子里或人行道的绿地上，堆叠几片太湖石，就成了人们乐于亲近和观赏的抽象雕刻品，更不用说古典园林里的湖石点缀了；在古代小说里，《红楼梦》原名《石头记》，书中特意把宝玉和石头联系起来，而曹雪芹本人就是画石专家……

在中国古代文化史上，爱石、品石、写石之风可以大书特书。而在西方，没有生命的顽石是无法进入人们的审美领域的。那么，为什么中国人对石头有如此深厚的艺术情感呢？中国自古以来流传着女娲炼石补天的神话传说，这一方面寄寓了先民试图征服自然的愿望，另一方面表明了先民在幻想中把自然物加以神化并进行崇拜的原始意识。明代吴承恩的《西游记》从有"灵通之意"的仙石迸裂化猴发端于魏晋南北朝，到唐代审美思潮把石头从神话拉回现实，具有人化的性格和艺术化的美质。自唐代之后，宋、元、明、清的品石、咏石之风更盛。在清代，乾隆皇帝曾在莫愁湖石上题咏："顽石莫嗤形貌丑，娲皇曾用补天功。"说明对于石头来说，从女娲炼石补天一直到清代，其间或隐或显、或真或幻地存在着具有民族特色的一脉相承的审美传统。唐代白居易写诗咏石，在《太湖石记》中说："待之如宾友，视之如贤哲，重之如宝石，爱之如儿孙。"宋代品石、爱石以苏轼、米芾、叶梦得等人为代表，其中米芾尤为典型。苏轼是文坛、艺坛的领袖人物，他爱石、藏石、品石、画石、咏石，在中国绘画历史上，他是最早以石为主要题材的画家之一。米芾爱石成癖，称怪石、奇石为"石兄""石丈"，并予拜之。米芾拜石与原始先民以石为图腾，狂热的巫术礼仪活动有别，其本质上不是敬而重之，而是爱而亲之，是对天然艺术品美的崇拜，是狂热的审美活动。叶梦得自号石林居士，把自己的著作命名为《石林词》《石林诗话》《石林燕语》，把自己的园林称为"石林"，园内有"石林精舍"。

我国产石之所，分布极广，品类繁多。白居易在《太湖石记》中说："石有族，聚太湖为甲，罗浮、天竺之徒次焉。"计成在《园冶·选石》中说："苏州府所属洞庭山，石产水涯，惟消夏湾者为最。性坚而润，有嵌空、穿眼、宛转、险怪势。一种色白，一种色青而黑，一种微黑青……此石以高大为贵，惟宜植立轩堂前，或点乔松奇卉下，装治假山，罗列园林广榭中，颇多伟观也。"太湖石被各地园林广泛采用，尤以江南园林用得最多。至于北方构园大规模地在江南采办太湖石，要数宋徽宗宣和年间的"花石纲"。自此以后，太湖石更为著名。岭南园林多采用英石、珊瑚石作假山，仿海岛景色，有南国情趣。此外，园林广泛采用的还有黄石、石笋等众多品类。

以太湖石为代表的奇石，具有"瘦、透、漏、皱"的特征。肥瘦原是对人的形体美的品评，例如"环肥燕瘦"，评石曰"瘦"，是对人的品评移来品石。明代太仓王世贞的弇山园中有湖石"楚腰峰"，出自"楚王好细腰"之典故，点出了石的瘦秀之美。清代常熟的燕园，室前有三片湖石，其形均瘦而美，名为"三婵娟室"，是将三瘦石视为身材秀长的美女了。上海豫园有立峰名"美人腰"，杭州文澜阁庭院有"美人石"，这都是把瘦石比作"君子好逑"的"窈窕淑女"，苏州著名的留园三峰——冠云峰、瑞云峰、岫云峰，无不清秀超拔，具有瘦的品格。岫云峰瘦而多小孔，瑞云峰瘦而多大孔，冠云峰孤高而特瘦，漏皱而多姿，三峰中尤以冠云峰为最。所谓"透"和"漏"，其解释历来有所不同：或释为前后左右相通、以横向为主的孔和上下相通、以纵向为主的孔；或释为彼此相通、若有路可行和石上有眼、四面玲珑；或释为较大的罅穴和比较规则的圆孔；或释为空窍较多、通透洞达和坑洼较多、穿通上下左右……表现为孔窍通达、玲珑剔透之美。上海豫园的"玉玲珑"，相传为宋代"花石纲"遗物，高一丈有余，形如千年灵芝，周体都是孔穴。据说在下面孔穴中焚一炉香，上面各孔穴都会冒出缕缕轻烟；而在上面孔穴中倒一盆水，下面各孔穴都会溅出朵朵水花。在古代画论中，"皱"和"皴"含义十分相近。皱是现实领域中的皱，皴是艺术领域中的皱。在现实领域中，皱就是石面上的凹凸和纹理，也就是计成《园冶》中所说太湖石的"纹理纵横，笼络起隐"。瘦、透、漏、皱为石之四美，四者既互为区别，又互为影响和转化。以太湖石为代表的怪石的瘦、皱、漏、透又可一字以蔽之，曰"巧"。然而，石的品格不尽在巧，还有与其相对峙的一面——"拙"。如果说"巧"的代表是太湖石，那么"拙"

的代表则是黄石。"拙"也是中国古典美学的一个重要范畴。"拙"与古代归真、守拙的哲学思想相对应。古代美学不但有"大巧若拙"之语，而且有"宁拙毋巧"之话。酷爱画石而呼之为"石丈""石大人"的郑板桥，在"瘦、皱、漏、透"四字之后加一个同韵字——"丑"。东坡又曰："石文而丑。"郑板桥拈出"丑"字，补石之四美为五美，是颇有识见的。刘熙载在《艺概·书概》中写道："怪石以丑为美，丑到极处，便是美到极处。"

除以上具体的品质外，美石还有两个重要的定性，就是出于天然、古而有骨。所谓神斧鬼工、巧趣天成，就是说它是大自然这位万能的雕刻大师的精构杰作。上海豫园有一联云："石含太古云水气，竹带半天风雨声。"文震亨在《长物志·水石》中写道："石令人古，水令人远，园林水石，最不可无。"宋代画家郭熙在《林泉高致》中写道："石者，天地之骨也。"石是园林之骨，园林不能无石。杭州花圃的绉云峰为罕见的英石峰，以皱瘦美而著称，它和苏州留园的冠云峰、上海豫园的玉玲珑被称为江南三大名石。

二、水体美

山石是园林之骨，水是园林之血脉。古人云："石为山之骨，泉为山之血。无骨则柔不能立，无血则枯不得生。"山石能赋予水泉以形态，水泉则能赋予山石以生意。这样就能刚柔相济，仁智相形，山高水长，气韵生动。人离不开阳光、空气和水。水是生存的要素，是万物生长之本。园林里的水还可供听泉、观瀑、养鱼、垂钓、濯足、流觞、泛舟、漂流……因此，园林不可无水，无水不成园。然而日本的枯山水庭园，是借助平铺的白砂、小石子等固体，其表面扒梳成水纹状，作为液体水的象征，以虚拟水池、河流等水体景观，同时还堆置石块以模拟山峦、岛屿等山体景观。

园林中的水有以下4个审美特征。

1.水的静态美

一般来说，我国古园的水景以静态为多。那些因水成景的滨湖园林，或以水池为中心的城市园林，大多有着似镜的水面。静谧、朴实、稳定是静水的主要特点，这也是静水深受我国文人雅士欢迎的一个原因。园林之水虽静，但不是那种无生气的"死静"，而是显出自然生气变化的静。水平如镜的水面，涵映出周围的美景。蓝天行云、翠树秀山、屋宇亭台等，仿佛都漂浮在水下，使人联想起天上的神仙府第。而当视线与水面夹角增大时，反射效果减弱，这时透过清澈的水面又可以看到飘忽的水草，游动的鱼儿，当微风吹过，在水面上激起层层涟漪，水又像是轻轻抖动的绿绸。

水面是平静的，造园家处理的方法却是多变的，能将静水的特点发挥得淋漓尽致。园林小水面的设计是窄则聚之，缘岸设水口和平桥，使水域的边际莫测深浅，或藏或露，不让游人一览无余。漫步水际，水回路转，不断呈现出一幅幅引人入胜的画面。这样，水体虽小，但使人有幽深迷离的无限观感。园林大水面的设计则是宽则分之，平矶曲岸，小岛长堤，把单一的水上空间划分成几个既隔又连、各有主题的水景，形成一个层次丰富、景深感强的空间序列。例如，北京颐和园的昆明湖水面浩瀚，使这一大片单一的湖面变成远近皆赏的美景，表现了造园家对大面积静水处理的高超技艺。当游人站在佛香阁上俯瞰湖水时，最先引起人们注意的是一颗镶嵌在粼粼碧波中的翠珠——南湖岛（又叫龙王庙岛、小蓬莱）。南湖是昆明湖中直接与万寿山前山相接的一处水面，葱翠的小岛位于湖中央偏近东堤处，岛北岸的涵虚堂与佛香阁隔水相望，互成宾主，成为这一片湖景的构图中心。造型精美的十七孔长桥又将南湖与昆明湖分隔开。对于久居闹市、与自然山水环境隔绝的人们来说，见到自然状态的水，立刻会感到神清气爽。

2.水的动态美

园林中的动态水指山涧小溪及泉瀑等水景，它们既表现出不同的动态美，又以美妙的水声加强了园林的生气。动态水景首推泉水。泉水之美和园林之美融合在一起，更令人赞叹不已。清代的刘鹗在《老残游记》中描绘的"家家泉水，户户垂杨"的景色，指的便是这种林泉合一的美。在济南的七十二名泉中，最令人神往的是趵突泉。趵突泉原来叫槛泉，是古乐水的发源地。泉水从地下溶洞的裂缝中涌出，三窟并发，昼夜喷涌，状如三堆白雪。泉池基本成方形，广约1亩，周围绕以石栏。游人凭栏而立，顿觉丝丝凉气袭人。俯瞰泉池，清澈见底。在水量充沛时，泉水可上涌数尺，水珠回落仿佛细雨沥沥，古人赞曰："喷为大小珠，散作空蒙雨。"其周围的景色又同泉池融成一体，形成了一个个清幽而又趣味浓郁的园林风景空间。为了强调泉水景，造园家在泉池北面建有突出于水面之上的泺源堂，栋梁均施彩绘，黄瓦红柱的厅堂与池水银花交相辉映，十分悦目。游人静坐堂中，观赏那池水涟漪，别有情趣。在泺源堂抱厦柱上，刻有元代赵孟頫的咏泉名句："云雾润蒸华不注，波涛声震大明湖。"每逢秋末冬初，良晨晴空，由于趵突泉泉水温度高于周围大气温度，水面上漂浮着一层水汽，犹如烟雾缭绕，使泺源堂好像出没于云雾之中。泉池西南部水中置有趵突泉石碑，给池面景观增加了内容，又使之与厅堂互为对景。清代乾隆皇帝也十分喜爱此景，曾为趵突泉题过"激湍"两字，并把它封为"天下第一泉"。济南之外，江南无锡惠山园的天下第二泉、镇江金山的天下第一泉、苏州虎丘剑池第三泉，以及杭州虎跑和龙井等均为园林中著名的泉水景。

瀑水也是园林中的动态水景。除了一些大型苑囿和邑郊风景园林的真山真水有自然形成的瀑布外，园林中的瀑布多数是人工创造出来的动水景观。有的园林利用园外水源和园内池塘水面的高差，设置瀑布水景。例如，山西新绛县的隋唐名园——绛守居园池，就是利用了平原上的水，经水渠引入园内而造成高十余米的瀑布。当年水大时，好像白练当空，声不绝耳。另外，还有些园林在上游水源上垒石坝，使水产生落差。例如，北京西北郊的清华园是一座以静水为主景的园林，水面以岛堤分隔成前湖、后湖两部分。造园家在后湖西北岸临水建阁，并且垒石以提高上游来水的水位。于是在水阁中可观赏两种不同的水景，临湖是一片平湖水光，而西北面则"垒石以激水，其形如帘，其声如瀑"。当时著名文人袁中道亦称赞道"引来飞瀑自银河"。还有的园林则借助人力引水，或者把雨水储于高处，需要时放水而造成动水之景。如南京瞻园的假山、上海豫园点春堂前快楼旁的湖石山，原来都有瀑水景致。

流觞曲水是我国古典园林中一种特殊的建筑水景，起源于古代文人欣赏园林风景时的一种游戏。我国古代文人在园林风景名胜地集会时，经常进行一种以题对为主要内容的文化游戏：人们沿着一条曲折小溪落座，主人在上游出题，让下游的人对和。每轮开始时，在水面上放一只大盘，盘上载一杯酒顺流漂下。每当盘子漂到一个人的面前时，这人需及时对上一句，如对不上就要罚酒三杯。最有名的流觞曲水欢聚情景是东晋永和九年（353年）王羲之等人在会稽（今绍兴）兰亭欢聚。少长群贤聚在郡郊的风景地，作文吟诗，流觞取乐，王羲之曾为此写道："此地有崇山峻岭，茂林修竹，又有清流激湍，映带左右。引以为流觞曲水，列坐其次。虽无丝竹管弦之盛，一觞一咏，亦足以畅叙幽情……"在美丽的园林风景之地，边赏景边观水，又能开怀畅饮，同时还能以游戏的形式进行文学创作活动。但是，要寻找一条适宜流觞的曲溪并不容易，后来不少园林就结合水景的布局，叠砌弯曲狭小的流水涧渠以便文人游戏。再后来，为了游赏的方便，便把这曲水设计得更小，放到建筑中，使这流水景致和建筑亭台完全融合。北宋编纂的官方营造法规《营造法式》中，还专门收入了流觞亭地面曲水的做法，可见当时这一活动的普及。今天位于北京恭王府花园园门右侧假山旁的流杯亭，北京故宫内乾隆花园主体建筑古华轩西侧的禊赏亭都是这类将动水引入室内的游赏建筑。它们都有上游水源，以确保流觞活动的进行。如恭王府花园假山东南角有一口井，需要时可汲水顺槽流下；乾隆花园禊赏亭的水来自衍祺门旁水井边上的两口大水缸。当然，将自然溪流之曲水改作人造的小沟渠，其趣味和意境是大不相同的，但从这些很有特色的风景设计上仍可以看出水和建筑的亲缘关系。

3.水的洁净美

　　水具有清洁纯净的美质，这是水的本质美。在凛冽的寒冬，它凝固成冰而清冷；在温热的季节，其液态洁净而清澄。一般来说，只有异物污染水，而水决不会污染他物。在世间万物中，只有水具有本质的澄净，并能洗涤万物，为之"排沙驱尘"，使其清新鲜洁。

　　正因为水具有澄澈、清洁、明净等特征，中国诗史上出现了不胜枚举的、千古传诵的咏水名句。如谢灵运的"云日相辉映，空水共澄鲜"、谢朓的"余霞散成绮，澄江静如练"、孟浩然的"野旷天低树，江清月近人"、范仲淹的"笑解尘缨处，沧浪无限清"。诗中的"水"无不给人或清新，或亲切，或平静，或透明等沁人心脾的美感，而其本质在"澄""清"二字。王献之的《镜湖帖》就有"镜湖澄澈，清流泻注"的名句；陶弘景的《答谢中书书》中的"高峰入云，清流见底"也脍炙人口；柳宗元的《小石潭记》中的"水尤清冽""鱼可百许头，皆若空游无所依……"更令人难忘。以上诗文所描写的水的洁净美，在园林中大抵可以见到。在北京皇家园林北海东岸有画舫斋，斋前有一方池，四周有斋、轩、室、廊面向环绕，清澈明净的水池成了景区审美鉴赏的中心。主体建筑画舫斋内，有匾曰"空水澄鲜"，就是取谢灵运《登江中孤屿》诗意引导人们欣赏的，表现出天空水面那种云日辉映、空水澄清的美。颐和园中的谐趣园，是依据无锡寄畅园而仿建的，其建筑采取围池散点周边布置格局。在面池的建筑中，除主体建筑涵远堂外，还有"引镜""洗秋""饮绿""澹碧""湛清轩""澄爽斋"等。它们似乎都以水命名，以水为主题，人们仅从一系列题名中，就可想见其水的洁净美。再从私家园林来看，明代王世贞的《游金陵诸园记》指出了西园的芙蓉沼"水清莹可鉴毛发"，又指出武氏园中"水碧不受尘"。苏州现存的怡园有抱绿湾，园主顾文彬曾为其集联："一泓澄绿，两峡崟岩，浸云壑水边春水；石磴飞梁，寒泉幽谷，似钴鉧潭西小潭。"这也是启发、引导人们去品赏其澄净之美，揭示出水清洁纯净的现象美或本质美。

4.水的流动美

正因为水是活的，流动的，所以在园林中它能用来造成各种水体景观，给人以美的享受。如前所述，在绍兴兰亭这个积淀着名士风流的园林中，其流水的利用可谓别具情趣，这就是王羲之《兰亭集序》中所说的将"清流激湍"引为"流觞曲水"这一游艺活动，其创造性地利用了水的流动性。而今的兰亭流觞曲水，力图恢复旧貌，水因自然成曲折，既有曲水流动之美，又有文化意蕴之美，几乎成了该园最著名的水体景观。我国很多名胜园林，都曾予以模仿。

关于水的"活""流""动"的审美特征，还有以下写景抒情的对联："花笺茗碗香千载；云影波光活一楼"（成都望江楼茗楼联）；"爽气西来，云雾扫开天地憾；大江东去，波涛洗尽古今愁"（武昌黄鹤楼联）；"风前竹韵金轻戛，石罅泉声玉细潺"（北京中南海听鸿楼东室联）。望江楼在四川成都濯锦江边，相传为唐代女诗人薛涛故居。园内有薛涛井、濯锦楼和吟诗楼。上引何绍基所撰书之联妙在"香""活"二字，它不但像诗眼一样把对联点"活"了，而且揭示出水的动态美，把楼也活化了。

水不仅使人眼清目明，更能让人洗涤心灵、顿释烦絮。园林之水突出地体现了水作为审美客体的陶冶性情、净化心灵的作用。

园林水景还是沟通内外空间、丰富空间层次的直接媒介。在我国园林中，尤其是江南园林中，常可见到曲水穿墙，在水上叠石涵洞的水面造景手法，从而唤起人们对水流穿越的动态联想，去追溯那不尽的源头。

第二节 植物美

作为园林要素之一的植物，是园林空间的弹性部分，是极富变化的动景。植物丰富了园景的色彩和层次，增添了园林的生机和野趣，以其独特的个性和众多的效用，参与园林艺术境界的形成。

我国的古典园林在世界造园史上独树一帜，取得了较为辉煌的成就，其中很重要的一个原因就在于它的名花古木。从现存的一些古典园林中也可以看出花木在其中所处的地位和作用，园林中有许多景观的形成都与花木有直接或间接的联系。如承德避暑山庄的万壑松风、青枫绿屿、梨花伴月、曲水荷香等，都是以花木作为景观的主题而命名的。江南园林也不例外，如拙政园中的枇杷园、远香堂、玉兰堂、海棠春坞、留听阁、听雨轩等，其命名也都与花木有联系，它们有的直接以观赏花木为主题，有的则是借花木间接地表现某种意境和情趣。

一、绿色与生态

人们欣赏植物所构成的自然美，是心理的需要，而从根本上说，又是生理的需要。绿色植物有净化空气的功能。它不但能通过光合作用和基础代谢吸收二氧化碳，释放出氧气，而且能对有毒气体起分解和吸收的作用。绿色植物能吸滞粉尘，降低空气浑浊度；能调节空气温度，改善小气候；能分泌芳香剂，杀灭多种病菌。

绿色是植物世界的色调主旋律，对人的视觉器官有其特殊的审美作用。威廉·荷加斯在《美的分析》中写道："在自然界中，这种色彩给大地披上绿装，而这种色彩的美，是任何时候也不会使眼睛感到厌倦的。"[1]鲁道夫·阿恩海姆在《艺术与视知觉》中引用歌德的话："当眼睛和心灵落到这片混合色彩上的时候，就能宁静下来……在这种宁静中，人们再也不想更多的东西，也不能再想更多的东西。"[2]尼古拉·车尔尼雪夫斯基在《车尔尼雪夫斯基论文学》中写道："绿色却使神经安宁，眼睛因而得到休息，内心也得到平静。"[3]瓦西里·康定斯基在《论艺术里的精神》中写道："绿色是最平静的色彩。这种平静对于精疲力竭的人有益处。"[4]以上四位美学家，其美学体系观点不同、泾渭分明，荷加斯认为美在形式，歌德认为美在关系，车尔尼雪夫斯基认为美在生活，康定斯基认为美在抽象，然而他们对绿色在视觉感受上却得到了共同的结论。荷加斯说绿是"诱人的色彩"，歌德说绿色能给人以"真正的满足"，车尔尼雪夫斯基说绿色使人"神经安宁"，康定斯基则认为"这是一个不仅光学家而且整个世界都认识到的事实"。绿色之所以能给人抚慰，使人宁静，让人消除疲劳，由于它是强烈的刺激色——红色的对比色，在明度上处于中性偏暗的层面，具有阴柔温顺的性格美。究其根源，是人在现实生活中长期视觉适应的积淀。

二、园林植物的主要种类

从园林审美功能和现代观赏植物学的视角来看，植物可以分为观花类、观果类、观叶类、林木荫木类、藤蔓类、竹类、草本类、水生植物类等。

1.观花类

花是美的象征，繁荣的形象，生命的显现。国色天香的牡丹，含羞欲语的月季，临风

---

① 威廉·荷加斯：《美的分析》，杨成寅译，上海人民美术出版社 2017 年版，第 150 页。
② 鲁道夫·阿恩海姆：《艺术与视知觉》，滕守尧、朱疆源译，四川人民出版社 1998 年版，第 468 页。
③ 车尔尼雪夫斯基：《车尔尼雪夫斯基论文学（中卷）》，辛未艾译，上海译文出版社 1979 年版，第 100 页。
④ 瓦西里·康定斯基：《论艺术里的精神》，吕澎译，上海人民美术出版社 2020 年版，第 63 页。

婀娜的丁香，灿若云霞的杜鹃，贴梗累累如珠的紫荆……它们以其纷繁的色彩、扑鼻的芳香、娟好的形状姿态，诉诸人们的感官，给人以不同的风格印象：或娇俏，或飘逸，或浓艳，或素净，或妖冶，或端丽……观花类植物的景观，主要表现为花的色、香、姿三美。当然，枝干有助于构成花的姿态美，"红杏枝头春意闹"，没有了枝，也就失去了花的美；叶丛也有助于表现花的色泽美，所谓"红花虽好，还须绿叶扶持"，花色与叶色相互映发。

观花类植物品种繁多，常见的有以下几个品种。

（1）玉兰。一般指白玉兰，为木兰科木兰属植物。落叶乔木，花色似玉，香如兰，绿叶满枝，在早春开放。那微微绽开的花瓣，长大而曲，如羊脂白玉雕刻而成，繁花缀在疏疏的枝头，形状姿态极美。"绰约新妆玉有辉，素娥千队雪成围……影落空阶初月冷，香生别院晚风微。"文徵明的《玉兰》，点出了玉兰素艳多姿的品格美。北京颐和园乐寿堂庭园的玉兰，有200多年的历史，久负盛名。花开时，亭亭玉立，素容生辉，冷香满院，沁人心脾。白玉兰不仅花美，果亦美，蓇葖果成熟后开裂，露出红色的种子，鲜艳夺目，惹人喜爱。与白玉兰同科同属的木本植物，还有紫玉兰、二乔玉兰、宝华玉兰、山玉兰、广玉兰等品种。紫玉兰外面紫色，里面白色或粉红色；二乔玉兰外面紫色或红色，里面白色；宝华玉兰是江苏特有品种，仅长于句容宝华山自然保护区内，花瓣上部为白色，下部为淡紫红色或红色；山玉兰花瓣肥厚，乳白色，外轮三片，淡绿色；广玉兰，常绿乔木，花洁白，芳香，状如荷花，故又称为荷花玉兰。在古典园林中，常在厅前院后配置玉兰堂，将玉兰与海棠、牡丹、桂花相配，寓意为"玉堂富贵"。

（2）山茶。山茶科山茶属植物。常绿小乔木或灌木。花多为红色，单瓣或重瓣。人们给它概括出花好、叶茂、干高、枝软、皮润、形奇、耐寒、寿长、花期久、宜瓶插等美点，具有潇洒高贵的品格，是我国传统的十大名花之一。目前全世界山茶花品种已达5 000种以上，中国约有300种。苏州拙政园西部有十八曼陀罗花馆，院内栽植茶花，成为园林一景。而在历史上，拙政园的宝珠山茶更是闻名遐迩。它交柯合抱，得势争高，花开巨丽鲜妍，为江南园林所仅见。吴伟业的《咏拙政园山茶花（并序）》诗云："拙政园内山茶花，一株两株枝交加。艳如天孙织云锦，赪如姹女烧丹砂。吐如珊瑚缀火齐，映如蝾蚷凌朝霞。"可惜，这早已成为"宝珠色相生光华"之美的历史了。山茶对二氧化硫、氟化氢、氯气、硫化氢的抗性强，对氟、氯气的吸收能力强，具有良好的生态效应。

（3）桂花。木犀科木犀属植物。常绿小乔木，四季常青，花香浓郁，是园林绿化中常用的观赏树种和香料树种。因"桂"与"贵"互为谐音，配置时常用于对植，古称"双桂（贵）当庭"或"双桂（贵）留芳"。桂花品种有金桂、银桂、丹桂和四季桂等。金桂叶披针形、卵形或倒卵形，上部叶缘有疏齿，花量多，色金黄，香浓郁，为生产上常用的品种。银桂叶椭圆状披针形，花近白色或黄白色，花量中至多，香浓郁，为制作食品香料的主要品种，经济效益较高。丹桂叶长椭圆形，中脉深凹明显，花色橙黄或橙红，花香中等，观赏价值较高。四季桂叶长椭圆形，革质，每月皆开有少量的花，花白色，香淡，是园林绿化常用的品种。桂花的花朵芳香幽甜，为有名的食品香料，花、果、根、茎、叶等还是重要的药材。

（4）海棠。蔷薇科苹果属植物。落叶小乔木，树形峭立，小枝红褐色。花在蕾时甚红艳，开后呈淡粉红色并近白色，单瓣或重瓣。海棠花春花似锦，为园林绿化中著名的观花树种。海棠包含两个变种：重瓣粉海棠叶较宽大，花较大，重瓣，粉红色；重瓣白海棠花白色，重瓣。与海棠同科同属的植物还有西府海棠和垂丝海棠。西府海棠是山荆子和海棠花的杂交种，又名小果海棠。落叶小乔木或灌木，树态峭立，小枝紫褐色或暗褐色，叶柄细长，花单生，红色，半重瓣或重瓣，果小，红色，底部内陷。春花艳丽缀满枝头，秋季红果累累，是园林绿化中优良的观花、观果树种。垂丝海棠为落叶小乔木，树冠疏散开展，有枝刺，花簇生于小枝端，鲜玫瑰红色，花梗细长而下垂。垂丝海棠又有两个变种：白花垂丝海棠叶较小，花较小，白色，花梗较短；重瓣垂丝海棠花梗深红色，花半重瓣，色红艳。与海棠同科异属（木瓜属）的植物有贴梗海棠和木瓜海棠。贴梗海棠为落叶灌木，枝开展，无毛，有刺。花3~5朵簇生于两年生老枝上，朱红、粉红或白色，花梗粗短或近于无梗，果球形，黄色或黄绿色，芳香。木瓜海棠为落叶灌木和小乔木，枝直立，叶质较硬，花淡红色或近白色，果卵形，黄色有红晕，芳香。在古典园林中，海棠用得很多。拙政园有"海棠春坞"，紫禁城御花园绛雪轩前有群植的海棠。

（5）梅花。蔷薇科李属植物，落叶小乔木。花两性，单生或两朵并生，先叶开放，花冠白色、淡绿、淡红或红色。核果球形，黄色，密被细毛。中国梅花品种有300多种，北京林业大学陈俊愉教授按进化与关键性状，将梅花分为3系5类16型。直梅系是梅花的嫡系，由梅花的野生原种或品种演化而来，按树姿分为3类：直梅类，枝直上，按花型、花色、萼色分为7型，如江梅型、宫粉型等；垂枝类，枝下垂，分为4型，如单粉垂枝型、骨红垂枝型等；龙游类，枝扭曲，仅有1型，即玉蝶龙游型。杏梅系形态间于杏、梅之间。仅杏梅类1类，分为3型，即单杏型、丰后型、送春型。樱李梅系是宫粉型梅花与红叶李的杂交品种，目前仅有1类1型。

梅花"色、香、韵、姿"俱佳，不畏严寒，具有迎着风雪而开放的特性，故有古诗云："万花敢向雪中出，一树独先天下春。"冬末初春，含苞欲放，玉映缤纷，近看似素练，远望似雪海。在苏州光福留有"香雪海"美誉。梅花傲霜凌雪，是坚贞、高洁、刚毅的象征。梅花遒劲挺拔、铁骨冰心的风姿，以及高尚品格和凛然豪气，永为世人传颂。园林中常以松、竹、梅配在一起，称为"岁寒三友"，又把梅、兰、竹、菊称为"四君子"。中国有四大梅园，分别为南京梅花山梅园、无锡梅园、武汉东湖磨山梅园、上海淀山湖梅园，已成为人们早春游赏的好去处。

观花类植物还有很多，如国色天香的牡丹、花中皇后玫瑰、五月流丹的石榴、万山红遍的杜鹃等，构成了多种多样的园林美景。

2.观果类

观果类植物有枇杷、石榴、柑橘等。

（1）枇杷。蔷薇科枇杷属植物。常绿小乔木，小枝密被锈色或棕色绒毛，叶披针形或倒披针形，背面密被灰棕色绒毛，圆锥花序，密生白花，有芳香。果球形，成熟时为黄色和橘黄色。根据果肉颜色分为红沙、白沙两大类，以白沙枇杷为最优。枇杷的枝、叶、花、果均有观赏价值。金黄色的果实常聚在一起，寓意"兄弟团结"。拙政园中的枇杷园，每逢初夏，金黄色果子累累枝头。园中有嘉实亭，点出此美景，真如戴复古《夏日》诗云："东园载酒西园醉，摘尽枇杷一树金。"

（2）石榴。石榴科石榴属植物。原产于伊朗和阿富汗，汉代张骞出使西域时传入中国，至今已有2 000多年栽培史。落叶灌木或小乔木，花通常为深红色，也有淡黄色的。浆果球形，古铜黄色或古铜红色，内含种子多粒，种子似红宝石，晶莹剔透，其外种皮肉质汁多味美，具有美容美肤功效。石榴枝叶对二氧化硫、氯、氟化氢、二氧化氮、二硫化碳等抗性均较强，并能吸收硫和铅，也具有滞尘能力，生态效益明显。

石榴按用途，分为果石榴和花石榴两大类。果石榴花单瓣，果供食用，也有观赏价值，我国已有70个品种。花石榴花多为复瓣和重瓣，观花、观果两相宜。常见的栽培品种有以下6种：白石榴，亦称银榴，花大，白色，花重瓣者称重瓣白石榴或千瓣白石榴。黄石榴，又称黄白石榴，花色微黄而带白色，其重瓣者称千瓣黄石榴。玛瑙石榴，又称千瓣彩色石榴，花重瓣，红色，有黄白色条纹。月季石榴，植株矮小，叶线状披针形，叶、花皆小，花期长。墨石榴，枝细柔，叶狭小，花也小，多单瓣，果熟时呈紫黑色，果皮薄，外种皮味酸不堪食，供观赏。重瓣红石榴，花大，重瓣，红色，也称千瓣红石榴，为主要的观赏品种。

石榴是身跨数类的观赏花木，其叶、花、果均具审美观赏价值。球形浆果成熟时开裂，露出鲜红的种子。因种子多，寓意"多子多福"，受到古人的推崇。朱熹的《题榴花》诗云："五月榴花照眼明，枝间时见子初成……"北京圆明园三园之一的长春园曾有"榴香渚"，遍植石榴，花开红似火，果熟累枝头，蔚为大观。

（3）柑橘。芸香科柑橘属植物。常绿小乔木，单生复叶，革质，具有油腺点，花黄白，果扁球形，橙黄色或橙红色。我国柑橘栽培具有悠久的历史，在2 000年前的秦汉时代已有大面积栽植。柑橘品种很多，大致可以分为柑和橘两大类：柑类果较大，果皮粗糙；橘类果较小，果皮较薄、平滑。此外，还有将柑橘分为柑类、黄橘类、红橘类、蕉相类和温州蜜柑类5类的分类方法。柑橘主要分布在长江以南的中亚热带地区，江苏太湖地区属分布区北缘，但由于太湖水汽的影响、精细的耕作技术和管理措施，使东山、西山产的洞庭红橘久负盛名。《本草纲目》有"橘非洞庭不香"的记载。《唐书·地理志》有苏州上贡柑橘的记载。宋安定郡王以洞庭山橘酿酒，美其名曰"洞庭春色"，苏轼作《洞庭春色赋》，名噪一时。

柑橘四季常青，枝叶茂密，树姿优美，春天繁花满树，幽香飘逸，秋冬硕果累累，金色茫茫，为园林庭院和风景名胜区添色、添香、添景。

3.观叶类

园林中常植的观叶类树木，有垂柳、怪柳、槭、槲、黄栌、枫香、乌桕、黄杨、女贞、棕榈、桃叶珊瑚、八角金盘等。其中，以红叶为特征的槭（或称为枫）品种很多，其美在树叶的色、形，是构成园林景观的关键要素。北京香山静宜园，漫山遍野，均植黄栌，深秋红叶似熊熊火焰，使人联想起杜牧《山行》诗中"霜叶红于二月花"的名句，不禁触景生情。以柳抒情的诗句在中国诗史上特别多。柳树（垂柳）枝条之美，主要在于修长而又纤弱，它倒垂拂地，婀娜多姿，柔情万千，而远观则犹如轻纱飘舞，烟雾蒙蒙，入诗，入画，入园林，风韵无限。柳树在庭园内栽植较少，而在宫苑和风景区却被大量应用。泉城济南，柳树是传统品种。正如大明湖铁公祠一副名联所写："四面荷花三面柳，一城山色半城湖。"杭州西湖岸边一株杨柳夹株桃，形成桃红柳绿、春意盎然的独特景观。

4.林木荫木类

这类树木的基本特征是高、大、壮，枝繁叶茂，具有挺拔雄健和浓荫郁闭的景观美。北京曾有王侯园林"成国公园"，李东阳在《成国公家槐树歌》中写道："东平王家足乔木，中有老槐寒更绿。拔地能穿十丈云，盘空却荫三重屋……"[1]概括了荫木主要的审美性格。荫木和林木是园林中山林境界和绿荫空间的主要题材，也是园林花木配置的主要基础。其品种较多，常见的还有松、柏、榆、朴、香樟、枫杨、梧桐、银杏等。无锡寄畅园的知鱼槛、涵碧亭附近，以及池北共有五棵大香樟，它们不仅以绿色调渲染着亭榭水廊的景观之美，而且互为呼应地荫庇了偌大的空间。松是园林植物的重要品种，孤植群植都很适宜。避暑山庄的"松鹤清樾"是一种独特的景观，而松云峡、松林峪又构成一派郁郁青青崇高的林木基调。至于"万壑松风"一景，长风过处，松涛澎湃，如笙镛迭奏，宫商齐鸣，又如千军万马，大显声威，彰显了天然的崇高美。

5.藤蔓类

藤蔓类为攀缘植物。藤蔓类花木有两个重要的美学特征：一是花叶的色泽美；二是枝干的姿态美。紫藤是园林中常见的观赏花木，它以其姿态花叶成为一种重要景观。上海豫园、南京瞻园，以及苏州多处园林都有古老的紫藤，花时照眼明，鲜英密缀，缤纷络绎，强烈地吸引着人们的目光。岭南四大名园之一的番禺余荫山房，主厅深柳堂庭院两侧有两棵凌霄古藤，怒放时犹如一片红雨，繁华艳丽，蔚为壮观。藤蔓类花木除紫藤、凌霄外，还有爬山虎、金银花、蔷薇、爬藤月季、薜荔、葡萄、常春藤、络石等。

藤蔓需要构架来攀缘或引渡，这就形成了种种景观。单株架构之藤，宜于孤赏；多株藤蔓则可架成天然的绿色长廊，花开时节更为明艳亮丽，宜于动观。假山如果石满藤萝，则斧凿之痕全掩，苍古自然，宛若天成。《园冶·相地篇》说："引蔓通津，缘飞梁而可度。"藤蔓经由桥梁而渡水，攀缘到对岸，这能模糊人力之工而显示天趣之美，能从微观上助成园林的"天然图画"之感。拙政园芙蓉榭的临水台基上，也牵引藤蔓，藤蔓密布倒垂，如同璎珞妙鬘，配合着榭内种种精美的装修，富有装饰美的风韵。古藤左盘右绕，筋张骨屈，既像骇龙腾空，苍劲夭矫，拗怒飞逸，又像惊蛇失道，蜿蜒奇诡，奋势纠结……藤蔓的这类姿态美，引起了历代书画家的注意。萧衍在《草书状》中写道："及其成也，粗而有筋，似葡萄之蔓延，女萝之繁萦。"的确，它既具有张旭、怀素草书那种线条美和气势美，又具

---

① 沈乃文：《明别集丛刊 第五辑 第九十五册》，黄山书社 2015 年版，第 241 页。

有中国画藤本植物大写意那种盘曲飞动、气势磅礴之美。

6.竹类

竹类植物全世界共有107个属1 300多种，绝大部分分布在亚洲，非洲和拉丁美洲有少量分布。中国是竹类资源最丰富的国家，素有"竹子王国"之称。中国是世界上使用竹子最早的国家，在新石器时代遗址中，就有大量的竹子制作的生产、生活器具出土，殷商时代用竹作箭矢、书简，秦代以竹造笔，汉代用竹造宫殿，晋代用竹造纸……现代社会应用范围更为广阔。竹子不仅用于生产工具、生活用品、文娱用品，还用于建筑材料（竹地板、竹纤维板）、医药原料（竹炭、竹叶黄酮）和化工原料（竹醋液、竹沥液）。竹子不仅在物质文明方面集聚了丰富的物质财富，还在精神文明方面孕育了博大精深的精神财富。古代先民崇尚竹子，曾流传着"竹王""女娲作笙簧""伶伦造律""竹天仙下凡""伏羲氏以竹卜卦""湘妃竹""越王竹"等神话故事。以竹子为载体，传承中华文化。以竹为字头的字，在河南安阳出土的甲骨文中有6个，在周代金文中有18个，在东汉《说文解字》中有151个，在明代《字汇》中有573个，在清代《康熙字典》中有960个。以竹子为题材的诗词、歌赋、楹联、成语、灯谜、著作、绘画、雕刻、民族风情、宗教礼义等，更是浩瀚无垠、层出不穷。《诗经·小雅》中有"如竹苞矣，如松茂矣"的诗句，后人以"竹苞松茂"比喻根深蒂固，基业昌盛。白居易在《养竹记》中写道："竹本固……竹性直……竹心空……竹节贞……""竹可焚而不可毁其节""本固性直，虚心贞节"与中华民族的伦理道德吻合，由此引出"直节虚心是我师"的名言。苏轼在《於潜僧绿筠轩》中写道："可使食无肉，不可使居无竹，无肉令人瘦，无竹令人俗。"王羲之之子王徽之爱竹成癖，居处必植竹，曾曰："何可一日无此君。"晋初"竹林七贤"常在竹林下酣畅清谈，唐代"竹溪六逸"在徂徕山竹溪结社，纵酒论诗。"未出土时便有节，及凌云处尚虚心。"竹子虚心自持、高风亮节的品质常作为君子人格的写照，成为历代诗人画家描绘的对象。竹子淀积着中华民族在情感、思维和理念等方面深厚的文化底蕴。

从春秋时期卫国的淇园修竹开始，竹子就逐渐成为传统的园林植物。到了两晋南北朝时期，竹子更成为人们喜闻乐见的审美对象。竹子高耸挺拔，枝叶潇洒，千姿百态，超凡脱俗，格高韵深。竹子日出有清荫，月照有清影，风吹有清声，雨来有清韵。竹子有四美：猗猗绿竹，如同碧玉，青翠如洗，光照眼目，这是色泽之美；清秀挺拔，竿劲枝疏，凤尾森森，摇曳婆娑，这是姿态之美；摇风弄雨，滴沥空庭，打窗敲户，萧萧秋声，这是音韵之美；清晨含露吐雾，月夜倩影映窗，这是意境之美。苏州沧浪亭以竹胜，苏舜钦在《沧浪亭记》中写道："构亭北碕，号'沧浪'焉。前竹后水，水之阳又竹，无穷极。"广东顺德清晖园，有"竹苑"一景，其"风过有声留竹韵；月夜无处不花香"一联，也与苏舜钦之意暗合，揭示了竹与风月相宜的园林真趣。

7.草本及水生植物类

草本植物常见的有芭蕉、芍药、菊花、凤仙、蜀葵、秋葵、萱草、麦冬、秋海棠、鸡冠花、书带草及多种草坪草类。芭蕉是园林中个体最大的草本植物，它茎修叶大，姿态娟秀，高舒垂荫，苍翠如洗，多种于庭院、窗前或墙隅，渲染着一种园林情调。在炎炎夏日，它宛如天然的伞盖，能遮阳降暑，给窗前投下一片凉爽的绿意，引发人们的诗兴画意。在潺潺的雨天，雨点淅淅沥沥地滴在叶上，发出清脆动听的声响，使人如闻《雨打芭蕉》的音乐。苏州拙政园听雨轩的院子里、小池畔、石丛间，植几株芭蕉，既造了景，又带音响效果。书带草植株偏小，叶狭长而柔软，常植于庭院阶砌间，又称沿阶草。此草由于东汉经学家郑康成爱植而著名。据《三齐纪》载，"郑康成教了处有草如薤，谓之'郑康成书带'"。于是"书带草"一名就传开了。它是园林中常见的用以填空补白、遮饰点缀的草本植物。又由于"书带草"的名称饶有雅韵，还能给园林增添文人书卷气息。陈从周在《园林谈丛》中写道："书带草不论在山石边，树木根旁，以及阶前路旁，均给人以四季长青的好感……是园林绿化中不可缺少的小点缀。至于以书带草增假山生趣，或掩饰假山堆叠的疵病处，真有山水画中点苔的妙处。"[1]

水生植物生于水中或水边，能丰富水体景观或独立构成景观。常见的有荷花、睡莲、浮萍、菱、水烛、芦苇等。扬州个园池中的睡莲，以水中山石树丛衬底，水面绿叶红花，构成锦汇秀聚的天然平面图案之美。避暑山庄有"萍香沜""采菱渡"，绿萍浮水，菱花带露，尽显水乡野趣之美。

三、园林植物的自然美

从美学的角度讲园林植物的自然美，大致包括视觉、嗅觉、听觉等方面的内容。

1.园林植物的视觉美

（1）色彩。园林植物的选配，首先应注意色彩。因为色彩最易引起视觉的注意，并引起视觉的兴奋。所以，植物的美感首先来自植物的色彩。每种观赏植物，均有自己的独有色彩，以供人观赏。然而在各种色彩中，绿色是最为重要的。绿色是一种柔和、舒适的色彩，它能给人一种镇静、安宁、凉爽的感觉，对人体的神经系统，特别是对大脑皮层，会产生一种良好的刺激，可缓解人的紧张情绪。

近年来，国内外专家提出了"绿视率"。绿视率是指绿色植物在人的事业中所占的比例。这是一个崭新的绿化计量指标。专家认为：如果绿色在人的视野中占25%，则能消除眼睛和心理的疲劳，使人的精神和心理感觉最为舒适，对人的健康也最有益处。世界上几个有名的长寿区，其绿视率均达到15%以上。另据医学教授的研究表明：绿色植物与病人的康复有着直接的关系，当病人经常能俯瞰到绿色植物群落时，身体恢复得较快。因此，人类在千万种色彩中，首先需要的色彩是绿色。一位作家曾描绘过这种感受，他说："本真的、毫无一丝污染的'绿'，不仅仅是一种颜色，更是一种'气'，一种'神'，一种蓬勃的生命力。"

---

[1]　陈从周:《园林谈丛》，上海文化出版社1980年版，第76页。

在园林花木配植中，绝对不能缺少绿色的花木。科学家研究表明：人眼的构造最适应植物的绿色。正由于这一原因，世界旅游的流行色始终是绿色，世界旅游的竞争王牌是"绿色牌"，世界的一些著名城市，如澳大利亚的堪培拉、肯尼亚的内罗毕等，被直接形容为"绿城"。

1994年，法国巴黎掀起了"绿色之爱"运动，父母每生下一个婴儿，就要种下10棵树。欧洲打出的口号是建设一个"绿色欧洲"。在这样一个世界性"绿色崇拜"的氛围下，绿色生态热、绿色食品热、绿色医院热、绿色旅馆热，甚至绿色时装热，方兴未艾。以绿色旅游为龙头的世界旅游业，更是不断地向前发展。作为园林构成的要素之一的花草树木，首要的是选择绿色丰富的花木，特别是一年四季常绿的花草树木，使其全年都充满浓郁的绿色。

（2）形态。花木有着千姿百态的形象与姿态，每种形象与姿态都展示着自身的美。常见的松树虽然不开花，但其形象与姿态却表现出多样的美：南岳松径，泰山古松，黄山奇松，恒山盘根松，有着各式各样的雄姿，为山川传神，为大地壮色。松与山水组合，更是胜景迭出。竹的姿态美也丰富多样，有高大挺拔的毛竹，有翛然秀贤的楠竹，有丛状密生、覆盖地面的箬竹，有头梢下垂、宛若钓丝的慈竹，有叶如凤尾、飘逸潇洒的凤尾竹，以及杭州黄龙洞的方竹、洞庭湖君山的湘妃竹等，不同的竹类各显不同的形态美，供人观赏。梅花的形态，细分有古态、卧态、俯态、仰态、群态、个态、动态等，千姿百态各具美感。垂柳以其摇曳形态动人，园林池畔一般爱种垂柳，因为垂柳"虽无香艳，而微风摇荡，每为黄莺交语之乡，吟蝉托息之所，人皆取以悦耳娱目，乃园林必需之木也"，它随风摇摆的美丽姿态，使古代诗人们不厌其烦地描写它："碧玉妆成一树高，万条垂下绿丝绦"（贺知章）；"隔户杨柳弱袅袅，恰似十五女儿腰"（杜甫）；"一树春风千万枝，嫩于金色软于丝"（白居易）；"春来无处不春风，偏在湖桥柳色中"（陆游）；"桃红李白皆夸好，须得垂杨相发挥"（刘禹锡）。牡丹以花色娇艳倾国，它的千姿百态独具美感，如唐人舒元舆在《牡丹赋》中所说："向者如迎，背者如诀。坼者如语，含者如咽。俯者如愁，仰者如悦。袅者如舞，侧者如跌。亚者如醉，曲者如折。密者如织，疏者如缺。鲜者如濯，惨者如别。初胧胧而上下，次鳞鳞而重叠……或灼灼腾秀，或亭亭露奇。或飑然如招，或俨然如思。或带风如吟，或泫露如悲。或垂然如缒，或烂然如披。或迎日拥砌，或照影临池。或山鸡已驯，或威凤将飞。其态万万，胡可立辨？"真可谓："风前月下妖娆态，天上人间富贵花"（吴澄）；"疑是洛川神女作，千娇万态破朝霞"（徐凝）。菊花不仅颜色鲜艳，而且姿态万种，从"怀此贞秀资，卓为霜下杰"（陶潜），"雪彩冰姿号女华，寄身多是地仙家"（张贲），"好共清幽矜晚节，偏从摇落殿秋光"（申时行）的描述中可见其美。兰花素以花开时的幽香闻世，但兰叶姿态飘逸，也极具美感，正是"泣露光偏乱，含风影自斜；俗人那解此？看叶胜看花"（张羽）所描写的。我国花草树木种类繁多，其形态各异、美不胜收。

2.园林植物的嗅觉美

人类很早就注意到香味儿的作用。气味儿对人的心理变化能产生一定的影响，芬芳的气味儿，使人舒适愉快；秽臭的气味儿，则让人沮丧、烦厌。美国哈佛大学一位心理学家经过多年研究发现，不同的花香气味儿可以影响人们的情绪，水仙和荷花的香味儿，使人感觉温和；紫罗兰和玫瑰的香味儿，给人一种爽朗、愉快的感觉；柠檬的香味儿，令人兴奋向上；丁香的香味儿，可以使人沉静、轻松，唤起人们美好的回忆。

医学家对此又做了进一步探索，发明了利用花木的香味儿来治病的方法。如丁香花的香味儿对牙痛病人有止痛作用。香叶天竺葵可舒张支气管平滑肌，具平喘效果。用蒸馏法提取的香精，可直接治疗疾病，白兰花精油、松油、氧化芳樟醇，有抗菌作用。玫瑰精油、茉莉花精油，杀菌力极强。桂花精油不但能抗菌消炎，还可止咳、化痰、平喘。

目前，俄罗斯、美国、日本正在兴起"香花医院"，不靠昂贵的设备和药物，而是利用鲜花，让病人吸入一定剂量的活的香气，以此作为医疗手段。芳香花木还能提高工作效率。日本心理学家曾做过一个试验，将特定的芳香气味儿导入工作场所，测试结果发现，香味儿能消除人的疲劳紧张，减少操作失误。在薰衣草香气中工作的计算机操作人员，击键差错可减少20%；茉莉花香的效果更好，可使失误减少1/3；效果最好的是柠檬香气，能减少1/2差错。目前，日本一些企业正在以研究香味儿的疗效作为基础，展开各种芳香事业。

总的说来，多数花草树木的香气，使人浑身舒畅、心情愉快，有利于身心健康，甚至还可以直接治疗疾病。因而，在选配园林花木时，凡是具有芳香气味儿的花木，理应优先选用。但应注意一些气味儿过浓的植物，容易使人过敏，应当慎重选用。

3.园林植物的听觉美

不同的花木种群在风、雨、雪的作用下，能发出不同的声响；不同形态和不同类型的叶片相撞相摩，也会发出不同的声响。这类声响，有的萧瑟优美，有的汹涌澎湃，具有不同的韵味，从而产生音乐感。烦躁不安、心悸不宁，特别是心脏病患者，若在竹林内静坐，萧瑟之声有镇静、解热的作用。据说，清代著名画家郑板桥，早年体弱多病，然而他极爱宅前的一片竹林，常在林中静坐冥想，几年后，竟奇迹般地恢复了健康。

要使花木产生音乐声响，应该有意识地选择那些叶片经大自然的风雨雪作用、互相撞击后能发出优美声响的树种，而且要有较多的种植数量，这样才能产生较佳的声响效果。

松涛的声音自古令人喜爱，我国古代人们就有"听松"之嗜。"为爱松声听不足，每逢松树遂忘怀。"当我们凝神而听，松的声音确实有音乐中所没有的魅力，而且孤松、对松、群松、小松、大松，在各种气象条件下，会发出千万种不同的声响。白居易这样描述听松："月好好独坐，双松在前轩。西南微风来，潜入枝叶间。萧寥发为声，半夜明月前。寒山飒飒雨，秋琴泠泠弦。一闻涤炎暑，再听破昏烦……谁知兹檐下，满耳不为喧。"成片栽植的松林，有独特的松涛震撼力量，杨万里曾写道："松本无声风亦无，适然相值两相呼。非金非石非丝竹，万顷云涛殷五湖。"

许多园林植物景观可以利用风吹花木枝叶，借听天籁清音。听风声，寻雨声，可以通过种植花草树木得到实现。雨声淅沥，常有一种"雨来有清韵"的审美韵味，人们在造园时，有意识地在亭阁等建筑旁栽种荷花、芭蕉等花木，借雨滴淅淅沥沥的声响，创造出园林中的听觉美。苏州拙政园留听阁，阁前有平台，两面临池，池中有荷花，其阁名取自李商隐"秋阴不散霜飞晚，留得枯荷听雨声"的诗意。杭州西湖十景之一的曲院风荷，就以欣赏荷叶受风吹雨打、发声清雅这种绿叶音乐为其特色，即所谓"千点荷声先报雨"。芭蕉的叶子硕大如伞，雨打芭蕉，如同山泉泻落，令人涤荡胸怀，浮想联翩。杜牧曾写有"芭蕉为雨移，故向窗前种；怜渠点滴声，留得归乡梦"的诗句。白居易也曾写有"隔窗知夜雨，芭蕉先有声"的诗句。苏州拙政园有听雨轩，轩旁种有芭蕉，其轩名取其"雨打芭蕉淅沥沥"的诗意，创造出"雨打芭蕉"的审美意境。

四、园林植物的社会美

园林植物的社会美并非其本身所固有，而是人们对其加以人化的结果。由于我国农业文化积淀深厚，人们养成了含蓄内敛的民族性格。植物便成为人们借物喻志、颂花寓情的审美对象。人们将一些观赏物的自然特征，引向更深、更高的社会道德伦理、人生哲理，以及志向、理想的层次，把花草树木自然属性提升到人的内在品性和理想抱负的层面。这样人们在对花草树木的欣赏过程中，使花草树木美学内涵更丰富、更深沉、更理性，起到净化人类灵魂、升华人类境界的作用。

1.刚强、正直的品格

刚强、正直本是用来形容人的品格，是中国历代文人特别崇尚的品性与人格。因而，在林林总总的花木中，人们最喜爱具有这种品格的花木。

梅花是公认的"节操刚介"花木，具体表现为"傲霜雪而开""与松竹为友""先众木而华"等方面。梅花在霜雪季节开放，本来是一种自然景象，但历代文人把它与人的"节操刚介"联系起来，颂道："凌霜雪而独秀，守洁白而不污，人而象之，亦可以为人矣。""雪里不嫌情味苦，一枝占断九州春。"等等。由于梅花具有"节操刚介"这一精神属性，因而历代节操刚介的高士，纷纷以梅为清客、清友、故人，甚至有梅妻的戏称。

松树的"遇霜雪而不凋，历千年而不殒"的自然特性，被历代文人视为君子刚直品性的一种象征。李白歌颂它"松柏本孤直，难为桃李颜"。白居易歌颂它"彼如君子心，秉操贯冰霜"。由于松树具有君子刚直不阿的精神属性，因而古代文人最爱在自己的园林里种植它，白居易在《栽松》中写道："爱君抱晚节，怜君含直文。欲得朝朝见，阶前故种君。知君死则已，不死会凌云。"

竹子由于"不扶自直"的自然品性，被古代文人视为象征君子刚直不阿的一种花木。李白歌颂它"不学蒲柳凋，贞心常自保"。苏轼歌颂它"萧然风雪意，可折不可辱"。王安石歌颂它"人怜直节生来瘦，自许高材老更刚"。郑板桥爱竹，与竹可谓是难舍难分。他画了很多的竹，写了许多的咏竹诗，如"举世爱栽花，老夫只栽竹，霜雪满庭除，洒然照新绿。幽篁一夜雪，疏影失青绿，莫被风吹散，玲珑碎空玉""乌纱掷去不为官，囊橐萧萧两袖寒。写取一枝清瘦竹，秋风江上作渔竿""一节复一节，千枝攒万叶。我自不开花，免撩蜂与蝶"。郑板桥眼中的竹子就是他自己品格的象征，他一方面赞美竹的坚定、坚强、正直、不谄；另一方面抒发自己的情怀，展示自己的人品与情操。

2.高尚、纯洁的傲骨

中国历代讲究节操的文人，喜欢选择具有这类精神属性的花草树木进行歌颂。梅花是具有"高洁"精神美的首选花木，大致表现为傲霜斗雪、甘愿淡泊。有人说它"天怜绝艳世无匹，故遣寂寞依山园"；有人说它"高标已压万花群，尚恐娇春习气存"；有人说它"梅清不受尘，月净本无垢"；有人说它"为怕缁尘着素衣，冻痕封蕊放香迟"。梅花的这种高洁，实际是人的品性的一种自况："情高意远仍多思，只有人相似。""凌霜雪而独秀，守洁白而不污，人而象之，亦可以为人矣。"由于梅花具有这些精神属性美，因而成为私家文人园林里的首选花木。正如《花镜》中所说："盖梅为天下尤物，无论智、愚、贤、不肖，无不慕其香韵而称其清高。故名园、古刹，取横斜疏瘦与老干枯株，以为点缀。"

荷花出尘离染，清洁无瑕，故而我国人民都以荷花出淤泥而不染的洁净淡雅的高尚品质作为激励自己洁身自好的座右铭。许多园林都有莲、荷景致，北京北海公园的荷花池，每逢夏日绿叶连片、荷花绽放。杨万里有"接天莲叶无穷碧，映日荷花别样红"的赞美诗句，周敦颐更有"予独爱莲之出淤泥而不染，濯清涟而不妖，中通外直，不蔓不枝，香远益清，亭亭净植，可远观而不可亵玩焉。予谓菊，花之隐逸者也；牡丹，花之富贵者也；莲，花之君子者也"的抒怀之词。

菊花历来被视为孤芳亮节、高雅傲霜的象征，寓意人不随波逐流，不与人争春斗艳的品格。菊花因其在深秋不畏秋寒开放，深受人们的喜欢。李商隐的《菊》："暗暗淡淡紫，融融冶冶黄。陶令篱边色，罗含宅里香。"白居易的《重阳席上赋白菊》："满园花菊郁金黄，中有孤丛色似霜。"陆龟蒙的《忆白菊》："稚子书传白菊开，西成相滞未容回。月明阶下窗纱薄，多少清香透入来。"欧阳修的《菊》："共坐栏边日欲斜，更将金蕊泛流霞。欲知却老延龄药，百草摧时始起花。"史铸的《咏菊集句》："东篱黄菊为谁香，不学群葩附艳阳。直待索秋霜色里，自甘孤处作孤芳。"高启的《晚香轩》："不畏风霜向晚欺，独开众卉已凋时。"陈毅的《秋菊》："秋菊能傲霜，风霜重重恶。本性能耐寒，风霜其奈何？"这些都是借菊花来寄寓人的精神品质的，这里的菊花无疑成为人的一种品格的写照。

第三节　建筑美

建筑是园林美物质性建构序列中的第一要素。从功能上看，园林是建筑的延续和扩大，而建筑则是园林的起点和终点。恩格斯说希腊式的建筑表现了明朗和愉快的情绪，摩尔式的建筑表现了忧郁，哥特式的建筑表现了神圣的忘我；希腊式的建筑为灿烂的、阳光照耀的白昼，摩尔式的建筑为星光闪烁的黄昏，哥特式的建筑则像红霞。这是对建筑艺术所进行的确切美学评价和形象描绘。

建立在中国传统文化基础之上的中国建筑艺术，按其自身的审美规律来塑造的各种艺术形象，有别于异域风情。它不像欧洲建筑追求神秘性的情感迷狂和心灵净化。中国的建筑风格，不是单体的出世造型，而是群体的入世序列；不是指向太空、高耸入云的宗教神秘，而是引向地域、平面铺开的人间世俗。就单体建筑来说，罗马的万神庙、巴黎的圣母院、伦敦的圣保罗大教堂等，都是令人起敬的。而北京的故宫、天坛，承德避暑山庄的建筑群，秦咸阳的阿房宫，以及汉唐时期长安的群体建筑等，更是气势雄浑、逶迤磅礴。

然而，我们研究的园林建筑，除了历史上留下的帝王宫苑中那些庞大的建筑群，一般都具有功能简明、体量小巧、造型别致、带有意境、富于特色等特征，并讲究适得其所的精巧建筑物。有时亦常呼其为"园林建筑小品"（古典园林中则不乏小品之外的大品建筑）。古往今来，宫苑私园已创造出了诸多品类，如亭台楼阁、廊榭桥梁、洞窗凳牌、栏杆铺地等，俯拾皆是。在我国园林中，建筑小品尽管具有相对的独立性，但就整体而言，它服从造园的布局原则，寓自身于园林造景之中。尽管如此，园林建筑小品又是形成完美的造园艺术不可或缺的组成要素，在园林中起着点缀、陪衬、换景、修景、补白等丰富造园空间和强化园林组景的辅助作用。一个成功的园林建筑小品，能够景到随机、不拘一格，使人为的有限空间赢得天然之趣。

一、亭

亭是园林中最为重要、最富于游赏性的建筑。在园林个体建筑的各种类型中，这是最具有优越性的建筑。一是比起其他建筑类型，它体量小，用料少，占地不多，施工方便。扬州寄啸山庄院落中，靠壁山上设一小园亭，陈从周先生曾给予较高的美学评价，既节省了空间，又生发了景色。二是它的灵活性大，适应性强，在园林中随处都可建构。同时，亭又可以有较强的结合性。苏州狮子林的文天祥碑亭，就是亭与廊的艺术结合；网师园的冷泉亭，则是亭与墙的结合；拙政园的"别有洞天"半亭，更是亭与廊、门的结合。三是形式多变，造型多样。从历史上看，隋唐敦煌壁画中的亭，其平面造型、立面造型和组合形式等，都有其种种不同的形式。

1.亭的历史沿革

亭在中国园林中的运用，最早的史料见于南朝和隋唐时期，距今已有约 1 500 年的历史。据《大业杂记》载，隋炀帝广辟地周二百里为西苑（在今洛阳），"其中有逍遥亭，八面合成，结构之丽，冠绝今古"。又《长安志》载，唐大内的"三苑"中皆筑有供观赏用的圆亭，其中"禁苑在宫城之北，苑中宫亭凡二十四所"。从唐代修建的敦煌莫高窟壁画中，我们还可看到那个时代亭子的一些形象史料：那时亭的形式已相当丰富，有四方亭、六角亭、八角亭、圆亭，有攒尖顶、歇山顶、重檐顶，有独立式亭，也有与廊结合在一起的角亭等。但多为佛寺建筑，顶上有刹。此外，西安碑林中现存宋代摹刻的唐兴庆宫图中沉香亭，是阔三间的重檐攒尖顶方亭，相当宏伟壮观。唐代的亭已和宋代，甚至和沿袭至明清时期的亭基本相同。还有一种"自雨亭"，到了炎热的夏季会自动下雨，雨水从屋檐向四处飞流形成一道水帘，在亭内会感到很凉快。到了宋代，宋徽宗"叠石为山，凿池为海，作石梁以升山亭，筑山岗以植杏林"，著名的汴梁艮岳，是利用景龙江水在平地上挖湖堆山，进行人工造园。其中亭子很多，形式也很丰富，并开始运用"对景""借景"等设计手法，把亭与山水结合，形成组景。从北宋王希孟所绘的《千里江山图》中，可以看到当时的江南水乡在村宅之旁、江湖之畔，建有各种形式的亭、榭，与山水环境自然融合。明清以后，园林中的亭式，在造型、型制、使用内容各方面都比以前有较大发展。明代计成的《园冶》一书中，还辟有专门的篇幅论述了亭的形式、构造、选址等。今天在我国古典园林中看到的亭大多是明清时期的遗物。

2.亭的类型

从造型艺术的角度来说，中国的亭大致有以下几种类型。

（1）三角攒尖顶亭。三角攒尖顶亭不多见，因只有3根柱子，故显得最为轻巧。杭州西湖三潭印月的三角亭、绍兴"鹅池"三角碑亭较为著名。其中，三潭印月的三角亭是个桥亭，位于一组水平折桥的拐角上，与东南面的一个正方形攒尖顶亭在构图上起到不对称均衡的效果。

（2）正方形、六角形、八角形的单檐攒尖顶亭。它们是最常见的亭式，形式端庄，结构简易，可独立设置，也可与廊结合为一个整体。北京颐和园中位于东宫门入口处水边小岛上的"知春亭"，和建在长廊中间的"留佳""寄澜""秋水""清遥"四亭组成一体。还有一种称作"海棠亭"与"梅花亭"的，是把亭的平面形状、基座、栏杆、梁枋和屋檐的边缘轮廓都仿照海棠四瓣或梅花五瓣的外形进行制作。著名的上海古漪园中的白鹤亭、杭州龙井的五角梅花亭，就是属于这种类型。

（3）重檐攒尖顶亭。重檐攒尖顶亭有两重或三重。重檐较单檐在轮廓线上更为丰富，结构上也稍为复杂。北京颐和园十七孔桥东端岸边上的廓如亭，是一座八角重檐特大型的亭子，它不仅是颐和园40多座亭子中最大的一座，也是我国现存的同类建筑中最大的一个。它由内外3圈24根圆柱和16根方柱支撑，体形稳重，气势雄浑，蔚为壮观。在构图上，只有这么大的体量才能与十七孔桥及南湖岛取得大体均衡的架势。还有一种盝顶的亭子，一般为正多边形平面，也可以看成攒尖顶的一种变格，通常用于井亭。顶中央开孔，用天井枋构成的框架来支承屋顶，在檐柱的外圈上面作成平脊加小坡檐，构成了盝顶的外形。

（4）有正脊顶的亭。有正脊顶的亭可作成两坡顶、歇山顶、卷棚顶等形式，采用木梁架结构，平面为长方形、扁八角形、圭角形、梯形、扇面形等。采用歇山顶的梁架，因步架小，构造比较简易，在南方庭园中常见。歇山顶通常不作厚重的正脊，屋面一般平缓，脊小而轮廓柔婉，翼角轻巧，以与环境结合。歇山顶与攒尖顶亭的不同之处还在于有一定的方向性，一般以垂直于正脊方向作为主要立面来处理。长方形、梯形、扇面形的亭，在平面布置上往往把开散的一面对着主要景色，而将后部或侧面砌筑白墙，墙上开着各种形式的空窗、漏窗、葫芦形的门洞，既有方向感，又丰富了立面上的虚实对比，如苏州拙政园的绣绮亭等。

（5）组合式亭。组合式亭有两种基本方式：一是两个或两个以上相同形体的组合；二是一个主体与若干个附体的组合。北京颐和园万寿山东部山脊上的"荟亭"，在平面上是两个六角形亭的并列组合，单檐攒尖顶。从昆明湖上望过去，仿佛是两把并排打开的大伞，亭亭玉立，轻盈秀丽。北京天坛的双环亭，是两个圆亭的组合，它与低矮的长廊组成一个整体，圆浑雄健。南京太平天国天王府花园中两个套连的方亭、苏州天平山一座长方亭与两个方亭组合成的"白云亭"等都很有名。

（6）半亭。亭依墙建造，自然形成半亭；还有从廊中外挑一跨，形成与廊结合的半亭；有的在墙的拐角处或围墙的转折处做出1/4的圆亭，形成扇面形状，使刻板的转角活跃起来，如苏州狮子林的扇面亭等。

（7）运用钢筋混凝土材料建造的各种亭式。如上海南丹公园的一组伞亭、桂林榕湖中的一群蘑菇亭、南宁人民公园中的仿竹亭、广州兰圃公园中的松皮亭，以及各种形式的平顶亭等。

3. 亭的位置选择

亭子的位置选择，一方面是为了观景，以便游人驻足休息，眺望景色，另一方面是为了点景，即点缀景色。眺望景色，主要应满足观赏距离和观赏角度这两方面的要求，同时要考虑到景物在阳面和阴面的不同光影效果。明代计成在《园冶》一书中讨论了亭的位置，写道："亭胡拘水际，通泉竹里，按景山颠，或翠筠茂密之阿；苍松蟠郁之麓；或借濠濮之上，入想观鱼；倘支沧浪之中，非歌濯足。亭安有式，基立无凭。"这里的"水际""山颠"等都是不同情趣的自然环境，有的可以纵目远瞻，有的幽偏清静，均可置亭，没有固定不变的程式可循。亭子经常选择的地形环境有以下几种。

（1）山上建亭。桂林的叠彩山，从山脚到山顶在不同高度上建了3个形状各异的亭子：最下面的是"叠彩亭"，亭中悬挂"叠彩山"匾额，亭侧崖壁上刻有明人题字"江山会景处"；半山有"望江亭"，青罗带似的漓江就在山脚下盘旋而过；明月峰绝顶有"拿云亭"，在亭中极目千里，真有"天外奇峰挑玉笋""如为碧玉水青罗"之胜，整个桂林的城市面貌及玉笋峰、象鼻山、穿山等美景尽收眼底。承德避暑山庄，在接近平原和水面的西北部几个山峰上建有"北枕双峰""南山积雪""锤峰落照"3个亭子，又在山区北部的山峰制高点上建有"四面云山"亭，共4个亭子。这样就在空间范围内，把全园的景物控制在一个立体交叉的视线网络中，把平原风景区与山区建筑群在空间上联系起来。后来又在山庄最北部的山峰最高处筑有"古俱亭"，可俯瞰建在北宫墙外狮子沟北山坡上的"罗汉堂""广安寺""殊像寺""普陀宗乘之庙""须弥福寿之庙"等，进一步使山庄与这几组建筑群在空间上取得联系和呼应。在素有"天下第一江山"之称的江苏镇江北固山上，在百丈悬崖陡壁的岩石边建有"凌云亭"，又名"祭江亭"。人们站在这"第一江山第一亭"中，低头俯视，万里长江奔腾而过，"洪涛滚滚静中听"；极目远望，"行云流水交相映"；左右环顾，金、焦二山像碧玉般浮在江面之上，"浮玉东西两点青"。苏州园林中建在山石上的亭子，如留园中部假山上的"可亭"、拙政园中部假山上的"北山亭"、沧浪亭园林中部山石上的"沧浪亭"等，都已成为园林内山池景物的重心，它们与周围的建筑物之间都形成了相互呼应的观赏线。

（2）临水建亭。水边设亭，一般宜尽量贴近水面，宜低不宜高，宜突出于水中，三面或四面为水面所环绕。如扬州瘦西湖中的"吹台"，《宋书》载："徐湛之筑吹台，盖取其三面濒水，湖光山色映人眉宇，春秋佳日，临水作乐，真湖山之佳境也。"亭子圆洞门中，五亭桥及白塔正好嵌入其中，宛如两幅天然图画。北京颐和园谐趣园中的"饮绿亭"，苏州网师园的"月到风来亭"，留园的"濠濮亭"，拙政园的"与谁同坐轩"，沧浪亭的"观鱼亭"，上海天山公园的"荷花亭"，杭州西湖的"平湖秋月"，广州兰圃的"春光亭"等，都是把亭建于池岸石矶之上，三面临水的良好实例。颐和园的"知春亭"、苏州西园的"湖心亭"、武昌东湖的"湖心亭"、上海城隍庙与豫园相连的"湖心亭"等，为了造出漂浮于水面的感觉，把亭子下部的柱墩缩到挑出的底板边缘的后面去，或选用天然石料包住柱墩，并在亭边水中散置叠石，以增添自然情趣。桥上置亭，也是我国园林艺术处理的一个常用手法。如北京颐和园西堤的柳桥、练桥、镜桥、幽风桥和石舫旁的荇桥上都建有桥亭。这五个桥亭结构各异，长方、四方、八方、单檐等，成了从万寿山西麓延伸到昆明湖南端绣漪桥的一条精致练环。

（3）平地建亭。通常位于道路的交叉口上，路侧的林荫之间，有时为一片花木山石所环绕。还有在自然风景区进入主要景区之前，在路边或路中筑亭作为一处标志。广西南宁南湖公园在一片翠绿的金丝竹丛中，建有一个六角形的"竹亭"。亭为钢筋混凝土结构，亭柱、屋脊、梁枋、靠椅全塑成竹竿状，瓦垄、顶饰等塑成竹叶片状，与周围环境协调统一。在通向武夷山风景区的一个入口处，建有一个路亭，取木构坡顶形式，形象与当地民居相近，与两旁的山谷地形也很协调，平面、立面不受程式束缚，自由灵活，朴实无华。还有很多名亭，不仅艺术造型优美，与自然环境结合融洽，还包含人文环境因素。例如因晋代大书法家王羲之写了《兰亭序》帖而闻名的浙江绍兴兰亭；济南大明湖中的历下亭，唐代大诗人杜甫曾题诗"海右此亭古，济南名士多"；安徽滁州琅琊山的醉翁亭，是北宋大文学家欧阳修经常与宾客饮酒作词的地方，在这里他写下了脍炙人口的千古名篇《醉翁亭记》；唐代诗人白居易当年"浔阳江头夜送客"的江西九江琵琶亭；成都杜甫草堂中的"茅亭"；北宋苏子美所建清幽、古朴的苏州沧浪亭等。

二、台

台是古代宫苑中非常显要的艺术建筑，如周文王有"灵台"，吴王有"姑苏台"，汉武帝太液池中有"渐台"。《三辅黄图》说："周灵台，高二丈，周四百二十步……渐台，在未央宫太液池中，高十丈。"《释名》云："台者，持也。言筑土坚高，能自胜持也。"《园冶·屋宇》云："园林之台，或掇石而高上平者；或木架高而版平无屋者；或楼阁前出一步而敞者，俱为台。"《工段营造录》云："两边起土为台，可以外望者为阳榭，今曰月台、晒台。《晋尘》曰：'登临恣望，纵目披襟，台不可少。依山倚巘，竹顶木末，方快千里之目……'"作为个体建筑的台，一般有供观象、祭天、宴饮、眺望、浏览等功能。按照它们所处的环境及造型上的特点，大体可分为以下五种：一是建于山顶高处的天台。如峨眉山绝顶的金顶殿就坐落在三层叠落的高台之上。又如九华山的天台峰顶，在悬崖绝壁上筑起高台，上建殿阁及"捧日亭"，从下面石级仰望高台禅林，其势如天上行宫。二是建于山坡地带的叠落台。如颐和园中的佛香阁，就是建在山坡上高达20米的高大石台，在上面可俯瞰湖山景色。又如避暑山庄的"梨花伴月"和颐和园的"画中游"，是一种分层叠落的平台，获得了生动变化的艺术效果。三是建于悬崖峭壁处的挑台。这种挑台，有的用钢筋水泥砌成，有的用就地石材铺设，还有的利用天然挑出的巨大岩石，稍加整理而成。如黄山北海的清凉台，是清晨观日出的好地方。当橘红的太阳从云海中冉冉升起、芒四射之时，给云海、苍松、群山抹上了一层金辉，灿若锦绣，使人如同进入了神话般的迷人境界。四是建于水面上的飘台。如杭州平湖秋月临水平台，台的基址以三面突出于水中，意在观赏水景，获得开敞、清凉的感受。有的用钢筋混凝土构筑水上舞台，供节日文艺演出或开展游乐活动，以满足现代生活的需要。五是建于屋宇前的月台。如拙政园远香堂北面月台，供望月、赏荷、纳凉之用。皇家园林中主要殿堂前常建有宽敞的月台，上面陈设铜制的兽、缸、鼎等器具，成为建筑与庭园的过渡。坛是一种在平地上垒起的高台，多为三层，是一种祭祀用的建筑物，如北京的天坛、地坛、日坛、月坛，都是我国古代工匠智慧和建筑艺术的结晶。

三、楼阁

重屋为楼，四敞为阁。在美丽的水光山色、层阴郁林之中，楼阁往往"碍云霞而出没"，成为天然图画中富有生机的点睛之笔。且看杭州吴山顶上亭亭玉立的"茗香楼"，宛若妙龄女郎在俯首相招；岳阳市西门处巍然耸立着的"岳阳楼"，又似仪表清癯的长寿老人的揖手相迎……这些具有优美建筑造型的楼阁，不仅使游人心驰神往，使自然景色更具诗情画意，又可供游人登高览景，穷极自然妙趣。

湖南洞庭湖畔的岳阳楼，矗立在岳阳市西门城墙上，是我国有名的江南三大楼阁之一，素有"洞庭天下水，岳阳天下楼"的盛誉。主楼平面呈长方形，纯木结构，重檐盔顶，四面环以明廊，腰檐设有平座，建筑精湛，气势雄伟。登岳阳楼，则巴陵胜状、洞庭美景，尽入眼帘："予观夫巴陵胜状，在洞庭一湖。衔远山，吞长江，浩浩汤汤，横无际涯，朝晖夕阴，气象万千，此则岳阳楼之大观也。"（范仲淹《岳阳楼记》）若是没有借以登高望远的岳阳楼，游客何以欣赏万千气象，洞庭大观？

桂林伏波楼位处伏波山，依半山峭壁而筑，居高凌空，气势颇为险峻。该建筑素瓦粉墙，引石入室，与自然景色十分协调。它正面是带形窗、大眺台，景面十分开阔。俯视漓江奇景，平眺七星群峰，使伏波山景致更加秀美。

坐落于南京梅花山东麓的暗香阁，结合自然环境区分主次高下，形成了具有一定韵律的有机整体。为了突出主体建筑，并能为登高远眺提供条件，楼层的室外设置了宽敞的平台。整个建筑造型与色彩轻巧淡雅，玲珑活泼，细部装修雅朴大方。伫立平台，既可远眺紫金山天文台及孝陵墓，又可近观林木葱郁的梅花山。视野广阔，使人胸襟舒畅，犹如置身于大自然环抱之中。游人在此品茗赏梅，颇可领略一番"疏影横斜水清浅，暗香浮动月黄昏"的意境。北京颐和园佛香阁建于万寿山山顶之上，在全园内外很多角度都能看到，成为统率全园的主景阁。它以铁梨木为擎天柱，结构繁复，气势宏伟，艺术价值很高。前有八字形台阶直达台上，登上佛香阁，可饱览昆明湖上风光和周围景色，别具神韵。

四、榭

榭最早是建在高土台上的敞室，系台上建筑。《尚书·周书·泰誓上》中说："惟宫室、台榭……"《孔传》中说："土高曰台，有木曰榭。"因此，台和榭常常被不可分割地联系在一起。园林中的榭是开敞性的、体量不大的个体建筑，它既有供游赏停息的功能，又有突出的点缀功能。就内部来说，其构筑往往上有花楣，下有雕栏，玲珑透空，精丽细巧，装饰华美；就外部来说，它往往点缀于花丛、树旁、水际、桥头，具有很强的欣赏性。计成的《园冶·屋宇》写道："《释名》云：榭者，藉也。藉景而成者也。或水边，或花畔，制亦随态。"在江浙一带现存的园林中，有形制各异的水榭，被命名为水香榭、菱香榭、藕香榭、芙蓉榭、鱼乐榭等，这些榭"藉景而成"，临水而筑，华榭碧波两相依，装点着水景或供人品赏水景。在岭南园林中，由于气候炎热，水面较多，创造了一些以水景为主的"水庭"形式，有"水厅""船厅"之类临水建筑。

榭这种形式，被运用到北方园林中后，除保留了它的基本形式外，还增加了宫室建筑的色彩，风格浑厚持重，尺度也相应加大。有一些水榭，如北京中山公园水榭，已不是一个单体建筑物，而是一组建筑群。比较典型的实例有北京颐和园中的"洗秋"和"饮绿"水榭。这两处水榭位于谐趣园内，"洗秋"为面阔三间的长方形，卷棚歇山顶，它的中轴线正对着谐趣园的入口宫门。"饮绿"平面为正方形，因位于水池拐角的突出部位，它的歇山顶转而面向涵远堂方向。两者之间以短廊连接，红柱、灰顶，略施彩画，尽显皇家风范。

五、墙、窗

墙原本是防护性建筑，意在围与屏，标明边界，封闭视线。而园林中的墙是园林空间构图的一个重要因素，它具有分隔空间、组织导游、衬托景物、装饰美化或遮蔽视线的作用，具有造景的意义。古诗曰："桃花嫣然出篱笑""短墙半露石榴红"，写的就是因墙构成的景色。

园墙不仅参与园景构成，而且本身便是景的一种。如上海豫园中的"龙"墙，墙顶以瓦为鳞，模拟腾飞的巨龙；苏州园林中多"云"墙，墙如行云，是运用曲线的流动感、不定感，来增加墙的"活力"。一条缓缓欲飞的"龙"，一片飘飘流动的"云"，怎不令人心驰神往？

园林中的墙还可与山石、竹丛、花池（坛）、花架、雕塑、灯具等组合成景。我国江南古典园林中的墙多是白粉墙。白粉墙面不仅能与灰黑色瓦顶、栗褐色门窗有着鲜明的色彩对比，而且能衬托出山石、竹木、藤萝的多姿多彩。在阳光照射下，墙面上水光树影变幻莫测，形成一幅幅美丽的画面。墙上又常设漏窗、空窗和洞门，形成虚实、明暗对比，使墙面的变化更加丰富多彩。

窗分漏窗、空窗。墙上的漏窗又名透花窗，可用于分隔景区，使空间似隔非隔，景物若隐若现，富于层次。通过漏窗看到的各种对景可以使人目不暇接而又不致一览无遗，能达到虚中有实、实中有虚、隔而不断的艺术效果。漏窗本身的图案在不同的光线照射下，可产生各种富有变化的阴影，使平直呆板的墙面显得活泼生动。

园林的墙上还常有不装窗扇的窗孔，称为空窗。空窗除能采光外，还常作为取景框，使游人在游览过程中不断地获得新的画面。空窗后常置石峰、竹丛、芭蕉之类，形成一幅幅小品图画。空窗还能使空间相互渗透，可达到增加景深、扩大空间的效果。

园林是空间艺术。墙能盘山，能越水，穿插隔透，把一座囫囵完整的园林"化整为零"，构成"园复一园，景复一景"。而分隔出来的庭院景色又各不相同，赏者一路游来，穿墙跨院，层层深入，正所谓"山重水复疑无路，柳暗花明又一村"。以墙面隔园，所产生的增加景深、扩大空间的艺术效果与窗极为相似。

西方国家的大教堂也有窗。那些镶嵌着彩色玻璃的窗，不是为了使人接触外面的自然界，而是为了渲染教堂内部的神秘气氛。古希腊人对庙宇四周的自然风景似乎还没有重视起来，他们多半把建筑本身孤立起来欣赏。而中国人总要通过建筑物，通过门窗接触外面的自然界。"窗含西岭千秋雪，门泊东吴万里船。"诗人从一个小房间通到千秋之雪、万里之船，也就是从一门一窗体会到无限的空间、时间。这样的诗句很多，像"山河扶绣户，日月近雕梁""檐飞宛溪水，窗落敬亭云""山翠万重当槛出，水华千里抱城来"都是小中见大的生动写照。外国的教堂无论多么雄伟，也总是有限的。但北京天坛祭天的台，仰面正对的是一片虚空的苍穹，从中领略的却是没有边际的茫茫宇宙。中国古典园林中的建筑，无论是门窗墙榭，还是亭台楼阁，都服从于扩大空间、延长时间（从而成为无限的审美时空），服从于创造无限的艺术意境的需要，有助于丰富游览者的美的感受。

园林建筑还有许多其他式样，同样兼备着造景和实用双重功能。园林中的廊，除了能遮阳避雨、供人休息外，其重要的功能就是组织园景的游览路线，同时还是划分空间的重要手段，可使分散的单体建筑互相穿插、联系，组成造型丰富、空间层次多变的建筑群体。园林中的花架，具有与廊相似的功能，点缀园林风景。花架将植物生长与人们的游览、休息紧密地结合在一起，因而具有使人亲近自然的特点。若与廊及其他建筑物相结合，则可把植物引入室内，使建筑与自然环境融合在一起。

由于园林建筑具有扩大空间、构成意境的审美价值，游人通过游园、欣赏建筑，在漫游中感受自然的脉动，探索宇宙的奥秘，领悟人生的哲理，获得巨大的审美享受。

第四节　空间美

欣赏园林风景，最基本的条件是要进入其内，要是被关在门外，那便是大煞风景之事。像南宋诗人叶绍翁在《游园不值》中写的那样，进不了园门，只好凭墙头上探出的一枝红杏来想象园内的美景，"春色满园关不住，一枝红杏出墙来"，多少有点儿遗憾。所以，必定要进入艺术作品的内部，才能进行审美观赏活动，是园林美表现的最大特点（建筑艺术虽然也包括众多的室内空间，但它的整体气势、总的形象特征是从外部获得的）。

每当我们置身于园林中，一切富含着艺术美、自然美的景物，亭台楼阁、字画雕刻、翠树繁花、峰峦泉溪都环绕着我们，组成了独特的风景环境。在这一环境中，游赏者与各种风景形象之间，存在着三度空间关系。当然，我们不否认，绘画、摄影等其他艺术，为了增强作品的感染力，也在努力地描绘和表现空间，以寻求加强空间感的方法。像绘画中应用的透视法，能按照人眼看到物体的规律，精确地表现真实空间；摄影能逼真地记录下某一时刻的空间状态。但是，一幅画画得再真实，一张照片拍得再入神，也只能是真实空间的平面表现，它所反映出来的空间关系是一个虚假的表象。虽然它们有时能迷惑我们的视觉，但一般不能创造出把观赏者包容进去的真实空间，就是最现代化的3D电影，尽管画面也包围着观众，在全方位视野范围内都有景可赏，但无论它多么逼真，也只能单一地作用于人的视觉，观众感受不到微风的吹拂，闻不到春天的气息，采不到遍地的野花……总之，任何其他艺术再现的自然风景美都不能创造出园林所特有的真实空间美，唯有在原来的风景空间中，我们的审美才能冲破单纯的视觉欣赏局限，才能调动听觉、嗅觉、触觉，甚至味觉的积极性，也就是用整个身心来感受风景的美。

不少美学家通常只注重视觉、听觉的审美功能，而忽略其他感官。其实，人为地将感官划分成高级的或低级的、审美的或生理的是片面的。随着生理、心理科学的发展，越来越多的学者对此提出质疑。在园林艺术所创造的如歌如画的风景欣赏空间中，味觉、嗅觉和触觉在统觉中所起的作用就十分突出。对此，我国古代对园林风景美特别敏感的艺术家早有所觉察。如明代文学家谭元春在谈到他游赏南岳风景的体会时便说："余自游岳归，身并于云，耳属于泉，目光于林，手缩于碑，足练于坪，鼻慧于空香，而思虑冲于高深。"这里，除了耳、目之外，还讲到身、手、足、鼻等感官的感受，而唯有这些感官的审美活动协同起来，才会产生强烈的美感而"思虑冲于高深"。所以，在园林风景的空间观赏环境中，所有的美皆协同作用于五官，从浅层的直觉上升到知觉，再到思维，从而引发对美景强烈的爱。

园林空间为游赏者全身心地审美赏景，获取多样而变化的风景美创造了条件，因此，可以明确地说，园林之美关键在于它的空间美。

园林和建筑的艺术处理，是处理空间的艺术。北京故宫三大殿的旁边，就有三海，郊外还有圆明园、颐和园等，这是皇家园林。民间的老式房子，也总有天井、院子，也可以算作小小的园林。郑板桥的《板桥题画竹石》中说："十笏茅斋，一方天井，修竹数竿，石笋数尺，其地无多，其费亦无多也。而风中雨中有声，日中月中有影，诗中酒中有情，闲中闷中有伴，非唯我爱竹石，即竹石亦爱我也。"我们可以看到，这个小天井，给了郑板桥这位画家多少丰富的感受。空间随着心中意境可敛可放，是流动变化的、虚灵的。宋代的郭熙论山水画时说，山水有可行者，有可望者，有可游者，有可居者。这可行、可望、可游、可居，也是园林艺术的基本思想。园林中有建筑，要能够居人，使人获得休息，但它不只是为了居人，它还必须可游、可行、可望。一切书画都为了望，为了欣赏。游是为了望，就是住也要望。窗子不单是为了透气，也是为了能够望出去，望到一个新的境界，使我们获得美感。窗子在园林建筑艺术中起着很重要的作用。窗外有竹林和青山，望出去就是一幅画。颐和园有个"山色湖光共一楼"的匾。就是说，这个楼把一个大空间的景致都吸收进来了。为了丰富空间的美感，在园林建筑中还要借用种种手段来布置空间、组织空间、创造空间，如借景、分景等。苏州留园的冠云楼可以远借虎丘山景，颐和园的长廊将一片风景隔为两边，一边是自然的湖山，一边是雕梁画栋，这是分景。

中国园林艺术对空间有独特的表现，它是理解中国民族美感特点的一个重要领域，具有浓郁中国民族风情的古典私家园林的空间美，可以从以下3个方面进行解析。

一、内向开放之美

古典私家园林一般都不大。明代李渔的半亩园以朱熹的"半亩方塘一鉴开，天光云影共徘徊"为意境。北周文学家庾信则更道："犹得欹侧八九丈，纵横数十步。榆柳三两行，梨桃百余树……山为篑覆，地有堂坳……檐直倚而妨帽，户平行而碍眉。"园虽小却有山、有水、有花、有树、有建筑，景观层次很丰富。也有大一点的园子，不过几十亩，但却是层次错落，迂回曲折，深邃幽远，情景交融。园子小，但是当外部环境有可取之处时，特别是自然和人文景观的景源比较丰富时，造园家就会有选择地组织游览者的视线，丰富景观内容。通常采用借景的手法，增加空间层次。借景可以远借、邻借、仰借、俯借、应时而借。远借，即登高眺望远处的山川。苏州留园的冠云楼就是远借虎丘山景。邻借，是借邻近的名胜和其他园林景色。如拙政园借城内北寺塔。无锡寄畅园西靠惠山，东南有锡山，在园景的空间组织上充分利用了该优势，锡山上的龙光塔在花木空隙之间若隐若现，丰富了远景内容；还可以从水池的东面西望惠山，增加了园内的深度。仰借则日月星辰、白鹭寒雁皆可入画。俯借，是临池观鱼，俯流玩月，虫草幽鸣，都可入景。应时而借，是利用大自然四时的变化产生的种种景色，如晨雾夕照、雨雪阴晴、春华秋实皆可成为园内景色的补充与烘托。正如《园冶》中所说："园虽别内外，得景则无拘远近，晴峦耸秀，绀宇凌空，极目所至，俗则屏之，嘉则收之……斯所谓'巧而得体'者也。"

二、丰富变化之美

古典私家园林空间丰富多变，如残粒园面积仅 140 多平方米，全园由山石、水池、小亭构成，平面紧凑，空间大小、明暗、开合、高低参差对比，富于变化和层次，形成有节奏的空间关系。入园门迎面为湖石叠成的屏障，绕过湖石，中央有一水池，沿池参差叠石，园墙下砌有花台，种有花木，墙壁上爬满藤萝。园西依墙垒石山，西北角最高，上有括苍亭，是园内唯一的建筑，亭内所设坐榻之下有通往山下石洞的磴道。

稍大的园林常以其中一个景区为全园的重点，再辅以若干个小景区，互相贯通，连为整体，空间有主有次，疏密相间，相互对比渗透，构成有节奏的变化。各个景区各有特点，通常用假山或小院落分隔，不使游人马上看到主要风景，而是经过若干曲折的小空间然后转移到主要景区。除少数幽曲的小庭院外，较大的空间多不封闭，常利用走廊和漏窗似隔非隔，以便增加景深和层次。划分景区的办法有的用墙垣、漏窗，有的用廊子、亭子、厅轩楼馆，有的用假山与树木。一般不用较高的围墙，即使采用，亦在墙前加走廊或在墙上开漏窗，或以树木与假山遮蔽以免陷于单调和生硬。苏州留园现占地约 50 亩，大致可分为中、东、西、北 4 个景区，其间以曲廊相连，迂回连绵，达 700 余米，通幽度壑，秀色迭出。中部是原寒碧山庄的基址，中辟广池，其西、北两面为山，东、南两面为建筑。东部重门叠户，庭院深深。院落之间以漏窗、门洞、廊庑沟通穿插，互相对比映衬，成为苏州园林中院落空间最富变化的建筑群。西部以假山为主，土石相间，浑然天成。山上枫树郁然成林，盛夏绿荫蔽日，深秋红霞似锦。至乐亭、舒啸亭隐现于林木之中。东麓有水阁横卧于溪涧之上，令人有水流不尽之感。

在进入古典私家园林和主要景区之前，先用狭小、晦暗、简洁的引导空间把人们的尺度感、明暗感、色彩的鲜明度压下来，运用以小衬大、以暗衬明、以少衬多的手法达到豁然开朗的效果。如入留园要先经过一段狭窄的曲廊、小院，视觉收敛后再到达古木交柯一带，略事扩大，南面以小院采光，布置小景两三处，北面透过漏窗隐约可见园中山池亭阁。通过以上一段小空间"序幕"，绕至绿荫而豁然开朗。此园运用了大小对比、抑扬顿挫、参差错落、高低变化等手法，形成曲折多变的空间序列，像乐曲一样从前奏、高潮到尾声，依次展开。其中收收放放，布置出美妙的旋律与节奏。拙政园原入口是通过住宅之间的夹弄小巷进入南面的腰门，迎面有一黄石假山作为视线的屏障。绕过假山，循于廊跨小桥，才到了主要厅堂远香堂的庭院。

古典私家园林的主要景区面积相对比较大，水面宽广，建筑、山石、花木配置充实又富于变化，并且在山池周围另有若干小空间或隔或连，作为呼应与陪衬。留园主厅五峰仙馆四周是比较低小的鹤所等小建筑，厅东揖峰轩一带是由六七个小庭院组成，由于各小院相互流通穿插，使揖峰轩周围形成许多层次，故无局促逼隘的感觉。由此往东又是厅堂高敞，庭院开阔，石峰崛起，是东部的重点景区。在这几组建筑之间，另有短廊或小室作为联系与过渡，尺度低小，较为封闭。

古典私家园林往往利用洼地积水，扩而围池。中小型园林也尽量在屋前宅后利用地下水凿池创造水景。拙政园利用原有的洼地积水疏浚以为水池，其水域辽阔，以池中两岛错落其间，加以分隔，一大一小、一高一低、一前一后，参差起伏，增加了景深的层次。寄畅园以水池为中心，并且取不规则的平面形状，从而使所围成的空间既有向心的特点，又亲切宁静而曲折变化。水池面积约占全园的1/4，沿岸围叠湖石，曲折参差。南端架一五折石板桥，将池面一分为二。沿东园墙向北，走廊蜿蜒起伏，傍水依垣。园中主厅留云山房前设平台，下临池水，整个庭院空间疏密相间，虚实相衬，极为丰富多变。

三、意境空间之美

中国古典私家园林的意境空间是和中国古代哲学中关于虚实、有无的空间意识紧紧联系在一起的。空间意境整体是实境与虚境的统一，实境是景物可直接感知的整体艺术形象，虚境则是形象所表现的艺术情趣以及艺术想象。所谓象存境中、境生象外而又渗透主体情致的完整和谐的空间，它既是实的空间，又是虚的空间，或灵的空间。对分割空间起到重要作用的山石花木本无定型，被分割的空间也是相互连绵、延伸、渗透的。即使遮挡视线，起到障景的作用，也使景观藏而不露，含蓄幽远，使有限的空间产生无限的感觉。环秀山庄用地十分有限，然而就在这十分有限的空间里使人感到变幻莫测，不可穷尽，实有赖于巧妙的堆山叠石，才使山池萦绕，蹊径盘回，特别是峡谷沟涧纵横交织和山石的曲折蜿蜒。明末以山水局部来象征山水整体，造园家张南垣所倡导的叠山流派，其平冈小坂、陵阜陂陀的做法就是典型。以写实和写意的方法相结合对景造意，造意而后写意自然，不取琢饰的意境空间。突破亭台楼阁内小空间的局限，超越园林四周围墙的有限界域，取消狭小天地中形成的思维空间和精神樊篱，虚而待物，面向无限的宇宙，让视觉感受和审美想象获得充分的自由。

中国古典私家园林凭感官感受到的物质空间可以升华为对人的情感起作用的意境空间，达到诗情画意的效果。白居易在《官舍内新凿小池》中写道："勿言不深广，但取幽人适。"其实也不过"十亩之宅，五亩之园，有水一池，有竹千竿"，可谓土狭地偏。白居易在《池上篇》又道："有堂有亭，有桥有船。有书有酒，有歌有弦。有叟在中，白须飘然。识分知足，外无求焉。如鸟择木，姑务巢安。如龟居坎，不知海宽。灵鹤怪石，紫菱白莲。皆吾所好，尽在吾前。时饮一杯，或吟一篇。"从中洋溢着对自然、安适的田园生活的喜爱，其中构筑了中国文人寄情山水、高远隐逸的美学情趣。中国古典私家园林的空间美具有无穷的魅力，生成空间美的造园手法多种多样，与园林空间相关的传统文化也是博大精深的。

第五节 文化美

一、文化对园林的作用

人们的心理和性格特征对艺术创作有至关重要的影响，并且逐步扩散和渗透到园林艺术中。如经济基础，中国古代社会经济主干是农业自然经济，分散、静止、稳定、保守，人们喜安居乐业，惧怕背井离乡，顺应自然节奏，讲究经验积累，重节流而轻开源。而开放环境中的古希腊、古罗马则实行农业商品经济，有良好的港湾及丰富的矿产，利于工商、航海事业的发展，进而带来了临海民族间的文化交流，使欧洲文化表现出一种流动和变化的特色。所以，中国园林中不论是皇家园林、私家园林、寺庙园林，还是陵园等，其基本格局长期延续，变化甚微；而欧洲园林却产生了法国、意大利、英国等迥然不同的园林形式。

园林风格形成的决定性因素是文化类型和特质。西方园林风格的规则式几何构图是科学型文化的产物，欧洲园林长期受数学探索美的规律影响，笛卡儿认为，艺术中最重要的是结构要像数学一样清晰、明确，不应该有想象力，也不能把自然当作艺术创作的对象。直到18世纪，自然风致园的兴起，中国园林的渗入，造园艺术才将自然作为对象，田园歌曲与风景画才在欧洲盛行，出现"自然热"的形势。

中国伦理政治型文化作为形成传统园林风格的决定性因素，长期在造园中发挥着重要作用。中国最早的园林雏形——囿、台就带有强烈的政治色彩。《孟子》中载："文王之囿，方七十里，刍荛者往焉，雉兔者往焉，与民同之。"说明殷周人已将狩猎转化为游乐，同时还在游乐形式中注入了自然经济的特色。春秋时高台建筑之风盛极，楚灵王章华台，实际就是离宫别馆，以游乐为主。另外，还有魏之文台、韩之鸿台、齐之路寝台等，都是一种风景建筑类型，渗透着一定的政治、军事色彩。秦汉时期儒家、道家构成了中华文化的主体，秦宫汉苑深受这两种文化交流与融合的影响。魏晋南北朝以来，佛教传入，形成了儒、道、佛三家会合的文化形态，园林转向崇拜和欣赏自然美，由此奠定了现今作为传统园林风格的自然式布局的基础。

唐宋之后，逐渐转变为诗情画意的文人园林，这种自然式园林反映了人们对自然的深刻理解。而西方则更强调纯真：要么是纯人工美，如古希腊、古罗马的建筑雕塑，法国17世纪的勒诺特尔式园林；要么就是纯自然美，如加拿大的国家公园等。

二、现代园林艺术文化意蕴

文化意蕴，即文化的内在精神。诗情画意的造园原则是我国古代民族文化意蕴在园林作品中的具体显现，人们常把"意境"作为中国传统园林创作、欣赏与品评的最高标准，重视园林的内在精神，将现实生活、自然及人文景观与审美心理、思想情趣相统一。美好的园林，具有内容与形式的统一、协调，才能体现时代的文化，才具有深远的历史与现实意义。

中国古代园林的形式美源于与文化土壤相适应的物质与精神基础，社会在不断发展，一切都在变化、进步，人的现实生活与审美观有了新的标准，古代各种艺术形式已不能简单地被当作"外衣"，借来装扮新的肌体与灵魂。在我国高速发展、进步的今天，重新探索新的文化环境对园林的作用有着更为深远的意义。

随着社会不断发展，人的思维方式也上升到一个新的阶段，现代先进的网状思维方式对园林艺术创作具有特殊的重要意义。

园林环境中交织着许多复杂的、彼此制约的多元关系，如生态平衡、资源保护与开发，以及相关的社会学、科学技术与艺术性影响等，在学科纵向研究和多行业横向配合的基础上加以综合分析，逐渐建立起新的、完善的风景园林体系，把广阔的自然保护区，众多的山林、水系、原野、瀑布、溶洞等，具有科学与美学价值的景物、特殊景观、历史文化、名胜古迹、城市绿地、室内外环境、多种纪念地、游乐场、现代观光旅游胜地，以及有观赏价值的工、农业生产基地等有机地联结起来，形成一个整体，这样的园林环境，将会具有更加广博而深邃的文化意蕴。

第四章

园林美的创造

尽管在不同的时代、不同的国度、不同的社会条件下，园林服务的对象和所要表现的内容是不同的，但如果创造的园林是真正美的，那么不仅其内容美，其形式也总是按照美的规律来创造的。美的内容与美的形式必须协调一致，即形式美服务于揭示美的内容，这样的园林才是美的。要做到这一点，造园家不仅要按照形式美的规律来创造园林景观，而且要用优美的园林景观来表达园林艺术的主题，创造园林意境，这一切都是通过造园实践完成的。

第一节 园林美创造的基本原则

中国古代文人的精神追求是向往自然、追求自然，甚至把自己融入山水中，达到"物我两忘"的境界，并把这种精神移植到造园中。古代造园家百般追求"天然图画"，把园林构造与山水诗画结合起来，择取最能诱发人们产生愉悦之感的山、水、建筑、植物，通过概括、提炼，使造园的诸要素融于一体，彼此依托，相辅相成，从而构成了一种完美的古典园林艺术空间。

就造园外在形式上看，园林是由建筑、山水、植物等组合而成的一个综合艺术品。它采用多种艺术手法，利用植物的特性，通过和谐的组合，顺乎自然，改进自然，将造园者的诗情画意渗透到园林艺术中，并通过具有表现力的要素，使悦人的风景更加鲜明地出现在人们面前，创造出雄伟壮阔、激励人们积极向上或优雅恬静、使人轻松舒畅的艺术境地。因此，园林美的创造，其实质是创造有利于生态平衡的、赏心悦目的环境，是人类自身生活环境的美化。美化环境，设计建造园林，种植花草树木，是人类改造自然的一种实践活动。它必须一方面遵循自然界内在的发展规律，即规律性；另一方面，使人类在生产实践过程中满足其改善自身生活的需要，即目的性。这种内容与形式的统一，目的性与规律性的统一，就是造园的基本原则。

一、因地制宜，顺应自然

自然天象虽然不能为人所把握，但造园艺术家却善于因借，巧于组景，因地制宜，做到"风花雪月，召之即来，听人驱使，做出境界"。所谓"因地制宜"就是在造园相地选址时，充分利用自然山水中地形地貌的有利因素，经过匠心独运的构思立意，将中国园林传统四大造园要素——山石、流水、建筑和植物进行有机组合，并且布局灵活，变化有致，使全员景观协调统一。中国古典园林虽然从形式和风格上看属于自然山水园，但绝非简单地再现或模仿自然，而是在深切领悟自然美的基础上加以萃取、抽象和概括，是大自然的一个缩影，是自然美的内在秩序的再现。它虽仍是一种人工创造，但这种创造不违背自然天性，而是顺应自然并更加深刻地表现自然。

1. 相地合宜

造园必先相地，只有"相地合宜"才能"构园得体"。计成于《园冶》中将造园用地分为山林地、城市地、村庄地、郊野地、傍宅地、江湖地 6 种。[①] 在古人看来，相地是很重要的，

---

① 计成：《园冶》，倪泰一译注，重庆出版社 2017 年版。

相地在地理位置上决定了一座园林或一个胜地胜景的基本面貌。《园冶》卷一《兴造论》云："因"者，随基势之高下，体形之端正，碍木删桠，泉流石注，互相借资；宜亭斯亭，宜榭斯榭，不妨偏径，顿置婉转，斯谓"精而合宜"者也。"借"者，园虽别内外，得景则无拘远近，晴峦耸秀，绀宇凌空，极目所至，俗则屏之，嘉则收之，不分町疃，尽为烟景，斯所谓"巧而得体"者也。[1]"因借体宜"为历代造园者所采用，而由计成总结归纳，作为造园的首要技法而提出。

"因借"作为造园技法主要的美学原则，在于造园宜"因地制宜"，即依所在的地理、地形、地貌、地势设计园林，顺应于自然，不违逆自然条件而强作构建。同时，要求园林内部的山石、水域、道路、植物以及建筑各景点之间相互巧借得体，通过一定技法将园外景致"借"入，构成一个和谐而充满生命意蕴的园林整体。如苏州拙政园，将园外的北寺塔景观借入园内，与园内景色浑然一体（图4-1）。又如拙政园西园的宜两亭，此亭筑在一座高高的假山上，紧贴中园的围墙，坐在宜两亭中，中园的景色一览无余（图4-2），而在中园可以将宜两亭的自身一景借入中园，称为互借。因地制宜是指造园时根据不同的基地条件，有山靠山，有水依水，充分攫取自然景色的美为我所用，这实际上也就是园林规划布局中的顺应自然。顺应自然的另一层意思是按照自然山水风景的形成规律来塑造园中的风景，使园内景色富有自然的魅力。园林艺术的主要目的是创造（或者改造整理）山水风景美，使之更集中、更精练、更便于观赏。祖国的山山水水，婀娜多姿，特别是那些经前人评定的传统山水名胜风景区，更是无山不秀，有水皆丽。美丽的自然景色为园林创作提供了取之不尽的素材，但是造园并不是单纯地模仿自然、再现原物，而是以山水、植物和建筑等组景要素，经过艺术劳动，塑造出比自然风景更美的景色的实践过程。这就要求艺术家认真归纳总结自然山水美的各种不同形式和它们的形成规律，作为自己艺术创作的依据。

图4-1 拙政园借景北寺塔

① 计成：《园冶》，倪泰一译注，重庆出版社2017年版。

图 4-2　从宜两亭俯视中园

2.水贵有源

自古以来，人们就用诗、画赞美水。流动活泼是水的表现特征，而平静的水是很柔美的，人们常用柔情似水来形容温柔的感情。水给人亲切感，它的流动使它充满了活力。我国古代的园林设计，通常应用山水树石、亭榭桥廊等巧妙地组成优美的园林空间，将我国的名山大川、湖泊溪流、海港龙潭等自然奇景浓缩于园林设计之中，形成山清水秀、泉甘鱼跃、林茂花好、四季有景的"山水园"格调，使之成为一幅美丽的山水画。

"活泼泼地"是苏州留园西部的一座横跨溪上的水阁，同时也作为溪涧景色的收头。一条清澈的小溪缓缓从枫林中流出，到此水阁下隐去，好像穿阁而过，水虽止而动意未尽。流水、小阁、青翠的小岗，充满了自然风景的活泼生气，实在是园林造景中以人工创自然的妙招，以"活泼泼地"来题名，真是再恰当不过。郭绍虞先生在《诗品集解》中这样说："生气，活气也。活泼泼地、生气充沛，则精神迸露纸上。"园林风景要达到"虽由人作，宛自天开"的艺术效果，就要让园林充满活气，顺应自然地组织山水。像"活泼泼地"一景就是如此，小建筑置于以土为主、间以黄石的假山平岗之中，溪水曲折流出，两岸枫树成林，若在秋高气爽之时，在此小憩片刻，定会使人感到满眼生气，精神舒畅。

具体地讲，园林艺术处理山水（掇山理水）的规律就是"山贵有脉，水贵有源，脉理贯通，全园生动"。美的自然景观，几乎都少不了水的存在。有水，山才秀，才活，才显灵气；有水，树木花草才会茂盛；有水，云霞露雾才能生成。山与水都是美的景观，但二者又各有特点。山基本上比较固定，其变化主要是依据气候、植物等外在条件而"物诱气随"，四时不同。而水则没有固定形态，"随物赋行"。汹涌的海洋，潮起潮落，奔腾的江河、溪流，变化多端。即使湖泊、池塘，也是"水面初平云脚低"，水清石现。其实，山有脉络走向，水有源头流向，这是自然山水风景最一般的规律。要是园林中的山无脉络，混成一堆，园中的水又是无源的死水，那么即使亭台建筑设计得再精巧，植物品种再多，整座园林也生动不起来。因此，造园的第一步就是要确定山的脉络走向，疏通园中的水源，并使山水自然地交融在一起。如果园林建在自然山林之中，那么就应该按照自然山岭的脉理走向来构山。明代计成在《园冶》中则总结了造园中的理水原则："高方欲就亭台，低凹可开池沼，卜筑贵从水面，立基先究源头。"历代诸子百家、文人墨客对水的论述与观感，赋予了它更深的文化内容，从而形成了中国独特的水文化。

3. 山因水活

拥翠山庄是利用苏州城外虎丘山的天然坡度，依山势逐层升高。园门南向，十余级朴素的青石踏步将游人引入翠树掩蔽之中的简洁园门。门内有轩屋三间，构筑于岗峦之上的古木中间，是一处深邃幽奇的山中小筑之景。轩北不远处，有突起的平台，台上建亭名"问泉"，与轩屋和一边的陡峭山坡互成掎角之势，是引导游人登山的点景小筑，既增加了小园前后的空间层次，又将人们的视线引向高处。该亭的西、北两面，在真山的悬崖下又堆了湖石假山，气势相连，中间植夹竹桃、紫薇、白皮松、石榴等。园墙隐约于山石花树之间，并不显眼。园内的景色与园外的自然山林景色融合在一起，充满生机和意趣。等到经由自然山石和人工稍为叠砌的蹬道逶迤而上，来到主要建筑灵澜精舍的平台上时，往下看，是一片葱翠的虎丘山麓风景，往上望，则是巍巍虎丘古塔。按照自然山水的脉理，人工构筑的小园与大的山水景色协调而统一。拥翠山庄成了虎丘山的著名景致，而虎丘的山林古塔也成了小园不可缺少的借景。

"问渠那得清如许，为有源头活水来。"园林风景中山水的基本关系是"山因水活，水随山转"。只有能流转的活水，才能给山带来生气；只有富有生命力的水，才能活泼泼地映出园林景色。要是园中的水是一潭死水，就会腐臭变质，根本谈不上自然之美。为此，计成在《园冶》中指出，造园在初创阶段就要"立基先究源头，疏源之去由，察水之来历"。自然山水中的园林，得到活水比较容易，只要引进天然水源即可。如杭州灵隐寺的冷泉、无锡寄畅园的二泉水等。有些园林中，泉水源头本身就是很好的一景，如太原晋祠的难老泉、济南大明湖的趵突泉。有的园林中较大的水面被作为城市的调节水源和畜水库，如北京颐和园的昆明湖等。城市园林，也要疏通水的去路，接入天然的河道。古园中的闸桥、闸亭都是为控制外河和内水而设立的。有些城市园林，实在没有办法接通活的地表水，造园家便因地制宜地在溪池的最深处打几口井，将园内的地表水和地下活水沟通，来保证水的活力。江南一带地下水位较高的地区，常用这种办法救活水源。

4. 植物造景

《园冶》里对园林植物配置做过精辟的论述："梧荫匝地，槐荫当庭，插柳沿堤，栽梅绕屋。结茅竹里，浚一派之长源。障锦山屏，列千寻之耸翠。虽由人作，宛自天开。"虽然是以植物属性作为论述，但中国园林植物配置的最大特点还是对于诗格画理的讲求，在造景特色方面表现得很突出。中国园林植物配置方式根据植物种类、姿态、色彩、香味特点可分为：孤植、对植、群植、丛植。例如孤植，是中国园林中普遍采用的形式，能充分展现出单株花木色、香、姿的特点，适合小空间和近距离观赏，常作为庭园景物主题。有的利用树姿的盘曲扶疏，植于山崖，以衬托岩壁峻峭；有的植于墙角、廊边、桥头、路口、水池转角，起配景或对景的作用。

酷爱游赏风景的苏东坡曾这样评价园林中的建筑和植物景观："台榭如富贵，时至则有。草木如名节，久而后成。"意思是说台榭建筑只要有了钱，马上就可以造起来。园林中的花草树木却不是立刻便能长成，需要十几年或数十年的生长。由此可以看出诗人对园林植物的重视。绿是生命之色，园林中要是没有植物，一片灰黄，就会变得死气沉沉。因此，花草树木是使园林景色富有生气、活泼可爱的必不可少的因素。

园林植物的栽植也同山水造景一样，要顺应自然。我国古园中栽花种树的原则，是让其自然生长，不加人工约束。因此，在古园中几乎看不到西式花园中那种笔直的林荫道，修剪成几何形体的树木和十分对称、规整的花台，园中植物几乎都是姿态舒展、生意盎然的。而且它们往往间杂种在一起，就像在山野中一样。有姿态古拙可以入画的老树，有随时会变化的各色花果，如桃、李、海棠、柿子等，在园林中交相辉映，给景色平添了不少山野的自然气息。在苏州的一些城市园林中，至今人们还能欣赏到"老榆傍岸，垂杨临水，幽篁丛出"的野趣（拙政园中部池上两岛）和"漫山枫树，桃柳成荫"的城市山林风貌（留园西部小岗）。

植物布置因地制宜，顺应自然的另一个表现是不求品种的名贵和齐全，山野村落中一些常见树种，如榆、槐、杨、柳、银杏等都是园林的座上客。就是一些较低等的植物，如石上的青苔，罗网般缠绕在假山石峰上的络石，山脚石缝裂隙中长出的书带草，伏在地上生长的小灌木、箬竹，在园林中也是随处可见。它们既增加了山石景的自然情趣，又起到遮掩某些残留的斧凿之痕的"藏拙"作用，是造就园林自然活泼景致的很好辅助。

二、山水为主，双重结构

人们通常把自然风景称为山水，把观赏自然风景叫作游山玩水，把对自然风景的赞美诗冠以山水诗，把描绘自然风景的国画名为山水画，把人工叠山理水的园林称为写意山水园，这是中国特有的山水文化现象。因此，从一定意义上说，山是园林的骨架，水是园林的灵魂。或者说，山石是园林之骨，水是园林的血脉。从人与自然精神关系发展过程来看，山水文化是由不同文化素养、不同追求的人与大自然精神交往过程中，通过人景效应或称风景效应，相应产生的一系列特有文化。所谓人景效应是指人与大自然精神往复作用升华过程中所产生的感应、激发、启迪、陶冶、融合、悟化等复杂的精神心理作用。人景效应强度与自然风景质量成正比，即景越好，强度越大。

人类就是在山山水水中孕育出来的，自始就与山水相依存。山水，是人类的安身立命之所，构成生态环境的基础，为人们提供了生活资源，好像母亲的乳汁养育着她的儿女；山水，又是人们实践的主要对象，人们在这个广阔的舞台上，从事着多方面的形形色色的活动。人有生存、发展、享受等多种多样的需求，适应这些需求而与山水结成各种对象性关系，在利用和改造山水的过程中，使自身的需求、智慧、能力凝聚于山水之中，也就是使自身的本质力量对象化，从而在悠悠历史长河中积累起丰富的山水文化。自然环境本身不是山水文化，而是它赖以生成的客观条件。山水文化作为人类特有的创造，是人与自然环境交互作用的结晶。山水文化的形成是一个长期的不断创造的过程，随着时代和社会的发展，人类的各个方面的进步，人对山水的需求和关系自然也在演变。山水文化的形成和发展，注入了丰富的历史文化内容，体现出人类文明的演进过程。作为人对自然相互作用结晶的山水文化，是人类文化宝库中的一个系统。中国的山水园林也很有特色，它是从欣赏山水发展来的。一些著名的山水园林，以假山、池水、植物、建筑为主要因素，善于在造景中运用各种手法，以咫尺山林显示大自然的风光，使人身处堂筵而能坐赏山水林泉之乐。这一切显示出中国山水文化日益丰富的内容，也反映出审美需求和审美能力的发展在山水文化形成中的意义。园林艺术的最终产品是立体的风景形象，毫无疑问，山水林泉等自然景物是它的主要部分。虽然有些城市的庭院小景，看上去全被建筑所包围，好像建筑在这些小景中占有很大的比例，但其实不然，这时楼馆廊榭多半是一种背景，仅仅起到陪衬的作用，人们观赏的主要对象还是廊边墙前的石峰和花木。有了它们，这种建筑空间才能被称为庭院。因此，园林创作的第一步就是塑造山水地形。

北京圆明园是我国古典园林中集大成的精品，也是世界园林史上的杰作。它的景色特点是"因水成景，借景西山"，可见真山只是作为远景借入园内来，主要景色还是来自平地上挖池堆山，人工创造的山水地形。当年修建圆明园时，雍正皇帝在《圆明园记》中曾用16个字总结了塑造风景的经验："因高就深，傍山依水，相度地宜，构结亭榭。"这16个字的概括深得"因地制宜，顺应自然"的要领，说明大型皇家园林的建造也是因高就深地筑山理水，使山水相依傍，这种人工塑造的有高有低的山水地形就是园林风景的骨架，要是没有山水骨架，西山脚下的一片平川是没有多少观赏价值的。

大园如此，小园也一样。苏州环秀山庄 2 179 m^2 的小园，得力于清朝著名造园家戈裕良的深湛技艺。在这有限的面积之内，塑造了以假山为主、溪地为辅的大起大落的地形，使小园现出质朴自然的山林风貌。主山在池东，有前后两峰。前峰突起于水面之上，虽不高，却巨石嶙峋，气势磅礴，是堆叠得极好的峭壁峰。山中构筑有洞。后峰稍矮，两峰之间有幽谷断崖，其间植物有数株古木，荫翳森然。两峰之外，还有几个小峰环卫左右。整座假山均用湖石堆成，层次分明，山峰石壁微微向西南侧倾，加上湖石的纹理体势，给人以形同真山之感。后山在溪北，临水为石壁悬崖，石壁与前山相距仅 1 m，形成深约 5 m 的峡谷，加强了山形的危峻。园中山有脉，水有源，山分水，水穿山，山因水活，水绕山转，使咫尺小园的山水景呈现出盎然的生机，成为我国古典园林艺术的一处瑰宝。

可见，园林的总体布局中，山水地形的设计极为重要。园林风景是否自然天真，是否有野趣，是否曲折变化，是否余意不尽，都与此有直接的关系。当代园林艺术家陈从周总结为"山贵有脉，水贵有源，脉理相通，全园生动""水随山转，山因水活"。可见山水在园林中的重要作用。

然而，地形塑造、山水景的布置，只是造园的第一个结构层次，这一层次只能造景而不能组织游览。欣赏园林艺术和欣赏风景画不同，风景画是山水的平面表现，人们只要面对它看看就行了，而游园必须循着游览路线，进入艺术品内部去观赏。要是只有第一层结构，没有路、桥可通，没有设计好的游览路线，我们就只能像看大盆景那样来"看"林，更谈不上在园林中结合赏景进行读书、宴客、游戏和居住等日常起居活动了。要使园林真正具备游赏和居住功能，还必须在山水结构的骨架上加上道路、桥梁、游廊以及厅堂、亭榭、楼台等第二个结构层次。这一层结构，一方面可以满足组织游览路线，引导人们游赏的需要，另一方面又可以对第一层山水结构进行更好的"精加工"。像园中的亭台建筑固然是人们赏景休息和起居生活必不可少的地方，而它那轻巧的造型和绚丽的色彩点缀在山石林木中，确实可以为景色增添几分妩媚。因此，只有加上了第二层结构，组织了游览，设立了含有多种活动内容的观赏点，并使它和山水结构融合在一起，园林艺术才完善。

苏州环秀山庄假山峻峭雄险，但如果山上没有游路可以通，景区也没有建筑亭台与之相对，这半亩大小的假山将会变成一座巨大的山石盆景，只能看不能游，其艺术魅力就会顿减。事实上，环秀假山之所以会受到中外造园家的重视，是和山上山下游路安排得妥当、建筑布置得巧妙分不开的。这一点园林家陈从周在他的《苏州环秀山庄》一文中有详细的描述："主山位于园之东部，后负山坡前绕水。浮水一亭在池之西北隅，对飞雪泉，名问泉。自亭西南渡三曲桥入崖道，弯入谷中，有洞自西北来，横贯崖谷。经石洞，天窗隐约，钟乳垂垂，踏步石，上磴道，渡石梁，幽谷森严，阴翳蔽日。而一桥横跨，欲飞还敛，飞雪泉石壁，隐然若屏，即造园家所谓'对景'。沿山巅，达主峰，穿石洞，过飞桥，至于山后。枕山一亭，名半潭秋水一房山。缘泉而出，山蹊渐低，峰石参错，补秋舫在焉。东西二门额曰'凝青'、'摇碧'，足以概括全园景色。其西为飞雪泉石壁，洞有步石，极险巧。"[①]

假山的峭壁、洞壑、涧谷、飞泉、危道、险桥、悬崖和石室等景色，不是亲身游历，是不能领略其中之趣味的。这座占地半亩的小假山，却辟有 60 余米山径，盘旋起伏，曲折蜿蜒，将山上山下的所有精华之景串在一起，使湖石假山的玲珑剔透、变化万千的美统统显现出来。再加上亭、房、阁、舫等建筑的陪衬点缀，两个结构层次在这小园中达到了完美的统一。

北京北海公园的琼华岛和白塔山是备受人们喜爱的园林风景。它的美也在于山水和建筑这两个结构层次的互相衬托。现在的塔山山麓，立有不少石碑，其中有一块刻着清朝乾隆皇帝的《塔山西面记》，上面有这样一段话："室之有高下，犹山之有曲折，水之有波澜。故水无波澜不致清，山无曲折不致灵，室无高下不致情。然室不能自为高下。故因山以构室者，其趣恒佳。"这一段关于园林造景的总结是很有见地的，它说出了地形和建筑两个层次结合的一般规律——互相依托，互相陪衬，相得益彰。北京西城区阜成门内大街北的妙应寺白塔（国内现存元代喇嘛塔中最大的一座）要比北海白塔高大许多，但看上去远没有北海白塔那么突出，那么美丽，其关键原因是那里没有起伏的山地可依靠，没有秀丽的园林环境可相衬。

---

① 陈从周：《园林谈丛》，上海文化出版社 1980 年版，第 48 页。

试想一下，如果没有富于地形变化的琼华岛山林给各式各样的园林建筑提供基地，那么山上巍峨的秀塔，北部临水半圆形的长廊、水榭，高踞在峰岭之上的亭台，顺地势蜿蜒起伏的云墙等就如同海市蜃楼一般，缺少了存在的依据。同样，琼华岛要是没有这些建筑的装点修饰，也只不过是一座水中有普通石相间的岛山，绝不会有如此大的名声。

第二节 园林形式美的创造

对于视觉艺术来说，所有被称为美的东西，都有一个可视的形象形式，园林艺术更是如此。园林，首先是以其优美的景象来吸引游客的，因此，我们在进行园林艺术创作时，绝不可轻视形式美的设计。园林艺术讲究形式美就同诗歌讲究韵律、节奏，雕刻讲究结构、布局，绘画讲究色彩、线条，戏剧表演讲究身段、做功一样。如果诗词没有韵律，绘画没有色彩、线条，那么也就不能称其为诗歌、绘画了。因此，园林的形式美具有独特的审美特性，在园林美中具有不可替代的地位和作用。

一、园林形式美的要素

园林形式美是通过园林的构成要素——山水、泉石、植物、建筑等的物质属性（色彩、形状、质感等）表现出来的。世界上不同的地区，不同的国家和民族，在不同的时期所创造的园林形式虽然十分繁多，但都离不开这些基本要素。

1.色彩

所有造型要素中，没有其他像色彩这样能强烈而迅速地诉诸感觉的要素了。形式美的第一要素是色彩，马克思曾经讲过色彩问题，他认为色彩是一种最大众化的审美感觉。

（1）色彩的感觉。

①温度感。温度感或称冷暖感，通常称之为色性。这是一种最重要的色彩感觉。从科学上讲，色彩的温度感也有一定的物理依据，并非纯属人的主观感觉。不过，色性的产生主要还在于人的心理因素，在于人对自然界客观事物长期接触和认识，积累了生活经验，由色彩产生一定的联想，最后会由联想的有关事物产生温度感。如由红色联想到火与太阳，感到温暖；由蓝色联想到水、寂静的夜空与冰雪，产生寒冷感等。

在色彩的各种感觉中，温度感占最重要的地位，色彩的调子主要按冷暖区分为两大类。一般来说，在光谱中近于红端区的颜色为暖色，如红色、橙色等。也就是说，光度高的为暖色，光度低的为冷色。绿色是中性色，居于暖色与冷色之间，温度感适中，故有"绿杨烟外晓寒轻"的诗句，对绿色形容得很贴切。

在园林中，春秋宜多用暖色花卉，严寒地带更宜多用，而夏季宜多用冷色花卉，炎热地带用多了，还能引起凉爽退暑的联想。在公园举行游园晚会时，春秋可多用暖色照明，而夏季的游园晚会照明宜多用冷色。

②胀缩感。节日夜晚观看红色、橙色、黄色的焰火，不仅使我们感到特别明亮而清晰，也似乎格外膨大，离我们很近；而绿色、紫色、蓝色的焰火，则让我们感到比较幽暗、模糊，似乎被收缩了，离我们较远。因此，它们之间形成了巨大的色彩空间，增强了生动的情趣和深远的意境，令人十分神往。这是由色彩的多种因素共同构成的奇观。其中，色彩的胀缩感也起了重要的作用。

我们又常常见到，被薄雾或云层遮掩着的太阳，比平时似乎要小些；躲在云雾中的月亮，也不及平时那么大。可是，当它们穿云破雾、一跃而出时，忽然光辉大增，形体也似乎特别大了。我们能明显地看到，光度的不同是形成色彩胀缩感的主要原因。同一色相在光度增强时显得膨胀，不同色相的光度本来就不一样，因而便具备不同的胀缩感。

色彩的冷暖与胀缩感也有一定的关系。冷色背景前的物体显得较大，暖色背景前的物体则显得较小。园林中的一些纪念性构筑物、雕塑等则常以青绿、蓝绿色的树群为背景，以突出其形象。

③距离感。大体上，光度较高、纯度较高、色性较暖的色，具有近距离感；反之，则具有远距离感。在互补的两色中，面积较小的为近色，面积较大的则为远色，6种标准色的距离感按由近而远的顺序排列是黄色、橙色、红色、绿色、青色、紫色。

在园林中，如果实际的园林空间深度感染力不足，为了加强深远的效果，做背景的树木宜选用灰绿色或灰蓝色树种，如毛白杨、银白杨、桂香柳、雪松等。

④重量感。不同色相的重量感与色相间亮度的差异有关，亮度高的色相重量感轻，亮度低的色相重量感重。如红色、青色较黄色、橙色为厚重；白色的重量感较灰色轻，灰色又较黑色轻。同一色相中，明色调重量感轻，暗色调重量感重；饱和色相比明色调重，比暗色调轻。

色彩的重量感对园林建筑的设色关系很大，一般来说，建筑的基础部分宜用暗色调，显得稳重，建筑的基础栽植也宜多选用色彩浓重的种类。

⑤面积感。运动感强烈、亮度高、呈散射运动方向的色彩，在我们主观感觉上有面积扩大的错觉；运动感弱、亮度低、呈收缩运动方向的色彩，有面积缩小的错觉。橙色系的色相，主观感觉上面积较大，青色系的色相主观感觉上面积较小；白色系色相的明色调主观感觉面积较大，黑色系色相的暗色调主观感觉面积较小；亮度高的色相，面积感觉较大，亮度低的色相，面积感觉小；色相饱和度高的面积感觉大，色相饱和度低的面积感觉小；互为补色的两个饱和色相配在一起，双方的面积感更大；物体受光面积感觉较大，背光则较小。

园林中水面的面积感觉比草地大，草地又比裸露的地面大，受光的水面和草地比不受光的面积感觉大。在面积较小的园林中水面多，白色系色相的明色调成分多，也较容易产生面积扩大的错觉。

⑥兴奋感。如果我们将红色与青色的两朵花一起观察，势必感到红花有兴奋和活跃的意味，青色的花则有沉静和严肃的意味，这便是色彩的兴奋感所致。

色彩的兴奋程度也与光度强弱有关，光度最高的白色兴奋感最强，光度较高的黄色、橙色、红色均为兴奋色；光度最低的黑色感觉最沉静，光度较低的青色、紫色都是沉静色；灰色、绿色、紫色光度适中，兴奋与沉静的感觉亦适中，在这个意义上，灰色与绿色、紫色是中性色。

色彩的兴奋感与其色性的冷暖基本吻合。暖色为兴奋色，以红、橙色为最；冷色为沉静色，以青色为最。

（2）园林色彩的类型。

①自然色。自然色是来自自然世界的自然物质所表现出来的颜色，在园林景观中表现为天空、石材、水体、植物的色彩。自然色是非恒定的色彩因素，会随时间和气候的变化而变化，我们可以通过设计自然色在场地中的位置和面积等办法和其他色彩配色，从而达到理想的园林色彩效果。

②半自然色。半自然色是指人工加工过但不改变自然物质性质的色彩，在园林景观中表现为人工加工过的各种石材、木材和金属的色彩。半自然色虽然经过人工加工，但表现的仍然是自然色的特征。因此，在园林景观环境中仍像自然色一样受到人们的欢迎和喜爱。

③人工色。人工色是指通过各种人工技术手段生产出来的颜色，在园林景观中表现为各种瓷砖、玻璃的色彩，各种涂料的色彩。人工色往往是单一的，缺乏自然色和半自然色那种丰富的全色相组成，在使用中需要慎重。但相对于自然色和半自然色，人工色可以调配出各种色相、亮度和彩度，我们可以任意地选择施用于建筑小品和铺装上，为景观色彩的营造提供无限的可能性。

（3）色彩在园林中的应用。

①暖色系。暖色波长较长，可见度高，色彩感觉比较跳跃，是一般园林设计中比较常用的色彩。红色、黄色、橙色在人们心目中象征着喜庆、热烈等，多用于一些庆典场面。如广场花坛及主要入口和门厅等环境，给人以朝气蓬勃的欢快感，从而形成一种欢畅热烈的气氛，使游客的观赏兴致顿时提高，也象征着欢迎来自远方宾客的含义。暖色有平衡心理温度的作用，因此宜于在寒冷地区应用。

②冷色系。冷色波长较短，可见度低，在视觉上有退远的感觉。在园林设计中，对一些空间较小的环境边缘，采用冷色或倾向于冷色的植物，能增加空间的深远感。在面积上冷色有收缩感，同等面积的色块，在视觉上冷色比暖色面积感觉要小。要使冷色与暖色获得面积同大的感觉，就必须使冷色面积略大于暖色。冷色能给人以宁静与平和感。在园林设计中，特别是花卉组合方面，冷色也常常与白色和适量的暖色搭配，产生明朗、舒畅的气氛，在一些较大的广场中的草坪、花坛等处多有应用。冷色在心理上有降低温度的感觉，在炎热的夏季和气温较高的南方，采用冷色会使人产生凉爽的感觉。

③补色。补色对比效果强烈、醒目，在园林设计中使用较多。利用对比组成各种图案和花坛、花柱、主体造型等，能显示出强烈的视觉效果，给人以欢快、热烈的气氛。园

林造景中补色表现得尤为突出。在大面积的绿色空间、绿树群或开阔的绿茵内点缀少量的红色品种，可形成醒目明快、对比强烈的景观效果。

④同类色。同类色指的是色相差距不大、比较接近的色彩。在植物组合中，能体现其层次感和空间感，使人在心理上产生柔和、宁静、高雅的感觉。如许多住宅小区整个色调以大片的草地为主，中央有碧绿的水面，草地上点缀着造型各异的深绿、浅绿色植物，结合一些白色的园林设施，显得非常宁静和高雅，给人以休闲感和美的享受。同类色在一些花坛培植中也常有应用，如从花坛中央向外色彩依次变深或变淡，给人一种层次感和舒适的明朗感。

⑤金银色、黑白色。金银色、黑白色较多应用在建筑环境、园林小品、城市雕塑、护栏、围墙等方面。在传统园林中，金银色使用较少，但在现代园林环境中应用比较普遍。选用什么样的色彩，主要取决于小品、雕塑本身的内容和形式。一般来说，在现代感较强的环境中设置的小品、雕塑多采用银色；以抽象性为主的雕塑也宜于选用不锈钢等银白色的材料；倾向于金色的材质，多在纪念性雕塑和环境中作为点缀应用。

黑、白两色在色彩中称为极色，在传统园林中多在南方的园林建筑和民用建筑方面应用。如秦淮河一带的建筑和苏州、杭州等地的私家园林建筑，灰黑色顶部与白色墙体对比分明，表现出古代文人墨客高雅、清淡的风格。在现代园林设计中黑、白两色在全国各地应用较多，特别是在护栏、围墙等方面。在园林的环境设计中，常利用白色提高图案的明度，增加层次感等。白色在园林建筑和园林小品等方面也多有应用，如北京天安门前金水桥上的汉白玉栏杆及天坛祈年殿周围的汉白玉栏杆等，给人一种高雅洁白的神圣感。

2.形状

自然界各种物体的形状是千姿百态的，如人、物、山、水、树、草等，然而我们仍然可以用各种基本的几何形状来进行概括。园林构图中的形状多以具体景象的抽象形态存在。人的视觉经验倾向于识别构造简单和熟悉的形状。因此，构图中的形状能使形象更加集中、完整，有助于揭示主题。如园林的分区布局，花坛、水池、广场、建筑、雕塑等无不是由各种各样的形状构成的。

在园林的所有形体中，最基本的仍旧是圆形、方形、三角形、多边形等。各种形状都给人以形式美感，如圆形给人的感觉一般是流动的，正方形给人的感觉是安定的，三角形则给人以稳定的感觉。因此，把形状作为一种构图手法，能使自然世界的现象更加典型化、综合化。西方园林对各种形状的应用比较普遍，我国传统园林比较提倡"自然美"，但在建筑上对形状的应用，可以追溯到原始社会时期。如沈阳新乐遗址是7 000余年前，原始社会母系氏族时期的聚落遗址，其房屋建筑已经有了各种形状。又如，西安半坡遗址向我们展示了六七千年以前人们居住的房屋，其形式有圆形和方形两种，其建筑结构有半穴居和地面木架建筑两类。

我国园林建筑对方形的运用范例较多，如在北京颐和园的建筑中有对各种方形的运用：仁寿殿、涵远堂、听鹂馆、鱼藻轩、对鸥舫、重翠亭等都是长方形的运用。园林中的亭也有不少方亭形式，如北京北海方亭。"方正生静""方者自安"是我国传统的审美取向。

圆形在我国园林建筑中也多有应用，如北京天坛的祈年殿，还有皇穹宇、回音壁和圜丘等都是圆形建筑；北京景山公园中的富览亭和周赏亭是小型圆形的运用。大型的圆形符合我国"天圆"之说，与天道紧密相连；小型的圆形符合"圆满"之意，与人道息息相关。

八角的形状具有圆形的体势。我国园林中的亭有不少是八角形。扇面形颇有审美意味，如宋庆龄故居的扇亭，给人以赏心悦目的动感。

另外，园林中的点与线也是备受关注的。

园林中的点是指景点，整个园林以景点控制全园，要处理好景点的聚散关系，除中心区域景点可适当集中外，其他区域景点"宜散不宜聚"，这样可以给游人留下品味、感悟的审美时空。汀步不仅有点的跳跃性，而且有路线的方向感，汀步运用得当会产生生动独特的审美韵味。

园林中的线条，可分为直线、曲线和斜线。直线是线的基本形式，但在自然中，可以说是没有直线的。直线是人们设想出的抽象的线，因而具有纯粹性，在关键的设计中，直线虽然能发挥巨大作用，但在任何时候它都不是最高级的要求。到过西方国家、看过规则式园林的人，便会感到那里的园林中直线运用显然要比我国自然式园林中多，如法国凡尔赛宫的庭园，直线相当突出，从而产生了一种不亲切感和强加于人的不自然感。当然，也正是因为诸多直线的运用，才使其显露出一种浓重的人工意味。

曲线则不然，它要比直线灵活舒展得多，可用以表现悠扬、柔美、轻快的风貌。人们总想从紧张中解放出来，并希望获得安适，这就是人们向往曲线的原因。直线充满力度，曲线表现自然。曲线在中国的自然式园林中运用相当普遍，如飞檐翘角、曲径通幽、小溪蜿蜒等。

斜线具有特定的方向性和动向。园林中山石的雄伟或起伏就在于斜线表现的动势。但在造型设计中要在均衡的前提下才能灵活地运用斜线的运动或流向。

3.质感

质感是由于感触到素材的结构而产生的。如我们从粗糙不光滑的素材上感受到的是野蛮的、缺乏雅致的情调；从细致光滑的素材上则感受到优雅的情调，但同时亦常有冷淡和卑贱的感觉；从金属上感受到的是坚硬、寒冷和光滑；从布帛上感受到的是柔软、轻盈和温和；从石头上感受到的是沉重、坚硬和强壮。

质感有自然和人工之分。原野中散置的石头、树木的表层等所具有的质感就是自然的，而混凝土或砖瓦则能产生人工的质感。明确了这一点，对于根据总体布局的意匠而选用不同质感的素材很有帮助。

在我国自然山水园中，会尽量避免出现人工的质感。即使由于费用、耐久性等问题不用竹木，而采用混凝土制品时，也要尽可能使其自然化，加工、油漆成木头状或竹竿状，在我国园林中的应用日趋普遍。掇山叠石时水泥的粘接处要尽可能地使其与假山石的质地相调和，用混凝土补贴古树名木的树洞，则更要贴上树皮，使质地一致，做到天衣无缝。

地面上用地被植物、石子、沙子、混凝土等铺装时，使用同一材料比使用多种材料更容易达到整洁和统一的目的，形成统一调和的质感。分隔空间的石墙、篱笆或假山、叠石等，都以尽量使用同一质感的材料为佳。

为了强化质感的效果，运用对比的方法来布置不同质感的素材，可以相得益彰。如常绿树丛前的大理石雕像、布置在草坪或苔藓中的步石，质感的刚柔对比产生了美感，如图4-3和图4-4所示。

图4-3　绿草中的步石

图4-4　布满苔藓的石子路

二、园林形式美的基本规律

传统园林的形式美，重视的是在形式上整齐划一、层次井然，追求空间方圆规矩和秩序，装饰严谨浑厚，在庄重典雅的背后蕴含着善和美、艺术和典雅、怀古和现代、心理和伦理等文化内容。中国园林美的原则有3条：立意——意念先行，以形取神；创新——承先启后，破旧立新；活用——适身合用，灵活生动。园林形式美的基本规律一般概括为多样统一、对称与均衡、对比照应、比例与尺度、节奏与韵律 5 个方面。

1.多样统一

多样统一规律是形式美的最高法则，是对形式美其他一切规律的集中概括，也是艺术创造辩证法思想的体现。多样，即事物之间的差异性和个性，是指构成整体的各部分要有变化；统一则是指个性事物间所蕴含的整体性和共性，是指各种变化之间要有一致的方面。多样统一，展示出形象的诸种形式因素的多样性和变化，同时又在多样性和变化中取得与外在事物联系的和谐与统一。多样统一，就是在丰富多彩的变化中保持一致性，故又称"寓变化于整齐"，是形式美的基本规律之一。事物的发展变化构成了世界的多样复杂，事物的平衡协调又构成了世界的统一。多样统一，即事物对立统一规律在人们审美活动中的具体表现。多样统一又称和谐，是一切艺术形式美的基本规律，也是园林形式美的总规律。多样统一是对立统一规律在艺术上的运用。对立统一规律揭示了一切事物都是对立的统一体，都包含着矛盾，矛盾双方既对立又统一，充满着斗争，从而推动事物的发展。多样统一是矛盾的统一体，用在画面构图中，指画面既要多样、有变化，又要统一、有规律，不能杂乱。只多样不统一就会杂乱无章，只统一不多样就会单调、死板、无生气。简而言之，就是构图要繁而不乱、统而不死。影视画面构图的多样统一，是通过一组镜头、一个场面的构图实现的。多样统一法则又称统一与变化法则，是用来确定园林各组成部分之间相互关系的法则。世界上万事万物之间都有着错综复杂和千丝万缕的联系。在园林艺术的领域中，一件好的、令人身心愉悦的、充满美感的造园作品，必定是造园各种要素组合成有机整体结构，形成一个理想的环境空间，体现出一定的社会内容，反映出造园艺术家当时所处社会的审美艺术和观念，达到内容形式的和谐统一。因此，多样统一规律是一切艺术领域中处理构图的最概括、最本质的法则。

园林从全园到局部，或到某个景物，都是由若干不同部分组成的，这些组成部分的形态、体量、色彩、结构、风格……要有一定程度的相似性或一致性，给人以统一的感觉。但要注意，如果园林的各组成部分过分相似，虽然能产生整齐、庄严之感，但也会使人感到单调、郁闷、缺乏生气，如果没有整体统一，也会使人感到杂乱无章，因此，园林构图要统一中求变化，变化中求统一。

园林构图中多样统一法则常具体表现在对比与调和、节奏与韵律、主从与重点、联系与分隔等方面。

2.对称与均衡

对称从希腊时代以来就作为美的原则，应用于建筑、造园、工艺品等许多方面。对称因规律性很强而易于得到平衡，容易获得安定的统一，具有整体、单纯、寂静、庄严等优点。但同时也兼备呆板、消极、令人生畏等缺点。对称之所以有寂静、消极的感觉，是由于其图形容易用视觉判断。见到一部分就可以类推其他部分，对于知觉就难以产生抵抗。对称之所以是美的，是由于部分图样经过重复就组成了整体，因而能够产生一种韵律。根据所要表现东西的性质，就可以理解对称的美与丑了。

在西方造园，尤其是古典造园中，园林艺术与其他各类建筑所遵循的都是同一个原则。因而，西方古典园林讲究明确的中轴对称的构图原则，形成了图案式的园林格局。

中国传统的审美趣味虽然不像西方那样一味地追求几何美，但在对待城市和处理宫殿、寺院等建筑的布局方面，也十分喜爱用轴线引导和左右对称的方法求得整体的统一。如北京故宫，它的主体部分不仅采取严格对称的方法来排列建筑，而且中轴线异常突显。这种轴线不仅贯穿于紫禁城内，还一直延伸到城市的南北两端，总长约 7.8km，气势之宏伟实为古今所罕见。此外，就城市而言，不论是唐代的长安或是明清的北京，均按棋盘的形式划分坊里，横平竖直，秩序井然。除城市、宫殿外，一般的寺院建筑、陵墓建筑出于功能特点的考虑，为求庄严、肃穆，也多以轴线对称的形式来组织建筑群。即使是住宅建筑，虽然和人的生活最为接近，但出于封建宗法观念的考虑，也组成了严谨方整的格局，围绕纵横轴线形成前后左右对称的布局，构成三合院、四合院形式的中国传统民居格局。

中国园林的构图与城市等建筑对称规整的格局是大相径庭的。园林师法自然、宛自天开，对称的手法所占比例很少。

有对称，就有不对称。不对称的构图可以使园林显得多样和生动，使单纯变得复杂，或是能够产生空白的构图而令人寻味等。

在自然景观中，山峦的起伏、河流的曲折、植物的群落、云霞的飘移，乃至村庄的坐落和畜禽的栖止，都极少构成天然对称和几何规整的形式，但它们都统一在大自然美妙的韵律当中，具有内在的和谐。因此，自然景观的非对称画面，能够深深地拨动人们的心弦。位于大自然中的风景建筑，采用具有内在规律（保持适度的比例和稳定的均衡）的不对称构图，更容易与周围的环境取得和谐统一。如桂林地区许多风景建筑采用不对称的构图，并非出于设计者的偏爱或为了顺应一时的风尚，而是由功能、基址和自然景观所决定的。

所谓均衡，在物理学上是两种力量处于相互平均的状态。均衡的概念根据天平的构造原理很容易理解。但是在艺术的均衡现象中，均衡应当是一种心理的体验，而不是物理上的原则。这一点为格式塔心理学的许多实验所证实，也被生活中的许多日常现象所证实。

在一个平面的或二维的构图中，处在中心的人物或建筑，一定要比两侧的大一些，假如它们一样大，处于中心的就会显得比两侧的小得多。在一幅画中，较大的和看上去较重的形状应放在下半部，假如放到上半部，看上去就会轻重倒置，十分不稳定。同样大的形状或物体，左右的轻重也不同。试验证明，同样大的形状，看上去右边的要比左边的大一些，如果想使左右看上去均衡（看上去一样大），左边的通常要画大一些。在纵深度上，也有轻重之分，假如把远处的物体与近处的物体画得同样大，那么远处的物体看上去就显得大得多，因此，要想使它们看上去差不多大，越远的就要画得越小。在色彩方面，红色看上去要比蓝色重得多、黑色要比白色重得多，因此，在绘画中，为了使红色（或黑色）与蓝色（或白色）均衡，红色（或黑色）面积应该小一些，蓝色（或白色）面积应相应大一些。在形状方面，越是规则、简单的形状看上去就越重，如圆形就比长方形和三角形显得重，垂直线比倾斜线重。因此，为了使它们达到均衡，圆形要比其他形状画得小一些，垂直线要比其他线短一些。有时候，均衡还会受到观看者的兴趣、爱好、欲望等心理作用的影响，对于那些观看者十分感兴趣的或使他们十分吃惊的形状或物体，即使画得很小，也显得很重。另外一种特殊情况是孤立物体（独立性）的超重性。例如，如果太阳和月亮处在万里无云的天空中，就比有云朵和其他空中漂浮物时看上去重一些。在戏剧演出中，为了使主角重一些，常常将他（她）与其他人物分离开来，独自占一个位置。

最简单的一类均衡，就是前面所说的对称。对称的事物总是均衡的。对称的均衡又叫规整式均衡。众所周知，均衡不一定是对称的，还有另一种非对称均衡，或称不规整式均衡。

对称均衡是在对称轴线的两旁布置完全相同的景物，只要将均衡中心以某种微妙的手法来加以强调，立刻就会给人一种安定的均衡感。对称均衡在西方古典主义的造型艺术风格中，是创造艺术形式的最重要的规则和条件之一。在我国古典园林中，对称均衡也是有运用的，如门前一对石狮子、一对龙爪槐，或是对称排列的行道树，它们无论在质地、色彩、体量等多方面都是均衡的。

然而，对称均衡在艺术界的地位似乎已成为历史。如今，艺术家们在构图时均倾向于不对称均衡。不对称均衡因注意的焦点不放置在中央，所以形状上是不对称的，具有动中有静的感觉和静中有动的感觉。视觉上的不对称均衡，是各组要素比重的感觉问题。在这种艺术的均衡现象中，所谓轻重之说完全是指心理上的而不是物理上的，对某种形式的兴趣愈浓厚或对它的意义发掘愈深，其重量就显得愈大。

不对称均衡可以借助杠杆原理来说明。一个远离均衡中心、意义上较为次要的小物体，可以用靠近均衡中心、意义上较为重要的大物体来加以平衡。这种不对称的均衡，尽管其均衡中心两边在形式上不等同，但在美学意义方面却存在着某种共同之处。如树、石是造园时常用的两种材料。在人们的经验中，石头的质感自然要比树的质感重得多，根据这一点，造园设计时就必须考虑到因两者质地不同而产生的意义上的轻重感，这时必须运用形体的大小和数量的众寡来加以均衡。权衡之后，造园时石头不多放、树木成丛栽，结果很明显，不对称的均衡——感觉上的均衡便产生了。再如，树干总是少于树枝，而树枝总没有树干那么粗，也就是说，粗树干长而少，细树枝多而短，它们自然形成了均衡。

3.对比照应

对比照应是形式美最基本的法则。对比，即事物对立双方的相互比较、相互影响的关系。对比的例子很多：大与小、高与低、动与静、水平与垂直、光滑与粗糙、沉重与飘逸……对比具有变化、生动、果断的性质，可以提高景物的视觉效果。事实上，任何造型艺术都不可无对比。对比是艺术设计的基本定型技巧，把两种不同的事物、形体、色彩等作对照就可称为对比。把两个明显对立的元素放在同一空间中，使其既对立又和谐，既矛盾又统一，在强烈反差中获得鲜明的对比，求得互补和满足的效果。

在自然界中，景物之间的对比是普遍存在的。如山与水、峰与谷、崖与洞、泉与瀑、植物与建筑等，当特性有差异的景物相邻接时，其中一方会因对比关系而显得更美或双方各显其美。"牡丹虽好，仍须绿叶扶持"，因为有了绿叶的对比和陪衬，牡丹才更显其绚丽娇艳。

正因如此，绘画中有明与暗、浓与淡、藏与露；音乐旋律中有强与弱、高与低、缓与急；

诗歌中有刚与柔、朴与丽、曲与直；小说中有情与景、言与行、理与情；戏剧中有虚与实、悲与喜、动与静。这些矛盾着的对立因素常常同时呈现在一个整体中，它们相互依赖、衬托，彼此照应，从而产生强烈的艺术效果。

作为综合艺术的园林，其对比照应具体表现在布局、大小、开合、色彩、质感、疏密、明暗等方面，这些对比关系，使欣赏者对园林造景能够产生强烈、激动、突然、崇高、浓重等审美愉悦。

（1）布局的对比照应。动与静结合是我国传统造园艺术手法之一。所谓"动"，就是造园家在园林空间较大的范围内，通过叠石构洞的山障、曲廊小院的曲障、树障等手法，组成园中有园、景中有景的多个景区，展开一区又一区，一景又一景，各具特色，达到步移景异，时过境迁，画面连续不断的意境。以动态景观为主，着力表现自然物生机蓬勃之动态美。动境由于构景要素的不同又可分为声动、水动、色动和风动、水动引起树动、花动等。例如，声动："两个黄鹂鸣翠柳，一行白鹭上青天"（唐·杜甫）。水动："飞流直下三千尺，疑是银河落九天"（唐·李白）；"惊涛拍岸，卷起千堆雪"（宋·苏轼）。色动："春色满园关不住，一枝红杏出墙来"（宋·叶绍翁）。风动、水动引起树动、花动："柳浪闻莺""万壑松风"。所谓"静"，即在有限的园林艺术空间中，坐观静赏园林艺术，在咫尺之地，让人们去领会园林空间的层次、对比、虚实、明暗、阴晴、早晚等多变的艺术效果。以静态景观为主，表达大自然安谧、幽静的艺术境界。例如，"千山鸟飞绝，万径人踪灭"（唐·柳宗元）是静境的典型。又如，杭州西湖十景之一"云栖竹径"，燕京八景之一"琼岛春阴"等皆属此类型。中国古典园林侧重的是引导人的内省，而西方古典园林侧重的是激起人的欢愉。西方古典园林的这种对外的职能决定了它开放的性质。这和中国古典园林内敛的特质迥然不同。例如，北京的颐和园长廊，全长 728m，共 273 间，整个长廊北依万寿山，南临昆明湖，犹如一条彩带，随岸曲折。人行廊中，步移景异，仰视万寿山郁郁葱葱，远望昆明湖茫茫无际，全是一片自然风光之美。再如，以小巧玲珑、曲折幽胜见长的网师园，虽占地不大，但经过对园内山石、水面、厅堂、亭榭等景物的处理，不断交替变换建筑、山水、小品，交错多种空间，处处有新意，能够让游人步行其中欣赏动静有序的景色，体会曲折多变的意境。

（2）大小的对比照应。大小是一对互为依存的概念，无大便无小，无小也无从说大。古典园林要以有限的面积造无限的空间，在大小对比中，其主要矛盾方面是小。可以说，园林艺术的创作过程每时每刻都在进行由小到大的转化。"三五步，行遍天下；六七人，雄会万师"，这是古典戏曲小中见大的形式对比。园林艺术也要以少胜多，以小代大，精炼地、概括地使园中一泉一勺现出自然山水林泉的情趣，使游者产生"一峰则太华千寻，一勺则江湖万里"的感受与联想，从而达到"咫尺之内而瞻万里之遥，方寸之中乃辨千寻之峻"的效果。假山不能太高，但要洞壑俱全；池面虽小，也要现出弥漫深远之貌。一些风景建筑的尺度，在不影响使用的条件下，要尽可能做得小巧，所谓低楼、狭廊、小亭。如廊的宽度不过三尺，高也多为五六尺。亭子的体量也要与假山、小池相配，以矮小为宜，如拙政园的笠亭，留园的可亭、冠云亭，都以小巧玲珑著称，与景色配合得很是默契。园林范围虽小，但在布局结构时还要再度分隔，使之更小，从而强化对比之效果，这也可以说是应用了某种艺术夸张的手法。园景中，比较大的主要山水游赏空间与自由布置的重重小院有机结合，已成为园林结构形式大小对比的一种特色。大的游赏空间景观自然多野趣，小的庭院则"庭院深深深几许"，使游人不知其尽端之所在，增加了园景的幽趣。留园东部的重重院落和拙政园从枇杷园到海棠春坞的一组以植物组景的小院均是较典型的例子。

园林的分隔还常常采用大园套小园、大湖环小湖、大岛包小岛等形式。艺术家在这些小的观赏空间内，每每设置很有特色的主题，能给观赏者留下很深刻的印象，产生较好的对比效果。如颐和园后山的谐趣园，北海的画舫斋、静心斋都是大园中很有名的小园。南浔嘉业堂藏书楼花园是岛中之岛格局的花园，大园四周绿水相绕的是一个浮于水面上的大岛，而园中又凿池筑岛，形成大岛包小岛的别致结构。杭州西湖的三潭印月是一湖上小园，小园没有沿用一般园林曲径通幽、山水交融之章法，而是以陆地为水面，采用了大湖环小湖的形式。极目望去，青山环抱，苏白两堤上桃柳成行，亭台依稀。清澈的西子湖水轻轻拍打着小岛，眼前则是一平似镜的内湖，几座精巧的建筑错落掩映在绿树中，是结构形式中大小、远近、动静对比很好的实例（如图4-5）。

图4-5　杭州三潭印月

（3）开合的对比照应。中国古典园林艺术"尽错综之美，穷技巧之变"，构思奇妙，设计精巧，达到了设计上的至高境界。究其原理，如以园林艺术的形式看，乃得力于园林空间的构成和组合。

空间是由一个物体同感觉它存在的人之间产生的相互联系，在城市或公园这样广阔的空间中，有自然空间和目的空间之分。作为与人们的意图有关的目的空间又有内在秩序的空间和外在秩序的空间两个系列。而园林中的空间就是一种相对于建筑的外部空间，作为园林艺术形式的一个概念和术语，意指人的视线范围内由树木花草（植物）、地形、建筑、山石、水体、铺装道路等构图单体所组成的景观区域。它包括平面的布局，又包括立面的构图，是一个综合平面、立面艺术处理的二维概念。园林空间的构成需具备3个因素：一是植物、建筑、地形等空间境界物的高度（H）；二是视点到空间境界物的水平距离（D）；三是空间内若干视点的大致均匀度。一般来说，D、H值越大，空间意境越开朗；D、H值越小，封闭感越强。

留园是中国四大名园之一，在空间上的开合对比方面，留园作了恰到好处的诠释，这也是留园最突出的空间特点。曲折、狭长、封闭的空间先是极大地压缩人们的视野，过后，则使人们感到豁然开朗。留园入口部分正是利用这种既曲折狭长又十分封闭的空间来与园内主要空间进行强烈对比，进而使人们穿越它进入主要空间时，便顿觉豁然开朗。入口部分的这一段空间极易使人产生单调、沉闷之感，留园对此则进行了巧妙的处理：进园后第一个小院——狭长多变的曲廊；接着一个内院——又窄又封闭的廊子，隔漏窗可以窥见园内景物；位于末端的是最后一个小院；穿过曲折、狭长、封闭的空间后看到绿荫，进入主空间。

（4）色彩的对比照应。世界是五彩缤纷的，人类生存的每一个空间都充满着绚丽的色彩。色彩既可以装点生活、美化环境，给人一种美的享受，也是社会发展和精神文明的一种体现。

园林配色的原则：第一，必须使环境的整体色调和视觉联系在一起。这种联系较多时，则会产生如何处理园林中支配色的问题。支配色虽然不一定在任何时候都必须和环境同一调和或相似调和，但却必须保持其间有某种调和关系。第二，在处理色调的平衡和颜色层次的渐变时，应尽可能以大的面积和大的单元来考虑。如昆明世博园的主入口内和迎宾大道上以红色为主构成主体花柱，结合地面黄色、红色组成的曲线图案，给游人以热烈欢快之感。第三，目的色或装饰色容易成为园林的重点，小规模地使用园林的支配色和对比色才能有效果。如果有必要形成重点，则要优先考虑全体色调的调和。第四，色调单调或对比过度时，应在这些颜色间加入其他颜色，可以加入白色、灰色、黑色等，都能得到很好的效果。如果加入彩色，则应选择能把原来两色的明度明确区分开的色彩，再对色调和色度加以考虑。

在园林植物中，花卉占少数比例，但其色彩多变且艳丽缤纷。为了发挥它们最大的艺术效果，在花卉装饰中，应多用补色的对比组合，相同数量的补色比单色花卉在色彩效果上要强烈得多，尤其是在大型的铺装广场上、高大建筑物前，作用更大。如常见对比色的花木和花卉主要为同时开花的，黄色与紫色、青色与橙色的花卉配合在一起。紫藤与黄刺玫或金盏菊的对比、紫色三色堇与黄色金盏菊的对比、蓝色风信子与喇叭水仙的对比、玉蝉花与萱草的对比等。

（5）疏密的对比照应。疏与密在绘画"六法"中曾有经营位置一说。它不仅关系到绘画的构图处理，而且涉及书法、篆刻等艺术的布局处理。为求得气韵生动，在经营位置上必须有疏有密，而不可平均对待。所谓"疏处可以走马，密处不使透风"所指的就是极强烈的疏密对比效果。我国传统园林的布局与经营位置毫无例外地恪守着疏密对比这一构图原则。

走进留园，则使人领略到忽张忽弛、忽开忽合的韵律节奏感。建筑上分布极不均匀，有些地方极其稀疏，有的地方则十分稠密，对比异常强烈。以东区为主，石林小屋附近，屋宇鳞次栉比，内外空间交织穿插，使人有应接不暇之感，但西区部分的建筑则十分稀疏、平淡，从而使人产生弛而不张的感觉。当然这种疏密的对比与变化，不仅体现在平面布局上，而且还关系到园林建筑的立面处理。留园中部景区建筑沿园的 4 个周边排列，使人处于园内可以同时环顾 4 个周边的建筑。东南两面建筑排列很密集，另外两面则比较稀疏。

（6）明暗的对比照应。通过景观要素形象、体量、方向、开合、明暗、虚实、色彩和质感等方面的对比可以加强意境。对比是渲染景观环境气氛的重要手法。开合的对比方能产生"庭院深深深几许"的境界，明暗的对比更能衬托出环境之幽静。在空间程序安排上可采用欲扬先抑、欲高先低、欲大先小、以隐求显、以暗求明、以素求艳，以险求夷、以柔衬刚等手法来处理。

中国古典园林造园十分注重采用明暗对比、以山水映衬和远近呼应的造园手法来实现有限空间内景致风物的无穷转折变换。

虽然园林面积是有限的，但是造园艺术家却用山、石、池、树、房屋将其组成各种不同的空间，并使各个空间时开时合，互相流通渗透：室外空间以山、石、树、池进行划分，并用亭、廊连接，互相流通；室内空间则通过门、窗、廊互相流通，还可以做明暗对比。例如，北京颐和园万寿山前后风景迥然不同，山前开朗，山后幽邃，各具特色，对比十分鲜明。另外，在园林空间的创造中，小中见大，大中有小，虚实相生，在有限的咫尺之地可造成多方胜景。又如苏州园林，山虽不高却峰峦起伏，水虽不深却有汪洋之感，园路常曲，长桥多折，幽深莫测。一墙之隔是实，一水之隔是虚，粉墙漏窗则是实中寓虚。通过一面面不同的窗框，窗外一角空地，凭着一块湖石，几支翠竹，奇花异木，自成一幅立体小景。最重要的空间运用手法是借景，即突破园内自然条件的限制，充分利用周围环境的美景，使园内外景色融为一体，产生丰富的美感和深邃的境界。再如苏州沧浪亭，园外有一湾河水，在面向河池的一侧不设围墙，而设有漏窗的复廊，外部水面开阔的景色通过漏窗而入园内，使沧浪亭园内空间顿觉扩大，游客在有限的空间中体会到了无限时空的韵味。

4. 比例与尺度

在园林的整体和局部设计中，美观是必不可少的。而许多美学特性就起因于比例。因此，处理好比例，是园林设计中必不可少的任务。

园林设计中的比例关系大致包括两个方面：一是园林中各个景物自身的长、宽、高之间的大小关系；二是景物与景物、景物与整体之间的大小关系。在园林空间中具有和谐的比例关系，是园林美必不可少的重要特性，它对园林的形式美具有规定性的作用。

中国和日本的古典园林一般面积较小，要于方寸之地显现自然山水，比例的运用十分讲究。如花木与山石的比例不同，可获得不同的艺术效果。树小显山高，若要表现山势高峻，花木的高度就不应超过假山顶部。假山旁的植物若不控制其生长，若干年后就会长成参天大树，附近的山与亭便会显得相当矮小，从而获得相反的艺术效果。诚然，这样也会形成一种幽邃、隐蔽的氛围。

园林的分区亦应讲究合适的比例。各区的大小既要符合功能的需要，又要服从整体面积的比例关系。园林设计若使各个景物体型匀称、功能分区比例和谐，将赋予园林以协调一致性和艺术完整性。

和比例密切相关的另一设计原则是尺度。在园林中，要体现园林的尺度，总要有一个借以比较的尺度单位。事实上，园林中的一切景物均是供人游赏、为人服务的。因此，我们自身就变成度量园林景物的真正尺度了。园林设计时要注意供人休憩的坐凳、踏步的台阶、凭眺的围栏合乎人体本身的尺度，给人提供活动的方便，从而形成自然的尺度。

在园林尺度上，除自然尺度外，还存在着人们意识上所谓的"超人的尺度"。这种尺度的形式犹如文学中夸张的手法，往往是通过尺度对比来产生效果的。体量较大的景物与体量较小的景物并列，便会使体量较大景物的尺寸显得更大。设计稍大的景物单元，常会使人产生壮观和崇高的感觉。这种尺度形式往往被运用于一些为政治服务的建筑或园林中。如为了表现雄伟，在建造宫殿、寺庙、纪念堂等时，常采取大的尺度，有些部分甚至超过正常的尺度要求，借以表现建筑的崇高以令人敬仰。北京故宫的太和殿是皇帝坐朝处理政务之处，为了显示天子至高无上的权威，采取了宏伟的建筑尺度（如图4-6）。

图4-6　太和殿

研究园林建筑的尺度，除了要推敲建筑本身的尺度外，还要考虑它们彼此间的尺度关系。如昆明湖宽广的湖面，需要有宏伟尺度的佛香阁建筑群与之配合才能构成控制全园的艺术高潮；广州白云宾馆底层庭园如果没有巨大苍劲的榕树，就很难在尺度上与高大体量的主体建筑相协调。

在处理园林建筑的尺度及其与周围景物的比例关系时，既要注意相邻景物之间比例关系的协调，同时又要注意突出主体建筑，考虑建筑的功能尺度。如苏州拙政园西部补园中的卅六鸳鸯馆和十八曼陀罗花馆之所以体量较大，正是出于当时宴饮、观剧等聚会活动的需要。没有足够的空间体量，便不能适应这一游乐方式，也不能体现其园林艺术价值。设计师创作时，在必须设置这种大型厅堂的前提下，是着意进行了景象经营的。如分割了它的体形，从而减缩了它的尺度，使它尽可能地与山水景象相协调。通过对与水相联系的干栏形式以及鸳鸯、山茶（曼陀罗）等的动物、植物进行处理，使这一建筑与所在环境相融合。

5.节奏与韵律

在视觉艺术中，韵律是任何物体诸元素形成系统重复的一种属性，而这些元素之间，具有可以认识的关系。韵律虽然在音乐艺术和园林艺术中都可以出现，但是园林和音乐有明显的不同。园林所有的部分都能同时显现出来，不像音乐那样要按规定的顺序来表现，并且在音乐方面虽然有音色上的区别，但只有音这样一种素材构成韵律。而在园林设计上，是由曲线、面、形、色彩和质感等许多要素共同组成韵律。因此，园林的韵律是多种多样的，要比音乐的韵律复杂得多。

（1）连续韵律。一种组成部分连续使用和重复出现的有组织排列所产生的韵律感。如路旁的行道树，将一种树木等距离排列，便可形成连续韵律。

（2）交替韵律。运用各种造型因素做有规律的纵横交错、相互穿插等手法，形成丰富的韵律感。仍以行道树为例，上述的简单韵律（连续韵律）比较单调，如果有两种树木，尤其是一种乔木及一种花灌木（如悬铃木和海桐），将它们相间排列，便能构成交替韵律，这显然要活泼丰富得多。

（3）渐变韵律。某些造园要素在体量大小、高矮宽窄、色彩浓淡等方面做有规律的增减，以形成统一和谐的韵律感。如我国古式桥梁中的卢沟桥（建于1189—1192年），桥孔跨径、矢高就是按渐变韵律设计的。再如植物中的七叶树，其掌状复叶的7枚小叶就是由相同形状的重复和从小到大、又从大到小的渐变相结合而形成的。

当然，园林中的韵律感不仅仅可以归纳为这3种形式，山峦的起伏、道路的曲折、季节的更替、曲廊的回折、屋檐的重叠……乃至空间的组合、整体的布局，都有着十分复杂而又活泼多样的韵律，往往给人们带来一种鲜明、生动、富有活力的美感。

第三节　园林美的创造技巧

在了解了园林形式美的要素及其一般规律之后，我们再来分析园林美的创造技巧。园林形式美是通过造园的四要素形成的，园林通过这些要素，并通过特定的园路导向，连接山石、园水、植物、建筑，从而构建出一个完整和谐的园林作品。

一、选址布局

1.选址

地块是构园的先决条件，因此，计成在《园冶》一书中也将其置于首篇，足见其地位。尽管大部分地块均可筑园，但若是可能，成功的选址只需稍事梳理、略加点缀，便可风光如画、成一佳构，可谓事半功倍。

对于选址的总体要求，《园冶》中早有概括："园基不拘方向，地势自有高低；涉门成趣，得景随形，或傍山林，欲通河沼。探奇近郭，远来往之通衢；选胜落村，藉参差之深树。"山林、河沼、近郊远村，皆可构园，只需入门有趣、随地取景即可。

园地总有优劣之分。我国传统的自然山水园林十分强调自然的野致和变化，喜欢有山有水，在布局中几乎离不开山石、池沼、林木、花卉、鸟兽、虫鱼等来自山林、湖泊的自然景物。因此，自然式园林的选址，最好是山林、湖沼、平原三者均备。我国的皇家园林，如避暑山庄、颐和园等，借皇权之势，所选园址都是如此。一些出家僧人、名流隐士，又往往在人烟稀少的名山胜水选址，修筑的园林风光如画，尽享山林逸趣。

山林地势有屈有伸、有高有低、有隐有显，自然空间层次较多，只因势铺排便可使空间多有变化。傍山的建筑借地势起伏错落组景，并借山林的衬托，所成画面自多天然风采。因此，计成认为，"惟山林最胜，有高有凹，有曲有深，有峻而悬，有平而坦，自成天然之趣，不烦人事之工"。清乾隆帝在《再题避暑山庄三十六景诗序》中所提的"盖一丘一壑，向背稍殊，而半窗半轩，领略顿异，故有数楹之室，命名辄占数景者"，也正道出了在山林地造园的优点。同样，在湖沼地造园，临水建筑有波光倒影衬托，视野相对显得平远辽阔，画面层次亦会使人感到丰富很多，且具动态。"江干湖畔，深柳疏芦之际，略成小筑，足征大观也。"可见湖沼地亦是造园的理想场所。

我国造园在传统上历来喜爱山水，即使在没有自然山水的地方也多采取挖湖堆山的办法来改造环境，使园内具备山林、湖沼和平原3种不同的地形地貌。苏州拙政园、留园、怡园的水池假山，以及扬州瘦西湖小金山等，都是采取这种造园手法，以提高园址造景效果的。

园林建筑相地和组景意匠是分不开的。峰、峦、丘、壑、岭、崖、壁、嶂，山型各异；湖、池、溪、涧、瀑布、喷泉，水局繁多；松、竹、梅、兰，植物品种、形态更是千变万化。在造园组景的时候，需要结合环境条件，因地制宜考虑建筑、堆山、引水、植物配置等问题，既要注意尽量突出各种自然景物的特色，又要做到"宜亭斯亭""宜榭斯榭"，恰到好处。如属人工模拟天然的山型、水局，则务须做到神似逼真、提炼精辟，切忌粗制滥造、庸俗虚假。

园林建筑选址，在环境条件上既要注意大的方面，也要注意细微的因素，要珍视一切饶有趣味的自然景物，一树、一石、清泉溪涧，以至古迹传闻，对于造园都十分有用。或以借景、对景等手法把其纳入画面，或专门为之布置富有艺术性的环境供人观赏。对其他地理因素，如土壤、水质、风向、方位等也要详细了解，这些因素对绿化质量和建筑布局也有影响。向阳的地段，阳光阴影的作用有助于建筑立面的表现力；含碱量过大的土质不利于花木生长；在华北地区冬季西北寒风凛冽，建筑入口朝向忌取西北；等等。

对于城市地，《园冶》中认为"不可园也"，也就是不可以造园。当然，计成也没有全然否定，若一定要在城市建园，只要选择幽静而偏僻的地方，那么"邻虽近俗，门掩无哗"，园门一关，亦是可以闹中寻幽的。而且"城市便家"，这一点，为山林野地所不可及。若是

"宅傍与后有隙地可葺园"，则更是佳事，因为这不但便于暇时行乐，且可借以维护其优美的环境。我国现存的绝大部分江南古典园林，都是明清时期大户人家的后花园。

当然，当代社会主义时期园林建设的性质和目的与封建社会有着根本的不同，园林的人民性得到了强调。现代园林多建在城市，供广大劳动人民游憩，再加上城市用地相当紧张，所以，园址的选择大都只能服从于城市规划，园林设计师的任务只能是在给定的地域上因地制宜地进行园景结构的经营。但只要构思巧妙、布局合理，妙手同样可以作得锦绣文章。

2. 布局

清朝画家沈宗骞在《芥舟学画编》里有这样一段描述："凡作一图，若不先立主见，漫为填补，东添西凑，使一局物色，各不相顾，最是大病。先要将疏密虚实，大意早定，洒然落墨，彼此相生而相应，浓淡相间而相成，拆开则逐物有致，合拢则通体联络。自顶及踵，其烟岚云树，村落平原，曲折可通，总有一气贯注之势。密不嫌迫塞，疏不嫌空松，增之不得，减之不能，如天成如铸就，方合古人布局之法。"[①]文章论述的虽是绘画布局的重要性，亦可看作造园布局之理。当造园地域划定以后，首要的工作就是进行"谋篇布局""大意早定"，因地制宜，充分利用因山就水高低上下的特性，以直接的景物形象和间接的联想境界，互相影响，互相关联，组成多样性的主题内容。占地广大时，呈现园中有园、景中有景的多个景区，展开一区又一区、一景复一景，各具特色的意境；占地不大时，也自有层次，曲折有致地展开一幅幅山水画卷。

（1）布局原则。我国园林创作在布局上的基本原则，汪菊渊先生曾提炼为"相地合宜，构园得体，景以境出，取势为主；巧于因借，精在体宜；起结开合，多样统一"等几个方面。

所谓"相地合宜，构园得体"，最基本的也是要因地制宜，考虑到园地自然条件的特点，充分利用、结合并改善这些特点来创作景物，精心经营，巧妙安排，构园自然得体，有天然之趣和高度的艺术成就。例如，北京圆明园因水成景，借景西山，园内景物皆因水而筑，招西山入园，终成"万园之园"。无锡寄畅园为山麓园，景物皆面山而构，纳园外山景于园内。以上均为构园自然得体的佳例。

至于怎样在布局中创作景物，古人讲，"景以境出"，就是说，景物的丰富变化都要从"境"产生，这个"境"就是布局。"布局径先相势"，或者说布局要以"取势为主"，然后"随势生机，随机应变"。总之，景物的创作要从布局产生，布局必须相势取势，随着地面的起伏变化和形势的开展而布置相宜的景物，"高方欲就亭台，低凹可开池沼""宜亭斯亭，宜榭斯榭"（《园冶》）就是说的"得景随形"之理。

然而，园林的面积是有限的，园林的得景虽然主要来自本身的布局，但要扩增空间，丰富景物，"巧于因借"十分重要。因此，《园冶》中有"夫借景，林园之最要者也"之说。

---

① 沈宗骞:《芥舟学画编》，人民美术出版社1959年版，第51页。

而"借者：园虽别内外，得景则无拘远近"。就园内景物来说，不仅要因势取势、随形得景，还要从布局上考虑使它们能够互相借资，来扩增空间，达到景外有景的效果。具备这样一个布局，当我们从园林的某一个景物向外望时，周围的景物都成了近景、背景，反过来从别的景物处看过来，这里的景物又成了近景、背景，这样相互借资的布局，能够平添多样景象而又富于错综变化。不但园内景物可以互相借资，就是园外景物不拘远近，也可借资，从不同角度收入园内，也就是说在园内一定的地点、一定的角度就能眺望到，好似园内景物一般。但不论是因或借，也不论是内借或外借，其运用的关键全在一个"巧"字。任何因借，必须自然而然地呈现在作品里，要天衣无缝、融洽无间，才能称得上巧。能够巧于因，才能"宜亭斯亭，宜榭斯榭"；能够巧于借，才能"极目所至，俗则屏之，嘉则收之，不分町疃，尽为烟景，斯所谓'巧而得体'者也"（《园冶》）。特别是现代园林，常位于都市楼群之中，若要借景得体，则尤须慎加斟酌。

起伏开合、多样统一是园林布局的主要原则。布局不但要相势取势来创景，而且要巧于因借来积景，这些多样变化的景物，如果没有一定的格局就会凌乱庞杂，不成其体。因此，在对园林景物进行布局时既要使景物多样化，有曲折变化，同时又要使这些曲折变化有条理，使这些景物虽各具风趣，但又能相互联系起来，从这个意境，忽然又走向另一个意境，激发人们无尽的情意。具有这样一种布局是我国园林富有感染力的特色之一。

（2）布局手法。为了更具体、更集中地表现出园林意匠，自然牵涉园林布局的艺术手法，通过造园实践积累的布局手法是丰富而多样的。概括地讲有障景、隔景、借景和框景等手法。

①障景。障景是我国园林中起景部分常用的传统手法（当然亦可用于园林的其他部分），目的是使游者感到莫测深远，使园内景物引人入胜。起景部分的障景可以运用各种不同题材来完成。这种屏障如果是叠石垒土而成的小山，叫作山障，例如，颐和园仁寿殿后的土石山，苏州拙政园腰门后叠石构洞的石山。如果是运用植物题材，例如，一片竹林树丛，就可以叫作树障。也可以运用建筑题材，在宅园，往往要经过转折的廊院才能来到园中，这叫作曲障，例如，苏州的留园，进了园门顺着廊前进，经过两个小院来到"古木交柯"和"绿荫"，从漏窗北望隐约见山、池、楼、阁的片段。怡园也是经过曲廊才能来到隐约见园景的地点。或者像无锡的蠡园那样进洞门后有墙廊领引到园中，廊的一面敞开可见太湖水景，廊的内面是漏明墙，墙后又有树丛，使人们只能从漏窗中树隙间隐约见园中景物。

总之，障景的手法不一，并非定式，但其目的相同。采用障景手法时，不仅适用的题材要根据具体情况而定，或掇山或列树或曲廊，而且运用不同的题材所产生的效果和作用也是不同的，或曲或直，或虚或实，半隐半露，半透半闭，匠心独运。障景手法的运用，也不限于起景部分，还可用于面积有限，需要小中见大的设计中，总之园中处处都可灵活运用。

②隔景。要使景物有曲折变化，就得在布局上因势随形划分多个景区，规模宏大的园林可以有数十个景区，如圆明园、避暑山庄等，规模小的园林即使不能有明显划分也会有

层次地展开。园林中划分景区、增加层次，往往借助隔景的手法。中国园林所谓"园中之园"，主要运用隔景的手法将全园分为若干趣味不同的景象组群，甚至围成相对独立的小园。如苏州拙政园中的枇杷园，即是用云墙及绣绮亭、土山围成的封闭空间，面向主体景象——湖山，构成了一个相对独立的环境。

用于隔景的题材多种多样，可采用地势的起伏——土石或石山，隔断观赏视线，例如，苏州拙政园"梧竹幽居"与见山楼之间的湖中土山，耦园城曲草堂与"山水间"之间的石山；也可采取建筑处理，以堂榭、墙廊隔断，例如，苏州逸圃主体景象与西南角景象用粉墙阻隔，拙政园中部与西部之间用复廊隔断等，还有用树丛植篱、溪流河水等分隔的。总之运用的题材各异，但目的相同。隔景在造园布局中所起的效果和作用根据主题要求而定，或虚或实，或半虚半实，或虚中有实，或实中有虚。简言之，一水之隔是虚，也可以说是虚中有实。虚，是因为并不能越过；实，是说虽不可越，但可望及。一墙之隔是实，不可越，也不可见。疏朗的树林，隐隐约约是半虚半实；而漏明墙或有风窗的墙廊则亦虚亦实；步廊可说是实中有虚，因为视线可以透过。

运用隔景手法来划分景区时，不但能把不同意境的景物分隔开来，同时也使新的景物有了一个范围。由于有了范围限定物，一方面可以使游人注意力集中在范围景区内，另一方面也使游人来到不同主题的景区时感到别有洞天，而不会像没有分隔时那样有骤然转变和不协调的感觉。清代的沈宗骞在《芥舟学画编》里说："布局之际，务须变换；交接之处，务须明显。有变换无重复之弊，能明显无扭捏之弊。"[1]事实上，隔景也是掩藏新景物的手法，能够起障景作用。因此，所谓隔景，不过是就其所起作用和效果而说的，是便于对具体作品进行说明而存在的，实际上它们都是完成布局所要用到的手法。

③借景。在一定地域内（园内），即使能够熟练地运用各种手法来造景，使园景多样化，但总归有限，更重要的是能够"巧于因借"。"夫借景，林园之最要者也。"（《园冶》）可见，借景在园林规划设计中占有特殊的重要地位。借景是强化景象深度的一个重要原理，把既定范围内的园林创作，置于园址所在环境及天时基础之上，充分利用环境及天时的一切有利因素，以增进园林艺术效果，不费分文而可终年赏景。

借景的手法也有多种，如"远借，邻借，仰借，俯借，应时而借"（《园冶》）。远借主要是借园外远处的风光美景，如峰峦岗岭重叠的远景，田野村落平远的景象，天际地平线、湖光水影的烟景，只要是极目所至的远景，都可借资。但远借往往要有高处，才可望及，所谓"欲穷千里目，更上一层楼"。因此远借时，必有高楼崇台，或在山顶设亭榭。登高四望时，虽然外景尽入眼中，但景色有好有差，必须有所选择，把不美的摒弃，把美的收入视景中，这就需要巧妙的构图。或利用亭榭的方位，使眺望时自然而然地对着所要借资的景物，为此在布局时必须注意建筑物的朝向角度；或地位使然，只能注到某一朝向，如避暑山庄烟雨楼西北角的方亭；或利用亭榭周旁的竖面；或种植树丛来摒去不美的景物，使视线集中在所要借资的景物上。

---

① 沈宗骞:《芥舟学画编》，人民美术出版社1959年版，第52页。

高处既可远借，也可俯借。这里所谓高处，自是相对而言的，观渔濠上，或凭栏静赏湖光倒影，都是俯借。俯借和仰借只是视角不同。碧空千里，白云朵朵，日月星辰，飞鸟翔空都是仰借的美景，仰望峭壁千仞，俯视万丈深渊，这也是俯仰的深意。邻借和远借只是距离不同，一枝红杏出墙来固然可以邻借，疏枝花影落于粉墙上也是一种邻借，漏窗投影是就地的邻借，隔园楼阁半露墙头也是就近的邻借。至于应时而借，更是花样众多。一日之间，晨曦夕霞，晓星夜月；一年四季，春天风光明媚，夏日浓绿深荫，秋天碧空丽云，冬日雪景冰挂。这些四时景物都可借资不同季节的气候特点而表现。就观赏树木而言，也是随着季节而转换的，春天的繁花，夏日的浓荫，秋天的色叶，冬日的树姿，这些都可应时而借来表现不同的意境。

④框景。框景是把真实的自然风景，用类似画框的门、洞、窗，或由乔木树冠抱合而成的透空罅隙，圈定出景致的范围来，使游人产生三维变二维的错觉，把现实风景误认为是画在纸上的图画，因而把自然美升华为艺术美。由于外间景物不尽可观，或则平淡中有一二可取之景，甚至可以入画，于是就利用亭柱门窗框格，把不要的景遮住，而使主体集中，鲜明单纯，好似画幅一般。例如，颐和园的湖山真意亭，运用亭柱为框，把西望玉泉山及其塔的一幅天然图画收入框中，于是人们的注意力就集中在这幅天然图画上而不及其他。再如，扬州瘦西湖钓鱼台，亭临湖水，三面都有圆洞门，站在亭前透过圆洞眺望，五亭桥与白塔双景并收。五亭桥横卧波光，圆洞成正圆形；而白塔耸立云天，故圆洞呈椭圆形。以上不仅是我国造园技艺中运用借景的杰出范例，也是框景成功运用的典型。如果在庭院里、室内，从里向外眺望，只要构图合宜，二三株观赏树木或几块山石、数竿修竹……皆可入画。对平淡的景物有所取舍，美妙佳景即可突现眼前。

这种框景的构图手法若能灵活运用在园林布局中，便可起到移步换景的效果，丰富园林景观。这一事半功倍之举，早已为古人所体察。李渔在《闲情偶寄》中写道："坐于其中，则两岸之湖光山色、寺观浮屠、云烟竹树，以及往来之樵人牧竖、醉翁游女，连人带马尽入便面之中，作我天然图画。且又时时变幻，不为一定之形。非特舟行之际，摇一橹，变一像，撑一篙，换一景，即系缆时，风摇水动，亦刻刻异形。是一日之内，现出百千万幅佳山佳水……"[①]李渔的这段话，妙言取框借景，"时时变幻""刻刻异形"，且又"绝无多费"，也是一种少花钱、办好事的做法，在我国古今园林艺术中应用颇多。

二、掇山理水

山水是中国园林的主体和骨架，中国园林素以再现自然山水景致著称于世，而掇山理水则是中国园林造园技法之精华。

1.掇山

中国园林的掇山无论是在审美思想上，还是在具体创造手法上都以画论为指导，以具

---

① 李渔:《闲情偶寄（插图本）》，杜书瀛评注，中华书局 2007 年版，第 202 页。

有画境为审美准则。

《园冶》中"相地""立基""铺地""掇山""选石""借景"六篇是专门论述造园艺术的理论，也是全书的精华所在。特别是"相地""掇山""借景"更是该书精华中的精华。山石是中国园林中的重要内容，石块处处有，而园林之妙主要在于设计者胸中要有真山的意境，然后通过概括、创造，使假山的形象有逼真的感觉，也就是"有真为假，做假成真""多方景胜，咫尺山林，妙在得乎一人，雅从兼于半土"。

掇山之法首先要掌握石性，即形态、色泽、纹理、质地，而后作不同的用处。石性有坚、润、粗、嫩……形有漏、透、皱、顽……，体有大、小……色有黄、白、灰、青、黑、绿……依其性，或宜于治假山，或宜于点盆景，或宜于做峰石，或宜于掇山景；或插立可观，或铺地如锦，或植乔松奇卉下，或列园林广榭中。"立根铺以粗石，大块满盖桩头"，然后"渐以皱文而加"使造型"瘦漏生奇，玲珑安巧。峭壁贵于直立，悬崖使其后坚。岩、峦、洞、穴之莫穷，涧、壑、坡、矶之俨是"，"蹊径盘且长，峰峦秀而古"。

《园冶·掇山》列举的掇山之法可造出 17 种山景，如"园中掇山……而就厅前三峰，楼面一壁而已。是以散漫理之，可得佳境也"。计成认为园中掇山，一般只就厅前作成一个壁山，或者楼前掇上三峰而已，如能布置得疏落有致，必能创造出优美的境界。

假山是中国古典园林中独具特色之物，用数块自然之石，进行掇叠，能产生"片山多致，寸石生情"的艺术效果。这就需要对山的形与质有很高的认识水平和较强的概括能力，计成论掇山，要使主山"独立端严"，而次石"次相辅弼，势如排列，状若趋承"，观自然界的泰山、黄山，莫不如是。苏州环秀山庄的一组湖石假山，真正体现了人对自然的理解，其假山分为主峰、次峰和配峰三部分。三峰为一个整体，形成向西的动势，意为园外西山余脉，而其自身组合则主宾分明，次峰与配峰向主峰有趋承之势。同时引水入山，形成沟、谷、涧、壑等不同的山间自然景观。在各峰之间，高低错落以飞梁、石桥相通。还利用主次峰的体量，虚其腹，筑以石室、石屋。特别是巧妙地运用因近求高、峰回路转等手法，在山石面积不足 2 亩的地方，使游线拉长到 70 余米，正如《园冶·掇山》所说："岩、峦、洞、穴之莫穷，涧、壑、坡、矶之俨是……蹊径盘且长，峰峦秀而古。多方景胜，咫尺山林……"

掇山用石的质感，对山之形体影响很大，也能造成园林不同的意境。湖石以透、漏、瘦为特点，石面多孔、石色苍润，有春夏之意，多产于太湖，杭州灵隐也皆为此类岩石，故这两处就成为湖石假山的蓝本。环秀山庄的矶、崖、洞、罅等，顺其石理，做得十分自然。采光之洞为利用石上之天然孔穴，巧妙得体。而黄石多产于常熟、虞山，其质坚，线条挺括，石纹古拙，多秋意，与湖石大异，故其山形亦不同。虞山有以自然黄石而成的桃源涧、石屋涧和闻珠涧。燕园中的黄石山就是据黄石的自然成貌而叠，其洞口层层叠挑，自然而深远，采光为顶部开口，正合黄石自然崩塌而成的石理。这种顺自然之理而成的佳作，即使是尺方空间，也会产生群峦大壑之意境。

从施工角度来说，园林掇山是指用自然山石掇叠成假山的工艺过程。包括选石、采运、相石、立基、拉底、堆叠中层、结顶等工序。自古以来选石多注重奇峰孤赏，追求"透、漏、瘦、皱、丑"。中国古代采石多用潜水凿取、土中掘取、浮面挑选和寻取古石等方法，现在则多用掘取、浮面挑选、移旧等方法采石。相石，又称读石、品石，经过反复观察和考虑，构思成熟，胸有成竹，才能做到通盘运筹、因材使用。立基，就是奠立基础。拉底，又称起脚。堆叠中层，中层是指底层以上、顶层以下的大部分山体，这一部分是掇山工程的主体，掇山的造型手法与工程措施的巧妙结合主要表现在这一部分。结顶，又称收头，顶层是掇山效果的重点部位，收头峰势因地而异，故有北雄、中秀、南奇、西险之称。

2.理水

理水原指中国传统园林的水景处理，今泛指各类园林中的水景处理。在中国传统的自然山水园中，水和山同样重要，以各种不同的水型，配合山石、植物和园林建筑来组景，是中国造园的传统手法，也是园林工程的重要组成部分。水是流动的，形状不定，与山的稳重、固定恰成鲜明对比。水中的天光云影和周围景物的倒影，水中的碧波游鱼、荷花睡莲等，使园景生动活泼，所以有"山得水而活，水得山而媚"之说。园林中的水面还可以供人划船、游泳，或进行其他水上活动，并有调节气温、湿度、滋润土壤等功能，又可用来浇灌植物和防火。由于水无定形，它在园林中的形态是由山石、驳岸等来限定的，掇山与理水不可分，所以计成在《园冶》一书中把池山、洞、曲水、瀑布和金鱼缸等都列入"掇山"一章。理水也是排泄雨水，防止土壤冲刷，稳固山体和驳岸的重要手段。

古代园林理水之法，一般有 3 种：一是掩。以建筑和绿化将曲折的池岸加以掩映。临水建筑，除主要厅堂前的平台，为突出建筑的地位，不论亭、廊、阁、榭，皆前部架空挑出水上，水犹似自其下流出，用以打破岸边的视线局限；或临水布蒲苇岸，杂木迷离，造成池水无边的视角印象。二是隔。或筑堤横断于水面，或隔水净廊可渡，或架曲折的石板小桥，或涉水点以步石，正如计成在《园冶》中所说，"疏水若为无尽，断处通桥"。如此则可增加景深和空间层次，使水面有幽深之感。三是破。水面很小时，如曲溪绝涧、清泉小池，可用乱石为岸、怪石纵横、犬牙交错，并植配以细竹野藤、朱鱼翠藻，那么虽是一洼水池，也令人似有深邃山野风致的审美感觉。

自然之水，形式多样，有河、湖、溪、瀑等，总体可归纳为动、静两类，杭州之九溪十八涧为终年不绝之动水，路与水相绕，有几处跨水而过，溪中自然形成多处水中汀步和小型叠水等自然景观，和无锡寄畅园之八音涧一样，把"高高低低树、弯弯曲曲路、叮叮咚咚水"三者结合起来，尤其是在寄畅园八音涧，在水源处，处理成一个自然叠水小景，出源之水随山谷之曲折，经过明暗流方式，呈现溪、池等多种形式，最终汇入锦汇漪中，做到了叠石与理水的巧妙配合，同样在环秀山庄西北部的细流，也是自山石流下，进入池中，颇有山泉意。

水与石结合紧密，还表现在对水脚的处理上。王维的《山水论》有云："山腰云塞，石壁泉塞，楼台树塞，道路人塞；石看三面，路看两头，树看顶头，水看风脚，此是法也。"故水岸处理要达到自然意境，全在叠石上下功夫，驳岸最忌"排排坐""僧戴帽"，应当高下变化，前后错落。南京瞻园北部水池之石矶，伸入水面，处理得体，与水之结合自然，与富春江畔之鹳山天然石矶相比，难以辨其真假，所谓"做假成真"。江南水乡，水畔随处可见天然浣阶，很多园林在理水时做出浣阶，具有地方风格，使水与人有相亲之感。网师园北部的黄石驳岸，简洁，自然，亦为佳作。

自然风景中的江湖、溪涧、瀑布等具有不同的形式和特点，为中国传统园林理水艺术提供了创作源泉。传统园林的理水，是对自然山水特征的概括、提炼和再现。各类水的形态的表现，不在于绝对体量接近自然，而在于风景特征的艺术真实。对各类水的形态特征的刻画主要在于水体源流，水景的动、静，水面的聚、分，符合自然规律；在于对岸线、岛屿、矶滩等细节的处理和背景环境的衬托。运用这些手法来构成风景面貌，做到"小中见大""以少胜多"。这种理水的原则，对现代城市公园，仍然具有可供借鉴的艺术价值和节约用地的经济意义。

模拟自然的园林理水，常见类型有以下几种。

（1）泉瀑。泉为地下涌出的水，瀑是断崖跌落的水，园林理水常把水源做成这两种形式。水源或为天然泉水，或为园外引水，或为人工水源。泉源的处理，一般都做成石窦之类的景象，望之深邃黝黯，似有泉涌。瀑布有线状、帘状、分流、叠落等形式，主要在于处理好峭壁、水口和递落叠石。水源现在一般用自来水或用水泵抽汲池水、井水等。苏州园林中有导引屋檐雨水的，雨天才能观瀑。

（2）渊潭。小而深的水体，一般在泉水的积聚处和瀑布的承受处。岸边宜作叠石，光线宜幽暗，水位宜低下，石缝间配置斜出、下垂或攀缘的植物，上用大树封顶，造成深邃气氛。

（3）溪涧。泉瀑之水从山间流出的一种动态水景。溪涧宜多弯曲以增长流程，使其源远流长，绵延不尽。多用自然石岸，以砾石为底，溪水宜浅，可数游鱼，又可涉水。游览小径须时缘溪行，时踏汀步，两岸树木掩映，表现山水相依的景象，如杭州九溪十八涧。有时造成河床石骨暴露，流水激湍有声，如无锡寄畅园的八音涧。曲水也是溪涧的一种，今绍兴兰亭的"曲水流觞"就是用自然山石以理涧法做成的。有些园林中的"流杯亭"在亭子中的地面凿出弯曲成图案的石槽，让流水缓缓而过，这种做法已演变成为一种建筑小品。

（4）河流。河流水面如带，水流平缓，园林中常用狭长形的水池来表现，使景色富有变化。河流可长可短，可直可弯，有宽有窄，有收有放。河流多用土岸，配置适当的植物；也可造假山插入水中形成"峡谷"，显出山势峻峭。两旁可设临河的水榭等，局部用整形的条石驳岸和台阶。水上可划船，窄处架桥，从纵向看，能增加风景的幽深和层次感，如北京颐和园后湖、扬州瘦西湖等。

（5）池塘、湖泊。指成片汇聚的水面。池塘形式简单，平面较方整，没有岛屿和桥梁，岸线较平直而少叠石之类的修饰，水中植荷花、睡莲、藻等观赏植物，或放养观赏鱼类，再现林野荷塘、鱼池的景色。湖泊为大型开阔的静水面，但园林中的湖，一般比自然界的湖泊小得多，基本上只是一个自然式的水池，因其相对空间较大，常作为全园的构图中心。水面宜有聚有分，聚分得体。聚则水面辽阔，分则增加层次变化，并可组织不同的景区。小园的水面聚胜于分，如苏州网师园内池水集中，池岸廊榭都比较低矮，给人以开朗的印象；大园的水面虽可以作为主景，仍宜留出较大水面使之主次分明，并配合岸上或岛屿中的主峰、主要建筑物构成主景，如颐和园的昆明湖与万寿山佛香阁，北海的琼岛白塔。园林中的湖池，应凭借地势，就低凿水，掘池堆山，以减少土方工程量。岸线模仿自然曲折，做成港汊、水湾、半岛，湖中设岛屿，用桥梁、汀步连接，这也是划分空间的一种手法。岸线较长的，可多用土岸或散置矶石，小池亦可全用自然叠石驳岸。沿岸路面标高宜接近水面，使人有凌波之感。湖水常以溪涧、河流为源，其宣泄之路宜隐蔽，尽量做成狭湾，逐渐消失，产生不尽之意。

（6）其他。规整的理水中常见的有喷泉、几何型的水池、叠落的跌水槽等，多配合雕塑、花池，水中栽植睡莲，布置在现代园林的入口、广场和主要建筑物前。

三、建筑经营

在各类园林中，或多或少地都包含建筑。欧洲园林的传统流派，甚至整个以建筑的原则来经营园林。按照建筑的匠思将树木、花卉布置成几何图案，甚至将树冠修剪成几何形体，这就是所谓的几何式或建筑式。与此相反，某种自然式流派则又往往绝对排斥建筑因素，除不得已保留铺装的园路之类以外，连最低限度的必不可少的休憩建筑都用树木掩蔽起来，深恐其破坏了主要用植物手段所构成的自然景象。中国园林艺术则与之不同，它对于建筑的经营自有其独特的辩证手法，中国园林将人与自然的对立统一关系体现在园林艺术当中，因而构成建筑与自然景象的有机结合。

中国园林作为一种美的自然与美的生活的游憩境域，历来就十分重视对园林建筑的经营。因此它不仅要表现自然的美，而且还要表现人在自然中的生活和寄托，当然这也是体现园林艺术实用功能性的重要手段之一。园林建筑，就是自然环境中人的形象及其生活理想和力量的物化象征。在中国，不论是在范围很小的古典园林里，还是在大型园林或风景名胜区，都力求将建筑与自然融为一体。从功能上讲，它们都是园林艺术的一种组织手段，作为游人驻足观赏风景的出发点，同时也是被游人观赏的对象。因此，它们除了具有可供停留、坐立等实用价值外，还要兼备可供观赏的审美价值，完美的形象是园林建筑和风景建筑的共同要求。

在我国古典园林尤其是江南私家园林中，因多是宅园，出于生活起居的需要，庭园建筑在景物构成上占有较大的比重，常居于主导或支配地位。因此，《园冶》中有"凡园圃立基，定厅堂为主"的说法。就造园工程来说，亦是以建筑为先的。就建筑形式来说，《园冶》中记述的有门楼、堂、斋、室、房、馆、楼、台、阁、亭、榭、轩、卷、广、廊、架等类型。这些园林建筑，在古典园林中的经营位置，大都是"先乎取景"，"园林书屋，一室半室，按时景为精"，"野筑惟因"，"奇亭巧榭，构分红紫之丛；层阁重楼，回出云霄之上；隐现无穷之态，招摇不尽之春"。还有"宜亭斯亭，宜榭斯榭"等原则，依据地貌和形势的展开，因地制宜、因景制宜地安排园林建筑。我国古典园林尤其是私家园林中的庭园建筑，同山石、水池相比，体量相对较大，而且占据重要的位置，往往构成中心景点，还常用建筑来分割园林空间，起障景、对景、借景的作用，使有限的空间得到延伸，获得小中见大的效果，起到扩大空间的作用。但是在经营建筑时，若遇到多年树木有碍建筑时，则采用巧妙的设计，退让一步，以求两全其美。这是因为"雕栋飞楹构易，荫槐挺玉成难"。当然，我国古典的皇家园林范围广阔，建筑的比重不大。

在大型园林或风景区中，建筑的地位与私家园林截然不同。其中的风景建筑与大自然相比，在景物构成的比重上，无论是相对体量还是绝对体量，都是很小的，很难形成主要景观，常居于从属地位。为了观赏风景，自然山水中的风景建筑或大型园林中的园林建筑要为游人创造最好的观赏条件，将风景、胜景或园中佳景依次展现在游人面前，引导游人在大范围的自然山水中，用尽量少的时间和精力获得最佳的游览效果，起到浓缩景物的作用。所以在进行园林建筑的规划、设计时，要注意依乎山水之形，就乎山水之势，顺其自然地使其依附于山水之间，居于恰如其分的地位，不必像古典园林那样追求体量之庞大、装饰之富丽、材料之华贵，与自然山水去争高低。它只有"巧于因借""精在体宜"，有机地与自然景物相结合，才能起到锦上添花的作用，使风景区或大型园林的建筑与山水相得益彰。为了做到这一点，风景建筑常采用均衡的不对称构图，以求得几何形的建筑表象与天然的山水风景之间的和谐与统一，如桂林风景建筑的布局即采取了这一形式。当然，这并不是唯一的手法，在一定条件下，经过恰当的处理，对称的构图也能获得良好的效果，如承德避暑山庄的布局即是如此。

由于园林建筑有使人驻足赏景的功能，对于大多数园林建筑来说，它都应为游客提供良好的风景视野，并起到组织游览程序、剪裁园景和安排景面的作用。在园林中，经常在组织建筑空间时，将内部空间向外部的自然界伸展，同时也将外部自然物纳入室内空间，达到两者的互相渗透、互相交融。为此，园林建筑一般都不做四面封闭处理。将观赏植物、花草虫鱼引入室内，使建筑内部具有生命气息，即使顽石、流水、清风、天光，一旦纳入室内，也会使人感到大自然的脉动，令人心旷神怡。至于在建筑空间里穿插天井、庭院，在其中布置花、木、石、水等，也是常用的手法。有时为了达到某些效果，形成有如明与暗、开与闭、放与收、大与小、高与低等对比，在风景建造中也采取了一些遮挡、封闭、压抑、分隔、收拢等手法，给游览程序的过渡和景物有层次地展现准备条件。

在园林建筑的空间组合中，单凭建筑手段是不够的，要注意使植物、山石、岩洞等自然材料一起参加空间构图，打破建筑和园林之间的界限，综合加以考虑，才能达到完美的境地。

四、植物配置

翻开世界造园史，不难发现，园林是以花木发端的。随着历史的推演，造园的素材不断丰富和发展。园林的规模有大有小，素材有多有少，但都离不开树木花草。植物作为生态环境的主体，是风景资源的重要内容，取之用于园林创作，可以营造一个充满生机的、优美的绿色自然环境。繁花似锦的植物景观，是令人焕发精神的自然审美对象。造园可以无山，也可以无水，但不能没有植物。至于日本的枯山水庭园，它似乎是一个没有植物的园林特例，但枯山水往往只是园林中的局部，而整个园林环境中，则是不乏植物的。中国古典园林，特别是私家园林，虽然植物比重不大，但它仍然是构成园林景象必不可少的要素。甚至北京的颐和园和承德避暑山庄等皇家宫苑，建筑也只在一个角落里，更多的是自然山水和植物。欧洲造园，不论是花园或林园，顾名思义更是以植物为主要手段，可以说，植物与园林不可分割，离开了树木花草也就不称其为园林艺术了。

园林植物的配置包括两个方面：一方面是各种植物相互之间的配置，考虑植物种类的选择，树丛的组合，平面和立面的构图、色彩、季相以及园林意境；另一方面是园林植物与其他园林要素，如山石、水体、建筑、园路等相互之间的配置。

1.园林植物的配置要点

（1）植物种类的选择。植物具有生命，不同的园林植物具有不同的生态和形态特征。它们的干、叶、花、果的姿态、大小、形状、质地、色彩和物候期各不相同。它们在一年四季的景观也颇有差异。进行植物配置时，要因地制宜，因时制宜，使植物正常生长，充分发挥其观赏特性。选择园林植物要以乡土树种为主，以保证园林植物有正常的生长发育条件，并反映出各个地区的植物风格。

（2）植物配置的艺术手法。在园林空间中，无论是以植物为主景，还是植物与其他园林要素共同构成主景，在植物种类的选择、数量的确定、位置的安排和方式的采取上都应强调主体，做到主次分明，以表现园林空间景观的特色和风格。

（3）对比和衬托。利用植物不同的形态特征，运用高低、姿态、叶形叶色、花形花色的对比手法，表现一定的艺术构思，衬托出美的植物景观。在树丛组合时，要注意相互间的协调，不宜将形态姿色差异很大的树种组合在一起。

（4）园林植物空间。园林中以植物为主体，经过艺术布局，组成适应园林功能要求和优美植物景观的空间环境。植物空间边缘的植物配置宜疏密相间、曲折有致、高低错落、色调相宜。

（5）植物同园林其他要素紧密结合配置。无论山石、水体、园路和建筑物，都以植物来衬托，甚至以植物命名，如万松岭、樱桃沟、桃花溪、海棠坞、梅影坡等，加强了景点的植物气氛。以植物命名的建筑物，如藕香榭、玉兰堂、万菊亭、十八曼陀罗花馆等，建筑物是固定不变的，而植物是随季节、年代变化的，这就加强了园林景物中静与动的对比。

中国古代园林以景取胜，而景名中以植物命名者甚多。如万壑松风、梨花伴月、桐剪秋风、梧竹幽居、萝岗香雪等，极其普遍，充分反映出中国古代"以诗情画意写入园林"的特色。

在漫长的园林建设史中，形成了中国园林植物配置的程序，如栽梅绕屋、堤弯宜柳、槐荫当庭、移竹当窗、悬葛垂萝等，都反映出中国园林植物配置的特有风格。

2.古典园林和现代园林植物配置的差异

中国古典园林是一个源远流长、博大精深的园林体系，从园林设计到植物配置都包含着丰富的传统文化内涵。然而在现代的园林绿地中，植物配置却有着不同时代带来的独特风格和特征，比较古典园林和现代园林植物配置的不同特色对于探索未来园林的发展趋势有着一定的借鉴意义。

（1）植物景观的审美主体（服务群体）之转变，表现为从贵族性向大众性的转变。古代的造园家有两种，一为文人雅士，二为具有精湛技艺的工匠。由于历史的局限性和使用的私有性，这些古典园林或为私人所有，或为封建贵族所有，其审美主体与如今现代园林的服务群体是截然不同的。如今，私人占有园林的时代已经一去不复返，城市公园、开放性绿地开始进入城市居民的日常生活。因此，园林设计营造的植物景观不仅成为广大人民群众欣赏感知的对象，还为市民户外游憩和交往提供丰富的空间。

（2）植物材料选择之转变，表现为从单一性向多样性的转变。据调查，苏州各园林（拙政园、留园、网师园、狮子林、环秀山庄、沧浪亭等）中，重复栽植的植物有罗汉松、白玉兰、桂花等11种植物，重复率为100%；而重复率在50%以上的植物有70种左右。由此可见，在植物材料的选择上，古典园林的特点是种类少、局限性强。在拥有优越自然条件的江南私家园林中是如此，而在北方气候条件限制下的皇家园林亦是如此。我国拥有丰富的植物种质资源，仅高等植物就有3万多种，其中木本植物8 000多种，而古典园林中尤其是江南私家园林，其种类不超过200种，仅占2.5%。当然，这些封闭式的园林，历史上仅为满足少数有闲阶级的需要而建，这是一个主要原因。

相比之下，现代园林设计在植物选择上，由于在植物功能上的拓宽，生态、防护、生产功能的增加，对植物多样性提出了更高的要求。因此不再拘泥于少数具有观赏寓意、诗情画意的植物，开始注重植物配置的生物多样性原则和乡土性原则。

（3）植物配置形式之转变，表现为从规律性向多元化的转变。古典园林中的植物配置风格为自然式，常与园林风格保持一致。但是受当时历史条件的局限，那种"片山块石、似有野趣"或"咫尺山林"式的高度自然物的缩影，使其配置形式具有很强的局限性。虽能产生让人想象自然美景的作用，但并不能体现出大自然的"真正"存在，在这方面是很不符合现代人的审美意识需求的。古典园林中常用的植物配置形式有孤植、对植、丛植几种，还有一些规律性做法，如高山栽松、岸边植柳、山中挂藤、水上放莲、修竹千竿、双桐相映、槐荫当庭、移竹当窗、栽梅绕屋等。也能在古典园林的室内室外、厅前屋后、轩房廊侧、山脚池畔等处见到花台、盆景、盆栽等形式，点缀恰到好处。而如今盆景、盆栽已进入各家各户的庭院和阳台空间，花台的形式已经演变为现代的花坛、花境等形式。现代园林设计手法的更新和植物配置多功能的要求使植物配置形式正在走向多元化。植物材料选择的多样化发展为植物配置形式多元化提供了必要条件。在平面和立体空间层次营造上，乔木、灌木、草本植物的搭配，常绿与落叶植物的搭配以符合实际需求的科学比例配置。另外，垂直绿化、屋顶绿化和专类园、湿地、森林公园、防护林等绿地形式的开拓，赋予植物配置更多载体和功能。

（4）植物配置遵循原则之转变，表现为从艺术性向艺术性与科学性结合的转变。古典园林是文人雅士精神生活的一部分，因此利用不同植物特有的文化寓意丰富植物观赏内容、寄托园主思想情怀，这样的例子在古典园林中屡见不鲜。如荷花的"出淤泥而不染，濯清涟而不妖"，被认为是脱离庸俗而具有理想的象征；竹被认为是刚直不阿、有气节的君子等。植物配置与诗情画意结合，如苏州拙政园的"听雨轩""留听阁"借芭蕉、残荷在风吹雨打的条件下所产生的声响效果而给人以艺术感受（如图4-7）；承德离宫中的"万壑松风"景点，也是借风掠松林而发出的瑟瑟涛声而感染人的。古典园林植物造景非常强调艺术性原则，在很大程度上受到园主和造园家的文化背景和审美情趣的影响。对于现代的园林设计师来说，挖掘其艺术和文化内涵，结合时代特征，将其运用到现代设计中来具有很大的借鉴作用。

图4-7 听雨轩

时代的更替带来了新的问题。城市化快速发展带来的一系列生态环境问题，使人们不仅意识到植物具有基本的美化和观赏功能，还看到了它的环境资源价值，如改善小气候、保持水土、降低噪声、吸收及分解污染物等作用。植物配置形成的人工自然植物群落，在很大程度上能够改善城市生态环境，提高居民生活质量，并能为野生生物提供适宜的栖息场所。因此尊重自然植物群落的生长规律和保护生物多样性是如今植物配置设计的必然准则。在设计中要求设计师以人为本，结合环境心理学、环境行为学等多学科设计是一大趋势，如芳香保健植物园。现代园林中植物配置强调的是科学与艺术相结合的原则。

当今，现代人如若走进雅致小巧的古典园林，或许在感叹园内"别有洞天"的同时，会为古典园林的一点"小"和"远"感到遗憾。正如陈从周先生所说的：我国古典园林代表了那个时代的面貌、时代的精神、时代的文化，当时并不感到有何缺陷。今天对外开放，就不能满足各行各业人们的需要了。这是由于现代人审美情趣和生活要求发生转变的缘故。

第四节 园林意境及其创造

意境是中国古典美学的一个重要范畴。其发展大体上经历了哲学—文学—绘画—园林的过程。可以说意境这一美学概念贯穿唐朝以后的中国传统艺术发展的整个历史，渗透到几乎所有的艺术领域，成为中国美学中最具民族特色的艺术理论概念。一切艺术作品，包括园林艺术在内，都应当以有无意境或意境的深邃程度来确定其格调的高低，并以其作为衡量艺术作品层次高低的艺术标准。

一、园林意境的含义

园林是自然的一个空间境域，园林意境寄情于自然物体及其综合关系之中，情生于境而又超出由之所激发的境域事物之外，给感受者以余味或遐想。中国园林艺术是自然环境、建筑、诗、画、楹联、雕塑等多种艺术的综合。园林意境产生于园林境域的综合艺术效果，给予游赏者以情意方面的信息，当客观的自然境域与人的主观情意相统一、相激发时，才产生园林意境。由此唤起以往经历的记忆联想，产生物外情、景外意。

所谓园林意境，是指通过特定的园林要素的组织与安排，使游赏者触景生情、情景交融，对园林产生情感依赖与兴寄的园林审美境界。园林艺术是自然环境、建筑、植物、雕塑、小品以及书画等多种艺术的综合。园林意境是园林各要素综合作用的结果，给予游赏者以情感的触动，唤起游赏者对以往经历的记忆，并展开相关内容的联想与想象，从而给景物加上特定的情意。因此，园林并不能随时随地都具备意境，这与景物的自然状态以及游人的心理状态密切相关。尽管意境并不容易获得，但园林设计师们却孜孜以求，因为一旦为园林增添了意境，园林便会变得多情和耐人寻味，成为人们长久关注的对象。

园林意境这个概念的思想渊源可以追溯到东晋至唐宋年间。当时的文艺思潮是崇尚自然，出现了山水诗、山水画和山水游记。园林创作也发生了转折，从以建筑为主体转向以自然山水为主体；以夸富尚奇转向以文化素养的自然流露为设计园林的指导思想，因而产生了园林意境概念。两晋南北朝时期的陶渊明、王羲之、谢灵运、孔稚圭，唐宋时期的王维、柳宗元、白居易、欧阳修等人，既是文学家、艺术家，又是园林创作者或风景开发者。

中国人与西方人同爱无尽空间，但此中有很大的精神意境上的不同。西方人站在固定的地点，由固定角度透视深空，他的视线失落于无穷，驰于无极。他对这无尽空间的态度是追寻的、控制的、冒险的、探索的……中国人对于这无尽空间的态度却是："高山仰止，景行行止，虽不能至，而心向往之。"中国古典园林中的空间景象结构凭借一虚一实、一明一暗的流动节奏表达出来。

在处理时空的问题上，中国园林与诗画有相通之处。由于园景和诗境、画境一样，在美学上共同追求"境生于象外"的艺术境界，因而这三者都具有以有限空间描写无限空间的艺术创作原理。中国园林艺术，尤其是江南私家园林艺术是在有限的空间中，以现实自然界的砂、石、水、土、植物、动物等为材料，创造出使人产生无穷幻觉的自然风景的艺术景象。它在"城市山林，壶中天地，人世之外别开幻境"中"仰观宇宙之大，俯察品类之盛"，使人们在有限的园林中领略无限的空间，从而窥见整个宇宙、历史和人生的奥秘。它充分发挥了中国空间概念中关于对立面之间的对称性、变易性和无限性，并通过有与无、实与虚、形与神、屏与借、对与隔、动与静、大与小、高与低、直与曲等园林空间的组织，创造出无限的艺术意境。使"修竹数竿，石笋数尺"而"风中雨中有声，日中月中有影，诗中酒中有情，闲中闷中有伴"。从观赏落霞孤鹜、秋水长天而进入"天高地迥，觉宇宙之无穷；兴尽悲来，识盈虚之有数"的幻境；从"衔远山，吞长江，浩浩汤汤，横无际涯"的意境升华为"先天下之忧而忧，后天下之乐而乐"的崇高人生观。这就是中国传统艺术所追求的最高境界。从有限到无限，再由无限而归之于有限，达到自我的感情、思绪、意趣的抒发。中国园林这种处理时空的方式与西方园林很不一样。西方园林也追求无限的空间，但那是靠巨大的空间，用透视法来获取这样的效果的。综上所述，所谓园林意境就是造园家所创造的园林景观（实境）与欣赏者在特定的环境下所触发的联想与想象（虚境）的总和。

二、园林意境的创造

1. 诗与园林意境

清代钱泳在《履园丛话》中说："造园如作诗文，必使曲折有法，前后呼应，最忌堆砌，最忌错杂，方称佳构。"[①]一语道破造园与作诗文无异，从诗文中可司造园法，而园林又能兴游以成诗文。因此，陈从周先生认为研究中国园林，应先从中国诗文入手，道出了园林与诗文的关系。

诗文在园林艺术中的作用，首先表现在它直接参与园林景象的构成。中国园林内的匾额、碑刻和对联，并不是一种无足轻重的装饰，而同花林竹石一样，是组成园景的重要因素。它们能营造古朴、典雅的气氛，并起着烘托园景主题的作用。如果没有诗文，一切题额就根本无法依存，更谈不上对园林景象有画龙点睛之妙了。

从这一点上说，中国古典园林均是"标题园"。园林的命名，即园林艺术作品的标题，或记事，或写景，或言志，或抒情。如"留园""烟雨楼""拙政园"等，突出了园林的主题思想及主旨情趣。诗文不仅用于突出全园主题，也常被用作园内景点的点题和情景的抒发。如"长留天地间"（苏州留园）、"可自怡斋"（苏州怡园）、"志清意远""与谁同坐轩"（苏州拙政园）、"长堤春柳"（扬州瘦西湖）、"法净晚钟"（扬州大明寺）等，不胜枚举。题咏亦

---

① 王明贤，戴志中：《中国建筑美学文存》，天津科学技术出版社1997年版，第191页。

是如此，不过更多的是寓情于景，情景交融。这些借自然景象来抒怀的诗，主要以对联的形式结合在建筑上。如扬州瘦西湖"长堤春柳"亭的楹联是"佳气溢芳甸，宿云澹野川"；"月观"的对联是"月来满地水，云起一天山"；"钓鱼台"的对联是"浩歌向兰渚，把钓待秋风"；"平山堂"的对联则是"过江诸山到此堂下，太守之宴与众宾欢"；等等。园林中的这些楹联，或寓哲理发人深思，或抒情怀令人神怡，或切主题启人心智，成为园林艺术不可或缺的组成部分，也是中国园林艺术的精华所在。人们欣赏园林名胜的同时，也为这些楹联所吸引。

诗文在园林艺术中的作用，还在于促使景象升华到精神的高度，即对园林意境的开拓。园中景象，只缘有了诗文题名、题咏的启示，才能引导游者联想，使情思油然而生，产生"象外之象""景外之景""弦外之音"。远香堂既是中园的主体建筑，又是拙政园的主建筑，园林中各种各样的景观都是围绕这个建筑而展开的。远香堂是一座四面厅，建于原若墅堂的旧址上，为清朝乾隆时所建，青石屋基是当时的原物。它面水而筑，面阔三间，结构精巧，周围都是落地玻璃窗，可以从里面看到周围景色，堂里面的陈设非常精雅，堂的正中间有一块匾额，上面写着"远香堂"三个字，是明代文徵明所写。堂的南面有小池和假山，还有一片竹林。堂的北面是宽阔的平台，平台连接着荷花池。每逢夏天来临的时候，池塘里荷花盛开，当微风吹拂，就有阵阵清香飘来。远香堂的北面也是拙政园的主景所在，池中有东西两座假山，西山上有雪香云蔚亭，亭子正对远香堂的两根柱子上挂有文徵明手书"蝉噪林愈静，鸟鸣山更幽"的对联，亭的中央是元代倪云林所书"山花野鸟之间"的题额。东山上有待霜亭。两座山之间以溪桥相连接。山上到处都是花草树木，岸边则有众多的灌木，使这里到处是一片生机。远香堂的东面，有一座小山，小山上有绿绮亭，这里还有"枇杷园""玲珑馆""嘉实亭""听雨轩""梧竹幽居"等众多景点。

2.画与园林意境

在中国艺术论上，历来就有"诗画同源"之说，中国园林追求诗的意蕴，不可能不讲求画的境界。

中国绘画有边款、题记，画面上不但注明标题、作者和创作时间，而且常常写上创作此画的旨趣、感想或缘由之类，并加盖印章。不但在画面形式上形成了一个统一构图的整体，而且在内容上也是和绘画融为一体的。其形式服从画的需要，其内容即是绘画的内容，两者紧密协作，共同构成了"诗情画意"。

中国画在魏晋时即进入了"畅神"的审美阶段，出现了山水画，其宗旨是师法自然而不模仿自然，重在写意。山水画上的景物不同于真山实水，它已是通过画家审美眼光观察所及的产物，寄寓了画家的思想感情。往往以有限的笔墨写无限意境，给人联想，使人回味。绘画乃造园之母。许多古典园林，都是直接由画家设计和参与建造的，如扬州以前的片石山房和万石园，相传为画家石涛所堆叠。明代画家文徵明是苏州拙政园主人王献臣的密友和座上宾。中国明代最著名的造园家和造园理论家计成、文震亨，也都是画家。在这种情形下，造园之理自然颇通绘画之理，其运动的、无灭点的透视，无限的、流动的空间，决定了中国古典造园方式是以有限空间、有限景物创造无限意境，即所谓"小中见大""咫尺山林"。

3. 空间组织与园林意境

运用延伸空间和虚复空间的特殊手法，组织空间，扩大空间，强化园林景深，丰富美的感受。所谓延伸空间的手法，即通常所说的借景。计成在《园冶》中就提出了借景的概念："借者：园虽别内外，得景则无拘远近，晴峦耸秀，绀宇凌空；极目所至，俗则屏之，嘉则收之，不分町畽，尽为烟景，斯所谓'巧而得体'者也。"说明了借景的原则，即"俗则屏之，嘉则收之"。可见，借景并非无所选择、无目的的盲目延伸。延伸空间的范围极广，上可延天，下可伸水，远可伸外，近可相互延伸，内可伸外，外可借内，左右延伸，巧于因借。由于它可以有效地增加空间层次和空间深度，取得扩大空间的视觉效果，形成空间的虚实、疏密和明暗的变化对比，疏通内外空间，丰富空间内容和意境，增强空间气氛和情趣，因而在中国古典园林中广为应用。无锡的寄畅园，即借景园外、延伸空间的范例。

虚复空间并非客观存在的真实空间，它是多种物体构成的园林空间由于光的照射通过水面、镜面或白色墙面的反射而形成的虚假重复的空间，即所谓"倒景、照景、阴景"。它可以增加空间的深度和广度，扩大园林空间的视觉效果；丰富园林空间的变化，创造园林静态空间的动势；增强园林空间的光影变化，尤其水面虚复空间形成的虚假倒空间，它与园林空间组成一正一倒，正倒相连，一虚一实，虚实相映的奇妙空间构图。水面中虚的水中天地，随日月的起落，风云的变化，池水的波荡，枝叶的飘摇，游人的往返而变幻无穷，景象万千，光影迷离，妙趣横生。像"闭门推出窗前月，投石冲破水底天"这样的绝句，描绘了由水面虚复空间而创造的无限意境。

4. 写意手法与园林意境

造园艺术常用的写意、比拟和联想手法，使意境更为深邃。文人园林所追求的美，首先是一种意境美。它包含着文人这个阶层的道德美、理想美和情感美，一种与天地相亲和，充满了深沉的宇宙感、历史感和人生感的富有哲理性的生活美。中国古典园林中的"写意"艺术处理手法主要表现在园林中实景的"写意"处理和园林中诗化的艺术处理。所以园林中的山水树木，大多重在它们的象征意义。

其次才是花木竹石本身的实感形象，或者说是它们形式的美。扬州个园"四季假山"的叠筑是最好的实例。造园者用湖石、黄石、墨石、雪石别类叠砌，借助石料的色泽、叠砌的形体、配置的竹木，以及光影效果，使寻踏者联想到春夏秋冬四季之景，产生游园一周，如度一年之感。在墨石山前种有多竿修竹，竹间巧置石笋，栽松掘池，并设洞屋、曲桥、涧谷，以比拟"春山""夏山"。黄石山则高达9m，上有古柏，以苍翠褐黄的色彩对比象征"秋山"。低矮的雪石则散乱地置于高墙的北面，终日在阴影之下，如一群负雪的睡狮，以比拟"冬山"。当然，这种借比拟而产生的联想，只有借助文学语言、文学作品创造的画面和意境，才能产生强烈的美感作用，才能因妙趣横生而提高园林艺术的感染力。因此，稍有文学修养的人，看到"春山"的墨色，就会想到"春来江水绿如蓝"或"染就江南春水色"一类的诗句；见到荷池竹林边的"夏山"，则会联想到"映日荷花别样红"或"竿竿青欲滴，个个绿生凉"的诗意；看到红褐色的"秋山"，就会想到"霜叶红于二月花"的佳句；而转身突见"冬山图"，则会产生"千树万树梨花开"之感。个园内的四季假山构图相传为国画大师石涛手笔，通过巧妙的组合，表达了"春山澹冶而如笑，夏山苍翠而如滴，秋山明净而如妆，冬山惨淡而如睡"的诗情画意。

此外，我国古典园林特别重视寓情于景，情景交融，寓意于物，以物比德。人们把作为审美对象的自然景物看作品德美、精神美和人格美的一种象征。例如，我国历代文人赋予各种植物以性格和情感，构成植物的固定品格。游客在欣赏植物时，能够联想到特定的植物种类所象征的不同情感内容，可以丰富园林艺术的表现形式，拓宽园林意境。

三、园林意境的创造手法

园林艺术是所有艺术中最复杂的艺术，处理得不好则杂乱无章，无意境可言，总是按古人的诗画造景也缺少新意。清代画家郑板桥有两句脍炙人口的诗："删繁就简三秋树，标新立异二月花。"这一简、一新对于我们处理园林构图的整体美和创造新的意境有所启迪。

1.简

园林景物要求高度概括及抽象，以精练的形象表达其艺术魅力。因为越是简练和概括，给予人的可思空间越广，表达的弹性就越大，艺术的魅力就越强，即寓复杂于简单，寓烦琐于简洁，就会显露出超凡脱俗的风韵。

简就是大胆地剪裁。中国画、中国戏曲都讲究空白，"计白当黑"，使画面主要部分更为突出。客观事物对艺术来讲只能是素材，按艺术要求可以随意剪裁。齐白石画虾，一笔水纹都不画，却有极真实的水感，虾在水中游动，栩栩如生。白居易的《琵琶行》中有一句诗"此时无声胜有声"。空白、无声都是含蓄的表现手法，即留给欣赏者以想象的余地。艺术应是炉火纯青的，画画要达到增不得一笔也减不得一笔，演戏的动作也要做到举手投足皆有意。要做到这一点，就要精于取舍。园林景物也是如此。

2.夸张

艺术强调典型性，典型的目的在于表现，为了突出典型就必须夸张，才能使观众在感情上得到最大满足。夸张是以真实为基础的，只有真实的夸张才有感人的魅力。艺术要求抓住对象的本质特征，充分表现。

3.构图

我国园林有一套独特的布局及空间构图方法，根据自然本质要求"经营位置"。为了布局妥帖，有艺术表现力和感染力，就要灵活掌握园林艺术的各种表现技巧。不要把自己作为表现对象的奴隶，使自己完全成为一个自然主义者，只知造所见和所知的，而是要造由所见和所知转化的所想，即将所见、所知的景物经过大脑思考变为更美、更好、更动人的景物，在有限的空间产生无限之感。艺术的尺度和生活的尺度并不一样，一个舞台要表现人生未免太小，但只要把生活内容加以剪裁，重新组织，小小的舞台也能展现丰富的人生。所谓"纸短情长""言简意赅"，园林艺术也是这样，以最简练的手法，组织好空间和空间的景观特征，通过景观特征的魅力，创造出动人心弦的空间，这便是意境空间。

有了意境还要有意匠，为了传达思想感情，就要有相应的表现方法和技巧，这种表现方法和技巧统称为意匠。有了意境没有意匠，意境无从表达。所以一定要苦心经营意匠，才能找到打动人心的艺术语言，才能充分地以自己的思想感情感染别人。所以中国园林特别强调意境的产生，以达到情景交融的理想境地。

第五章

园林审美

随着国民经济的发展，人们对园林美的需求和欣赏能力不断提高。要求游者在没有对园林美的审美能力的情况下观赏园林是勉为其难的。尤其对初游者来说，他们只能在不断积累对园林美的认知过程中，提高审美能力。园林美的实现将园林与游者联系在一起，是游者享受、评价园林美的重要途径，同时也是其体验园林社会效果的重要手段。

第一节 园林审美概述

一、园林审美的基本概念

园林审美是指人们对园林景物的审美感受和审美评价。

1.审美感受

审美感受是指审美主体对事物审美特性的直感、体验、判断、理解所形成的灵魂震动。审美感受包括对美、丑、优美、崇高、悲剧性、戏剧性、幽默、怪诞等的审美感知与接受。它与美感不同，美感是指对美的事物的感受、体验、评价等，而审美感受除感受美外，还对丑、崇高等进行审美的感受、体验和评价。

2.审美评价

审美评价是审美主体对客体审美价值的评估，是人对事物审美态度的反映与体现。

审美评价具有鲜明的主观性、自主性，体现了主观的目的、爱憎、习惯，受人的审美观点、意志、情趣以及知识积累、文化艺术素养、想象力、判断力等的制约，不同的人会对同一事物做出不同的审美评价。审美评价又有一定的客观性，受到客观条件和特定对象的制约，是由特定对象的刺激所引起的主观评判活动，主体判断是否符合对象的审美特质，是审美评价的客观标准，审美评价还受到一定社会文化传统和社会风尚的制约，是一定时期社会生活和人的实践活动的结果，总是带着时代的、民族的、阶级的烙印。

审美评价包括对事物形式美和内容美的评估、态度。审美评价在审美直觉、感受、体验、认识、情感的基础上展开。人在进行审美评价时，虽不带有实用的功利目的，但所表现的审美态度、情趣，已客观地包含了对事物社会功利内容的评价；而对社会、艺术中具有深刻、丰富社会内容的对象进行审美评价时，则经历了理性的判断，并渗透了一定的政治、伦理内容，表现为鲜明的爱憎态度。审美评价制约着人对事物的审美态度和审美意志行为。

园林审美是在园林观赏主体与客体相互作用中进行的，因此，观赏主体的视觉器官、对视觉规律的把握和人与景点的相互位置关系、观赏方法都对它起着重要作用。此外，审美主体的审美能力、观赏客体——园林艺术作品的审美质量等，也对此种审美活动的结果有着重要影响。

二、园林审美的主体

审美主体是指处在审美活动中的人，审美主体既是审美活动的发起者，又是审美结果的接受者。显然，主体在审美活动中占有主导地位，起主导作用。但需要注意的是审美活动是一种精神活动，具有明显的感性（与理性相对应）、情感性和自由性等特征，因此，了解审美主体的这些特性，无论是对艺术创作，还是对艺术欣赏、艺术批评都十分重要。

园林审美的主体包括园林艺术创作者（设计者、建造者）、园林艺术欣赏者（游客）、园林艺术批评者（园林评论家）3 种类型。上述各类人员尽管都是园林审美的主体，但在园林审美活动中扮演着各自不同的角色，其审美视角、目的和方法不尽相同，园林审美能力也存在一定的差距，因而获得的园林审美经验也必然有很大的差异。设计建造者——园林美的创造者，不仅自己获得审美愉悦，更重要的是为他人带来审美愉悦。这样的园林审美活动具有极强的主观必然性，是一种自觉行为，因此，设计建造者属于自觉审美主体。园林艺术欣赏者，主要目的在于获得审美愉悦的心理感受，其针对园林的审美活动有很大的偶然性，属于随意审美主体。园林艺术批评者（园林评论家）的最终目标是促进园林艺术的健康发展，其方法是对园林作品进行理性分析、科学评价，属于理性审美主体。

1. 园林艺术创作者

园林艺术创作与其他艺术创作一样，都是从特定的审美感受、体验出发，运用形象思维，按照美的规律对生活素材进行选择、加工、概括、提炼，构思出主观与客观交融的审美意象，然后再使用物质材料将审美意象表现出来，最终构成内容美与形式美相统一的艺术作品。

多数艺术类型的创作活动都是艺术家的个人行为，而园林艺术的综合性特点，决定了其创作活动很难由单个艺术家独立完成。与建筑艺术相似，园林的创作需要设计者和建造者两种性质的艺术家及众多的参与者共同完成。从园林发展的历史来看，园林设计者和建造者两者的分工是逐渐明确、不断细化的。对此，计成在《园冶》中论述道："世之兴造，专主鸠匠，独不闻三分匠、七分主人之谚乎？非主人也，能主之人也。"计成所谓的"能主之人"就是园林的设计者，其在造园过程中起决定性作用。

（1）园林设计者。园林设计者在中国古代被称为造园家。古今中外，但凡成功的造园家多为饱读诗书、能书善画的知识分子。中国古代载入史册的专业园林设计师寥寥无几，即便是有作品流传至今的世界闻名的造园家，如计成、文徵明、文震亨、张南垣、戈裕良等，关于他们的生平事迹，尤其是艺术活动的史料记载也很少，但是可以通过他们的园林作品和造园著作充分领略他们的造园才能和艺术成就。除为数不多的造园家从事园林设计与建造外，园林的拥有者，尤其是文人园林的拥有者，如苏舜钦（沧浪亭）、王世贞（弇山园）、王献臣（拙政园）等，大多亲自参与园林的设计与建造。正是有了这些文人墨客的参与，中国文人园林才能在明清时期达到艺术巅峰。

园林艺术的综合性特点，要求园林设计者具备相当高的综合能力。第一，需要较高的艺术修养，由于园林艺术包含了建筑、绘画、文学、雕塑、装饰等多种艺术门类，因此，设计者必须具备几乎所有艺术门类的必要知识和修养。第二，要有丰富的自然科学知识，尤其是天文、地理、环境、气象等学科的知识。第三，要具有高超的工程技术，园林所包含的非审美的实用功能，要求设计者在遵循艺术创作规律的同时必须严格遵守相关工程技术的科学规律和技术规范。

（2）园林建造者。园林建造者在园林的营造、培育和维护中起着十分重要的作用，设计者设计意图的实现，园林审美理想的表达，在很大程度上倚仗技艺高超的园林工匠。在很多情况下，设计者参与建造，建造者同样也参与设计，尤其在一些细节的处理上，施工人员的意见往往更为合理可行。

园林建造者，在古代被称为工匠。《周礼·考工记》中有"匠人建国……匠人营国……匠人为沟洫……"的记载，清代学者孙诒让的解释是"匠人盖木工而兼识版筑营造之法，故建国、营国、沟洫诸事，皆掌之也"。可见先秦时期所为"匠人"的工作包括测量、设计、施工。随着社会的进步，分工越来越细，到了明代计成提出了"主人"的概念，设计与施工开始逐渐分离，但当时的专业设计者同时又都是施工的高手。可见中国古代造园家全面参与园林设计、施工工作。

中国古典园林建造设计的工匠种类繁多，包括泥瓦匠、木匠、石匠、漆匠、竹匠、花匠、画匠、山师(叠石工匠)等。尽管他们中的绝大多数人的社会地位在当时并不是很高，历史记载也很少，但是民间对各类能工巧匠的评价却很高，如参与故宫设计与建造的香山帮工匠的代表蒯祥，叠石大师戈裕良、张南垣等，在我国造园史、建筑史中有着崇高的地位。

2.园林艺术欣赏者

园林艺术欣赏者是园林审美主体中最为重要、最为庞大的群体。尽管每个人都可以欣赏园林，都愿意欣赏园林，都能在园林中获得愉悦，但是由于审美感知的选择性以及审美能力、审美理想的差异，每个人的审美经验也不尽相同。

在人类社会漫长的发展过程中，人与自然的关系经历了从早期人类对自然的敬畏和恐惧到拥有征服自然的欲望，再到对自然的审美观照、希望与自然和谐相处几个阶段。中国古典园林艺术的诞生标志着人与自然的关系由生存需求到审美需求的转变。

自然山水的自觉审美一般认为始于魏晋时期，以谢灵运、陶渊明为代表的士大夫，他们将自然山水、田园风光作为讴歌的对象，创作出了一批对自然美充满激情的田园山水诗，引领人们用审美的眼光看待自然，以天人合一的理念与自然和谐共处。为中国园林艺术，尤其是艺术成就最高的文人园林的艺术风格定下了基调。

东方人的世界观、审美观就是在这样的文化熏陶中逐渐形成的。他们的园林审美理想就是"风生林樾，境入羲皇"般的纯粹自然，以至无我境界。

西方文明源自古希腊、古罗马文化，崇尚科学、理性，对待自然的态度是征服、主宰一切。因此，西方园林首先表现的是人对自然的抽象——几何结构，其次是人类控制和改造自然的能力，试图消除一切自然野性的痕迹，使园林空间成为符合西方审美理想的"第三自然"。

尽管东西方文化存在的巨大差异，导致园林审美理想、表现方法、风格特征迥异，但对于普通的园林艺术欣赏者而言，走入不同风格的园林，都能从中感知园林环境视听之美，品味不同园林文化和园林艺术的无穷魅力，感悟人与自然的关系。

园林景色气象万千，游览者若能如孟郊所言："天地入胸臆，呼嗟生风雷。文章得其微，物象由我裁……"便能充分领略园林美景，成为真正意义上的园林艺术审美主体。

3.园林艺术批评者

艺术批评是指艺术批评家在艺术欣赏的基础上，运用一定的理论观点和批评标准，对艺术现象所作的科学分析和评价。

艺术批评的作用在于：通过对艺术作品的评价，引导欣赏者正确地鉴赏艺术作品，提高鉴赏者的鉴赏能力；形成对艺术创作的反馈，帮助艺术家总结创作经验，提高创作水平；促进各种艺术思想、创作主张、艺术流派、艺术风格相互交流，丰富和发展艺术理论，推动艺术的繁荣发展。

艺术批评家不同于艺术欣赏者，欣赏者和批评家虽然都遵循认识的一般规律，但是他们对艺术作品的介入程度和认识广度不同。对于具体的艺术作品而言，欣赏者的审美意识是随意的（偶然的），对待审美对象的态度是以审美直觉为主的，而批评家对于具体艺术作品的审美意识是理性的，因此他们善于运用审美判断。欣赏者任凭审美感知的选择性发挥作用，并不介意对艺术作品形成主观偏爱。批评者为遵循公正原则，必须努力克服审美感知的选择性，以理性、科学的态度对待所有的艺术作品。批评者同时也是欣赏者，必须拥有准确把握不同角色的审美态度，以欣赏代替批评难以令人信服，以批评代替欣赏必然失去许多乐趣。

批评者与创作者既有区别又有联系。成功的艺术批评者必然十分了解创作规律和方法、艺术表现手法以及创作者的创作风格和特点，甚至对创作者的个人经历、思想倾向等均有一定程度的了解，唯有如此才能对艺术作品做出准确而又深刻的评价。因此，批评者往往同时也从事艺术创作活动，有些甚至还是优秀的艺术创作者。然而，艺术批评毕竟与艺术创作有着本质的区别，并非所有的艺术家都是好的批评家，反之亦然。

园林批评应当与其他艺术领域的批评一样，遵循艺术规律，运用科学的批评方法。值得注意的是，园林艺术包含了较多的非艺术（科学和技术）的元素，因此，园林批评不能与对园林实用功能的科学评价混为一谈。园林的科学评价是指通过实验手段，以工程学、生态学、环境科学、生理学等科学领域的标准对园林的实用功能（而非审美功能）进行评估。园林批评与园林的科学评价是有本质区别的，它们在园林艺术中扮演着不同的角色，分别从科学和艺术两个方面推动着园林艺术不断向前发展。从园林发展的历史来看，园林的科学评价一直受到重视，研究队伍、手段、方法也较为完善；而园林批评的发展与其他艺术门类不可同日而语，亟待有识之士为此努力。

当代园林批评者的主要任务：一是建立符合当代审美理想、审美公德，以及园林艺术创作规律，能真正促进园林艺术健康发展的园林艺术评论方法（标准）；二是创造良好的评论环境，使欣赏者、设计建造者和批评者实现良性互动；三是以传承、弘扬优秀园林文化为己任，宣传、普及园林艺术。为改善环境、实现生态文明和人类可持续发展做出应有的贡献。

三、园林审美能力

园林审美能力主要由审美感知、审美想象和审美理解 3 种能力组成。无论是园林设计建造者、园林游览者还是园林批评者，都必须具备对园林艺术观、品、悟的能力，才能充分领略园林艺术的审美乐趣。当然，审美情感在园林审美活动中所起的作用是至关重要的，尤其是对园林的设计建造者和批评者而言。如果对园林艺术没有足够的情感投入，很难想象他们能够成为一个优秀的园林艺术创造者或鉴赏者。

1.观赏能力

审美活动的出发点是对审美对象的感知，具体到园林审美就是对园林作品的观看、倾听、感受，从而获得对审美对象的直观感性认识，这一过程（阶段）通常被称为"观"。观什么？如何观？"外行看热闹，内行看门道"，观赏园林大有讲究。园林作品是一个集形式美、自然美、艺术美等多种形态美于一体的审美客体。园林审美活动中审美主体的感知能力（观赏能力）主要取决于对园林作品所表现的形式美和自然美的直观性和整体性的把握能力。

园林是一种以视觉感受为主的艺术类型，园林中的建筑、小品、假山、置石、水体、植物、动物均是具体实在的审美要素。但是园林艺术并不是单一的视觉艺术，同时还包含许多听觉艺术元素，如西方园林中喷泉的音乐性表现，中国园林追求的山水清音，甚至包括西方认为的非审美的嗅觉元素，自然界各种植物所吐露的芳香，都给园林增色不少。由此可见，观赏园林需要调动所有的感觉器官，发挥全部的感知能力，甚至联觉功能。就像苏州耦园城曲草堂对联所描写的那样："卧石听涛，满衫松色。开门看雨，一片蕉声。"清代文学家厉鹗在《秋日游四照亭记》中描述得更为完备："献于目也，翠潋澄鲜，山含凉烟。献于耳也，离蝉碎蛩，咽咽喁喁。献于鼻也，桂气晻菱，尘销禅在。献于体也，竹阴侵肌，痟瘅以夷。献于心也，金明萦情，天肃析醒。"

园林之美表现形式变化多端，可以说园林将自然环境、气候变化所产生的美感表现得淋漓尽致，明代文豪王世贞自豪地称自己的弇山园有六宜之胜。

宜花：花高下点缀如错绣，游者过焉，花色姗眼鼻而不忍去。

宜月：可泛可陟，月所被，石若益而古，水若益而秀，恍然若憩"广寒清虚府"。

宜雪：登高而望，万堞千甍，与园之峰树，高下凹凸皆瑶玉，目境为醒。

宜雨：蒙蒙霏霏，浓淡浅深，各极其致，縠波自文，鲦鱼飞跃。

宜风：碧篁白杨，琤琤成韵，使人忘倦。

宜暑：灌木崇轩，不见畏日，轻凉四袭，逗勿肯去。

对观赏能力的培养其实并不难，只需多多亲近园林，关注园林，"不入园林，怎知春色如许"。由于审美活动中审美主体对审美对象的反应迅速而直接，感知、想象和理解并没有严格的区分，往往是交替作用于审美对象，故而观赏阶段并不仅限于审美感知的作用。

2.品鉴能力

"品"看似简单，却内涵丰富，包含标准、等级、评论等多重含义。"品味"原指食品的滋味，后扩展到对所有事物的评价，魏晋南北朝时期开始对人物进行品评，"品鉴"的对象也开始指向艺术、道德等精神层面。品鉴园林可以理解为一种比普通"观赏"更为专业或更为深入的园林审美活动。从审美接受角度看，就是审美想象（以创造性想象为主）起主导作用，并有一定审美理解参与的园林欣赏阶段。园林品鉴主要表现为审美主体根据自己的生活经验及文化素养、思想情感等内在条件，运用联想、创造性想象、移情、理解等心理活动，达到扩展和丰富园林景象的目的，从而获得更多的欣赏乐趣，这是一种积极主动的再创造的审美活动。

园林审美活动中的"品鉴"，欣赏者的联想与创造性想象占主导地位，而想象的基础是丰富的记忆形象和同情能力。因此，欣赏者的审美经验、生活阅历、文化素养、思想情感都会直接影响欣赏效果。由于欣赏者的审美趣味和能力千差万别，这种个性差异很自然地会在欣赏过程中体现出来。另外，就审美对象而言，任何一个景点、一座园林都是一个多层次、多方面的意义结构，每个欣赏者都可以有各自不同的解读。因此，面对同一座园林、同样的景观，每位观赏者，或是同一观赏者每次观赏，所获得的审美情感体验都是不尽相同的。这正是园林艺术的魅力所在，也是人们愿意一次又一次走进园林的原因所在。

品鉴园林内容极为丰富，既可品味设计者的情感表现、造园手法、风格特征等，又可探究园林景物的象征意义、形式意味等。如此看来，品鉴园林必然乐趣无穷，然而对审美主体的要求也比较高。园林品鉴能力是在对园林艺术拥有较为丰富的鉴赏经验，并对不同风格、不同文化系统中园林所对应的基本造园理论和实践知识有一定的了解后，获得的一种较为高级的园林审美能力。

园林品鉴能力对于欣赏园林，尤其是中国古典园林是十分重要的，这一能力不足就会失去很多游园乐趣。品鉴能力的培养除了需要积累历史人文知识以外，不断品读各种园林作品必不可少，正所谓"操千曲而后晓声，观千剑而后识器"。

3.领悟能力

面对一座园林，游客经历"观""品"两个阶段（层次）的欣赏，获得了由审美感知和审美想象所带来的愉悦，也就为进入园林欣赏的第三阶段"悟"，即运用审美理解能力领略园林艺术的深层魅力，为领悟园林艺术的真谛奠定了基础。如果说园林欣赏中的"观"和"品"是感知、想象、体验、移情，是欣赏者神游于园林景象中而达到物我同一的境地。那么，园林欣赏中的"悟"则是理解、思索，是欣赏者从梦境般的园游中醒悟过来，而沉入一种回忆、一种探求，在品味、体验的基础上进行哲学思考，以获得对园林作品深层理性主题的把握。

园林欣赏之"观",是以园林景象为主导,审美主体的心理活动往往处于相对被动的状态,先入为主必然索然无味;园林欣赏之"品"和"悟",则是以游客为主,观赏者的心理活动更多处于相对主动的状态,此时必然要以我为主,充分调动自己的想象力、丰富的知识储备和艺术经验,将赏园活动推向高潮。

园林领悟能力应当包括对园林构成元素所包含的深刻内涵的理解,对园林艺术表现手法的理解,对园林艺术审美理想的理解,对园林人文主题的理解等。如前文所述,审美理解中对园林所引用典故的理解,并非仅仅理解典故本身的含义,还要理解园林主人试图通过这些典故所要表达的对人生、社会、国家,乃至宇宙的情感,显然这样的理解仅仅依赖掌握的典故知识是不够的。

园林审美中的领悟能力对于不同的主体类型有着不同的标准和意义。对于普通欣赏者,很难要求其对种类繁多、形式各异、审美理想和表现手法大相径庭的园林作品都能完全领悟。尤其对古典园林,由于存在文化的隔离、欣赏习惯的差异,普通人越来越难理解和领悟其中的真意。事实上这并没有阻止人们对古典园林的欣赏,原因在于他们依然会"观"能"品",依然能够领略园林艺术的美。对于设计建造者和批评者,其领悟能力是必不可少的,其原因也是不言而喻的。

四、园林审美的基本方法

园林审美的方法是多种类、多层次的。园林审美是游赏者对游园感受的分析、比较与综合并得出结论。通过园林审美可以比较各类不同风格的园林的审美形式、审美内容、审美方法、审美意义,从而交流审美经验,提高审美主体的审美能力,促进园林艺术的发展。

在园林审美的过程中,我们要注意以下两方面。

一方面要把握时机。园林中的有些景观在审美要求方面需要与时令配合,因季节、气候、时间的不同而达到不同的审美效果。"平湖秋月",宜秋季月夜去欣赏;"曲院风荷",则宜夏季荷花开放时去欣赏;承德避暑山庄的"西岭晨霞",专为欣赏朝霞而设,"锤峰落照"则是为了欣赏晚霞夕阳而设;"南山积雪"是为赏山的雪景而造;"四面云山"赏的是白云烟岚中的山景。宋代郭熙说:"山,春夏如此,秋冬又如此。所谓四时之景不同也;山,朝看如此,暮看又如此,阴晴看又如此,所谓朝暮之变态不同也。"只要在审美过程中注意选择时机,就能在最佳时机之间获得这个景观的最高审美价值,达到预期的效果。

另一方面要选择不同的角度观照园林美。《园冶》中说:"楼阁之基,依次序定在厅堂之后,何不立半山半水之间?有二层三层之说:下望上是楼,山半拟为平屋,更上一层,可穷千里目也。"苏轼有诗云:"横看成岭侧成峰,远近高低各不同。"由于园林景物形态的丰富性,我们可以从各种角度来观照园林美,仰观它的立体构架,俯察其平面构图,宏观看整体,中观审其势,近观窥其巧,动观知其章法,静观通其情致等。上海豫园的九曲桥从平视的角度望去,每经过一次曲折,便可产生一种新的境界,而随着境界的层出不穷,使游人平添了玩味不尽、曲折深长的幽趣。从某种意义上说,距离本身便是美。

从游赏者的角度，园林审美通常有以下几种方法。

1.极目远眺法

这种方法主要适合远景和大型风景园林的审美。四川乐山大佛，若贴近佛身，举目仰视，只能见其高，对佛像的壮观不可能有深切的体会。如果选择过江眺望，就会见到它那比例匀称、巨细和谐的身躯端坐在高山峭壁的万绿丛中，显得分外庄严肃穆，令人心生敬畏。如沿着漓江，来到去草坪三里许的半边渡头，驻足眺望，可以看到迎面耸立的渡江山，驼峰似地高插云霄，它与新娘岭诸山连绵延展，山势峻峭，如切似削，可见其挺拔的气势。

2.登高俯瞰法

拙政园中的浮翠阁为八角形双层建筑，苏轼诗云："三峰已过天浮翠。"此阁建在假山之上，为全园最高点。登阁四望，满园古树，耸翠浮青，人如浮在翠色树丛之上，故借名。巍巍泰山，高高地屹立于齐鲁大地之上，素有"五岳独尊"之誉。品鉴泰山，唯登高俯瞰，才能有"会当凌绝顶，一览众山小"的感受。观赏庐山三叠泉，李白正是因为登高俯瞰才收获"喷壑数十里""隐若白虹起"的意趣。

3.环视一览法

横向的回环流目，好像电影的摇镜头，随着视线的横向移动，景一个接一个地徐徐展现在面前。如苏州沧浪亭，环绕假山，随地形高低绕以走廊，配以楼阁亭榭，自东而西，主要建筑有闻妙香室、明道堂、瑶华境界、看山楼、翠玲珑、仰止亭、五百名贤祠、清香馆、御碑亭等。闻妙香室在假山东南角山脚下，室名取杜甫诗句"灯影照无睡，心清闻妙香"之意。这里地处僻静，驻足环视，从东南朝西北望山、望廊、望轩以及看游人进出，另有一番风光。

4.翘首仰观法

根据近大远小、近高远低的透视规律，翘首仰观能获得雄伟壮观的景象效果。大宁河小三峡中的滴翠峡，峡内群峰竞秀，绝壁连绵，加上河道狭窄，游人只得仰面观看，那"赤壁摩天"，似斧劈刀削的悬岩，高耸入云，阳光洒在岩壁上，赤黄生辉，壮伟无比。从"飞流直下三千尺，疑是银河落九天"这一诗句，可以想象出诗人李白翘首仰望庐山瀑布的神态。此外，碧空、白云、皓月、明星、飞鸟翔空，一般来说都为仰观之景。

5.俯首近取法

所谓远看取其势，近看取其质。登高远望是从大处着眼，纵横全貌，层层叠叠的景物一览无余，而要细细品鉴一花一木、一壑一瀑、一溪一石，只有俯首近取才行。园林中的一山一水，一草一木，不是简单的自然模仿，而是"意在笔先"，在设计时便融入了造园家的艺术旨趣。王维对自然山水的透彻感悟而有"明月松间照，清泉石上流"意境空灵的美景；晏殊的"梨花院落溶溶月，柳絮池塘淡淡风"，描绘了春风和煦、柔和优美的庭院夜色。

6.临水平视法

湖泊景观以贴近水面平视为佳，一般来说，不宜俯视，因为所居越高，湖面越小。西湖十景之一的"平湖秋月"，观赏时宜平视。湖宜平视，是一条很重要的审美经验。观赏西湖三面的山，以湖上为佳。杨万里有诗道："烟艇横斜柳港湾，云山出没柳行间。登山得似游湖好，却是湖心看尽山。"南京瞻园水池的设计建造，曲水藏源，峡石壁立，南北两池，溪水相连，有聚有分，水居南而山坐北，隔水望山，相映成趣。游人走进这一空间，远观有势，近看有质，细部处理精巧，于平正中出奇巧。

7.移步换景法

园林是在四维空间里布局的，具有变化无穷的观赏方位，不同的透视处理，会出现不同的景观效果。每当观赏方位改变一次，景物外部轮廓线就会变化一次，从而产生新的景观。走进瞻园，步入回廊，曲折前行，一步一景，涉足成趣，过玉兰院、海棠院，倚云峰置于精巧雅致的花篮厅前，东南隅的桂花丛中山石坐落的位置，实为几条视线的交点。其余一些特点山石和散点山石分布在土山、建筑近旁，有的拼石成峰，玲珑小巧，发挥了山石小品"因简易从，尤特致意"的作用。出回廊向西，便是花木葱茏的南假山了。

第二节　园林审美的过程

园林审美过程与审美心理过程相吻合。由于审美对象是园林，审美过程中又有与园林相关的审美特点。园林审美的过程分为以下 3 个阶段。

一、园林审美快感阶段

对于园林审美的这一阶段，园林界的专家们多有研究，有人称之为"观"，有人称之为"悦耳悦目"，多是移用他文，不是园林美学自身的语言体系。

园林审美快感，是指园林的外在感性形象作用于人的感官所引起的感官适宜。快感就是怡然适得、宜得其所的感觉。园林的外在感性形象多种多样：山石溪泉瀑洞径，亭台楼阁榭廊桥，花草树木鱼虫鸟，楹联匾额墙门窗，都是园林中的感性形象。人们进入一座园林首先通过这些外在形象获得最初的审美信息。这一阶段是园林审美的起始，有以下特点。

1.审美客体形象的直观性

直观是人的感受器官在与事物的直接接触中产生的感觉、知觉和表象。直观不经过中间环节,是对客观事物的直接的、生动的反映。园林中的感性形象都是具体的实在物体,人们可以直接看到山石树木、听到鸟语流水、嗅到鲜花香馥、接触到雕塑形体。这些形象的直观性,不需要人们过多的思考、联想与想象,就能够直接使人感到"悦耳悦目"。

2.审美主体感官的综合性

园林主要是一种视觉艺术,欣赏园林时主要需要人们的视觉参与,但是其他器官也不是可有可无的摆设。园林审美需要多器官的综合作用,尤其在园林审美快感阶段,各种器官所捕捉到的审美信息综合在一起才能为园林审美进入第二阶段乃至第三阶段做好充分的准备。"鸟语花香"的审美境界是中国传统园林的理想审美境界,园林审美时的这种"鸟语"与"花香",就分别要求人们听觉和嗅觉器官的参与。园林中的听觉美,不仅仅局限于此,还有风、雨、泉、水的声音。例如,苏州拙政园中的听雨轩,就是借雨打芭蕉产生的声响效果来渲染雨景气氛的;留听阁,也是以观赏雨景为主,取意于"留得残荷听雨声"的诗句;承德离宫中的"万壑松风"建筑群,也是借助风掠松林发出的涛声而得名的。在现代园林中,还有将音乐与叠石、喷泉结合起来,形成所谓的"音乐喷泉"和"岩石音乐",将音乐艺术与造园艺术相结合,构成听觉美感。嗅觉审美也是不可或缺的,例如,苏州留园中的"闻木樨香",拙政园中的"雪香云蔚"和"远香溢清"等景观,都是因为借桂花、梅花、荷花等的香气袭人而得名的。

由于园林审美快感阶段的这些特点和赏园时的动观、静观规律,设计园林时要注意景物色、形、声的配置。色彩进入人们的感官,引起人们的注意。园林中的声音要柔美悦耳,从而吸引游人。因此在园林中要注意杜绝视觉污染和噪声污染,避免景物雷同或简单重复,以满足人们在园林审美快感阶段的审美快感需求。

一般园林欣赏者都能达到与完成这一阶段的审美,但不少欣赏者不停止于这一审美阶段,还能进入园林审美的更高阶段。

二、园林审美情感阶段

园林审美快感阶段是人们按园林景物本身的色、形、声来理解园林。上升到园林审美情感阶段则是人们根据自己的生活经验、文化素养、思想情感等,运用联想、想象、移情等心理活动,来充实、丰富园林景象的过程。这是一种积极、能动的再创造性审美活动。人们透过眼前或耳边具有审美价值的感性形象,领悟到审美对象较为深刻的意蕴,获得审美感受和情感提升。

1.联想与想象

联想是由一件事物想到另一件事物的心理过程,是由此及彼的回忆和触类旁通的想象。联想具有可以使人创造出新颖的感性形象的功能。想象是人们在原有经验的基础上创造新形象的思维活动。

在园林审美过程中,联想与想象可以极大地丰富园林景象的美学意义。园林中可以生情的景物是关键，优美的联想与想象需要有真正优秀的园林景物来诱发。例如，观赏齐白石的画，人们不只是看到鱼虾，还会感到一种悠然自得、鲜活洒脱的情思意趣。又如，我们在登临云雾缭绕的山峦时，会产生飘然若仙的感受，体会到超然出世之情。

一个园林景物能够诱发人们的联想和想象，是园林设计者技艺高超、美学修养深厚的表现，说明他有能力调动人们的审美积极性并使人们参与到园林美的再创造中来，使园林的有限空间得以无限地扩展。如扬州个园的春山，湖石依门，修竹碧绿，石笋破土而出，构成一幅以粉墙为纸、竹石为图的极其生动的画面。触景生情，点放的峰石仿佛雨后破土的春笋，使人联想到大地回春，想象到欣欣向荣的景象。

单个景物的美学内涵固然重要，景点之间的联系更能引发人的联想与想象。从事园林设计时应注意园林的景点与景点、景点与园林总体之间的联系。园林创造的是一系列复杂的游赏空间。特别是中国传统园林，其中不仅有坐观风景的楼台，也有边散步边赏景的小径。欣赏这样的园林，必须身临其境地去游去览，穿廊渡桥、攀假山、步曲径、循径而游、廊引人随，观赏一幅幅如画的风景。尽管每幅风景、每处景点都可以单独欣赏，但它们却都是作为园林整体的有机组成而存在的。因此在园林审美时，很自然地会将对个别园景的感受联系起来，汇总在一起，达到对园林美的较为完整的感受与理解。

2.象征与寓意

象征是用具体事物表现某些抽象意义。寓意是寄托或蕴含的意旨或意思。园林中的许多景物的美不仅仅以其丰富的色彩、多样的形状和悦耳的声音诉诸人们的感官，它还在一定程度上作为人的某种品格和精神的象征而吸引着人们，以一定的寓意引发人们进行审美思索。就园林景物本身的形象而言，它并不描述抽象的思想。因此，它的象征与寓意需要经过观赏者的联想活动，才能把它创造出来。如园林中的松竹梅，人们常常用它们来象征人的品格。松寓意人在困苦中要像松树那样不畏严寒而长青，竹寓意人应该像竹一样正直、虚心、有气节，梅寓意人在逆境中要像梅花那样笑傲风雪我自香。

由于园林审美情感阶段审美主体的审美心理活动占主导地位，所以这一审美阶段也就有赖于审美主体性的发挥。因此，审美主体本身的审美经验、生活阅历、文化素养、思想情感便会影响欣赏效果。由于审美主体的审美趣味和能力千差万别，这种个性差异很自然地会在园林审美情感阶段体现出来。

三、园林审美升华阶段

这一阶段是理解、思索、领悟的阶段，是人们从梦境般的园游中醒悟过来，而进入的最高阶段。这一阶段充满了回忆与探求，在品味、体验的基础上进行哲学思考，获得对园林意义深层的理性把握。就像我们看《红楼梦》，首先要通过理解、欣赏和品味读进去，然后还要走出来，让自己的美感更加理性与完善、人格得以升华。这种美感，不是一种在感性基础上的生物感官快适，也不是一种在理解基础上的心思意向的精神享受，而是一种在崇高感的基础上寻求超越与无限的社会审美境界。这种审美特质无疑是符合时代进步与社会需要的，是有助于社会发展、有利于完善人性的高层次品质。如游长江，渡黄河，登临泰山、长城，将会唤起我们热爱生命和热爱大自然之情；更高一些，可以唤起精神上的民族自豪感；最高的层次，可以升华为崇高的社会使命感和对大自然的敬畏感。范仲淹在《岳阳楼记》中，则从"春和景明""淫雨霏霏"的感性景物中，悟出"不以物喜，不以己悲"，进而升华出"先天下之忧而忧，后天下之乐而乐"的崇高人生观。

园林的设计与建造离不开人们的社会生活内容，每座园林都或多或少地表达了设计与建造者的人生感悟和哲学思想。也就是说，在优美的园林景色、深远的艺术境界的深处，还蕴藏着内在理性。理性的内涵可以在审美主体对整个园林品味、体验基础上的哲学思考中获得。

最完美的园林审美效果是园林设计与建造者的审美取向不仅仅能够使他人得到升华，而且留有回味的意蕴和展开思维的空间。这就是人们不断地、反复地对一座园林进行美学审视、游览品味的原因。

第三节　中国园林审美特色

中国园林艺术之所以有着丰富的主题思想和含蓄的意境，原因在于中国园林美学思想的丰富和中国传统文化的博大精深。

中国园林以自然山水园为基本类型。中国园林艺术创作从自然中感悟出：人的生命是自然的一部分，由此孕育并上升为根深蒂固的审美意象。中国人一贯的自然审美意识，使中国园林成为自然山水园的发源地。纵观中国园林发展，我们可以看到，表现在园林中的具有中国人审美意味的园林观，绝不仅仅限于造型和色彩上的视觉感受以及一般意义上的对人类征服大自然的心理描述，而更重要的还是文化发展的必然产物。

一、崇尚自然

中国园林审美有崇尚自然的传统情结。老子在《老子·道篇》中曰："人法地，地法天，天法道，道法自然。"把人与自然的关系看成一种有序的统一体。正是这种文化精神开启了传统艺术崇尚自然、追求天趣的质朴之美，也对园林艺术的审美趣味产生了深远的影响。

我国传统园林艺术追求"虽由人作，宛自天开"，把"本于自然、高于自然"作为创作主旨，通过对山、水、植物、建筑等园林构景要素的搭配布局，达到人工与自然高度协调的境界。园林作为一种艺术形式，是我国传统文化的重要组成部分，而历代文人士大夫参与造园活动，又把园林推向了更高的自然审美境界，赋予其鲜明的东方特色——情景交融、诗情画意。以王维的"辋川别业"为例。

辋川是陕西蓝田县峣山间秦岭北麓一条美丽的川道。辋谷之水，出自南山辋谷，川水流出以后，蜿蜒流入灞河。从山上望下去，川水环流涟漪，好似车辋形状，由此得名。唐代诗人、画家王维的"辋川别业"就修在这里。别业是在宋之问辋川山庄（蓝田别墅）基础上修建的，开创了一代文人园林新风。园林原址在今蓝田县西南 10 多千米处，现已湮没。当年王维因度地势，以画设景，以景入画，使辋水周于舍下，而景点建筑又散布于水间谷中林下，极具山林湖水之胜概，充满诗情画意及自然情趣。在清新宁静、生机盎然的山水中，王维感受到万物生生不息的生的乐趣，精神升华到了空明无滞碍的境界，自然与心境完全融为一体，创作出如水月镜花般的纯美自然诗境。如他的《山居秋暝》："空山新雨后，天气晚来秋。明月松间照，清泉石上流。竹喧归浣女，莲动下渔舟。随意春芳歇，王孙自可留。"王维对自然的观察极为细致，感受非常敏锐，像画家一样，善于捕捉自然事物的光和色，在诗里表现出极丰富的自然色彩层次感。如《送邢桂州》中："日落江湖白，潮来天地青。"《过香积寺》："泉声咽危石，日色冷青松。"《山中》："荆溪白石出，天寒红叶稀。山路元无雨，空翠湿人衣。"《终南山》："白云回望合，青霭入看无。分野中峰变，阴晴众壑殊。"日落昏暗，愈显江湖之白色；潮来铺天，仿佛天地也弥漫潮水之青色。一个是色彩的相衬，另一个是色彩的相生。日色本为暖色调，因松林青浓绿重的冷色调而产生寒冷的感觉。红叶凋零，常绿的林木更显苍翠，这翠色充满空间，空蒙欲滴，无雨却有湿人衣裳的感觉。至于"白云回望合，青霭入看无"，则淡远迷离，烟云变灭，如水墨晕染的画面。王维以他画家的眼睛和诗人的情思描天地自然之缥缈、情趣与神韵，绘山水物态之悠然、柔美与顺达。

中国园林审美有崇尚自然美的传统情结，根植于我国灿烂悠久的传统文化，受到农耕文明潜移默化的影响。它从起源发展，到独立成为一门艺术形式，都是以中国文明及其文化作为发展背景，从而具有了崇尚自然的审美特色。

二、崇尚隐逸

隐逸，对于"衣不遮体，食不果腹"的低层百姓来说是不现实的，温饱尚且解决不了，又何谈诗意般的隐逸栖居呢？对于古代文人士大夫来说就不同了，他们一生受着中国传统文化的熏陶，是有学识、修养的感情丰富的雅士，隐逸栖居成了他们仕途不济时归隐生活的唯一追求。这些文人雅士对栖居之地的营造也是颇费心机的，同时他们又有"兼济天下"和"独善其身"的双重人格，出世、入世是他们一直面临的冲突，而协调这种冲突的正是田园之隐、山林之隐。于是，园林成为他们失意后的精神寄托，成了他们出仕与退隐的调节场所。随着我国山水诗、山水画的进一步发展，园林艺术的发展也取得了前所未有的成就。唐宋时期构建的园林多为文人写意园，写意成为其主要的艺术表现形式，意境的营造成为其重要的建园风格，这是与中唐文人士大夫所标举追求的林泉之隐的生活是一脉相承的。白居易《中隐》有："大隐住朝市，小隐入丘樊。丘樊太冷落，朝市太嚣喧。不如作中隐，隐在留司官。似出复似处，非忙亦非闲。不劳心与力，又免饥与寒。"这时所谓隐逸，已更多地成为园林的一种情调，一种审美趣味的追求，而文人园林的简远、疏朗、雅致、天然，则正是这种情调和追求的最恰当的表征。明清以后，古典园林艺术达到了成熟后的辉煌灿烂时期。文人、画家参与造园，很多人甚至成了专业造园家。

乾隆皇帝也先后主持修建或扩建"清漪园""圆明园""静明园"等大型皇家园林。他认为造园不仅仅是对天然山水作浓缩性的模拟，其更高的境界应该是有身临其境的直接感受。今天我们走在颐和园里，如同走在历史的画卷中，隐含在园中的一个王朝的是非荣辱、功过成败以及生活习俗是那么的清晰可见。如诗如画的园林景观、封建皇权的浩荡、能工巧匠的技艺、诗词歌赋的咏赞、历史文学典故的应用……所有这些，都会在每位游客的心里产生不同的震撼和美的感受。

郑板桥在《题画·竹石》中说："十笏茅斋，一方天井，修竹数竿，石笋数尺，其地无多，其费亦无多也。而风中雨中有声，日中月中有影，诗中酒中有情，闲中闷中有伴，非唯我爱竹石，即竹石亦爱我也。彼千金万金造园亭，或游宦四方，终其身不能归享。而吾辈欲游名山大川，又一时不得即往，何如一室小景，有情有味，历久弥新乎！"已经成为一种文人士大夫心理上的审美联想的结果，胸中有天地，"一室小景"却可营造出"有情有味"的氛围。"以穷为荣，以穷自傲，穷中作乐"已渐渐演变成中国古代文人的处世哲学。

文学与园林艺术的融合，更加弥补了文字叙述上的不足与空洞，也使园林艺术更加引人入胜，使人身临其境、流连忘返。如拙政园中的扇亭，其真名为"与谁同坐轩"，所谓"与谁同坐""明月、清风和我"，倘若我们真正了解了这一景点诗文的出处来历，那么在我们的审美感受中，简单的一座扇亭便给了我们无穷的想象和穿越时空的审美感受。"与谁同坐""明月、清风和我"一种古典主义情怀油然而生，此处的"我"既可以是审美主体，也可以是诗文的作者。与古人同坐欣赏明月、清风，此种境界自是难以言传了。

三、崇尚写意

写意的原意是指国画的一种画法，指不求作品工细，着重表现神态和抒发作者的意趣，与"工笔"相对（工笔也是国画的一种画法，用笔工整，注重细部的描绘）。

写意是要表达一种提炼过的审美体验。园林设计的动机在于将理想中的生活状态在现实中筑造出来。这些行为直接而强烈地反映了行为主体的美学思想。设计中的景观，是人们在特定的文化环境中通过特定的媒介进行的表达。因此，园林不仅仅是单纯的自然或生态现象，也是文学艺术的一部分，受到特定的文化、社会和哲学因素的深刻影响。特定的文化背景和脉络影响人们的信仰、思维方式、生活方式、传统甚至情绪，进而决定性地影响人们的艺术品位以及艺术实践的方法，即在人对景观的感受背后，存在着完整的思想体系。它先于感受而发生作用，并且决定了人对景观的态度，进而决定了园林的设计风格。

中国园林，尤其是中国文人园林是以自然写意山水园的风格而著称于世的。它的艺术特色，是两千年来知识分子阶层的价值观念、社会理想、道德规范、生活追求和审美趣味的结晶。知识分子阶层作为中国古代封建社会的一个特殊阶层，是文人与官僚的合流，居于"士、农、工、商"这样的民间社会等级序列的首位，具有很高的社会地位。他们把高雅的品位赋予园林，即"文人园林"，成为民间造园活动的主流，形成了涵盖面最广的园林风格。

黑格尔说，"中国是特别东方的"。中国园林的特别之一就是它崇尚写意。写意，是中国艺术重要的美学特征。韩玉涛先生在《书意论》中提到："写意，是中华民族的艺术观，是中国艺术的艺术方法，是迥异于西方的另一种美学体系。"中国艺术门类中的绘画、书法、戏曲、园林、舞蹈等，都是写意的，而中国园林的独特性之一也正是在于它崇尚写意。它运用写意的手法，表现形外之意、象外之象，从而使有限的园林空间具有了无限空灵的感受，产生情景交融的意境美，将园林空间的"画境"升华到"意境"。

中国山水画发展至唐代时有一个重要变化，即画家王维发明"破墨法"，首创"水墨渲淡，笔意清润"的水墨写意山水画。他将禅意引入画中，把人格精神巧妙地融入自然山水的艺术意境之中，创造了主体与自然融二为一、物我不分的写意境界，因而被后人称为文人画的鼻祖。形成这种审美趣味的主观因素就是禅宗哲学思想的兴盛，其极大地影响了士大夫阶层的精神需要、心理结构和审美意识，这些都导致了文人园林情景意境和风貌的变化，即由写实向写意的转化。

园林的写意手法在叠石造山上得到最典型的表现。可以说，叠山艺术把"外师造化，中得心源"的写意方法在三度空间的情况下发挥到了极致。曰山，曰水，不过是一堆土石，半亩水塘而已，不求形似，唯其神似，而获"咫尺山林"之境。我国有"远则取其势，近则取其质"的说法，因为人对自然山水的观赏，只有在一定的空间距离和高度上，才能获得高耸入云、绵延万里的整体之势，而在山脚或山中，看到的只是杂树参天、石块嶙峋、老树盘根的局部景象，但从这局部的景象中，可以直观地感知是山的一部分，从而联想到山的整体，因此就有了"剩水残山"这一成语。虽然是一角山岩，半截树枝，却让人感知园外有园，山外有山。园林叠山理水也正是从这局部景象加以提炼、概括，集中表现出山的形"质"，人们才可能从局部的山麓意象中感到有涉身岩壑之境。明末江南著名的造园家张南垣，擅长叠山。他一反以小体量的假山来缩移模拟真山整体形象的传统叠山方法，从追求意境深远和形象真实的可入可游出发，主张运用"曲岸回沙""平冈小坂"等手法，从而创造出一种幻觉，仿佛园墙之外还有"奇峰绝嶂"，人们所看到的园内叠山好像是"处于大山之麓"而"截溪断谷，私此数石者，为吾有也"。这种主张以截取大山一角而让人联想大山整体形象的做法，开创了叠山艺术的一个新流派。计成在《园冶》中，对叠山从理论上概括出了"未山先麓"的原则。明代文人画家文徵明的曾孙文震亨对造园也有比较系统的见解，所著《长物志》一书的"水石"卷中，认为叠山理水"要以回环峭拔，安插得宜。一峰则太华千寻，一勺则江湖万里"，足见明代叠山在宋代的基础上把叠石技巧发展到"一拳代山，一勺代水"的写意风格阶段。

19世纪末，中国古代文人写意园经过3 000余年的发展演变，随着封建社会的解体而走完了它的历程。作为中国传统文化的一个重要组成部分，写意园以它独特的风姿，展现了中国文化的风采，显示出中华民族的灵气。从历史上看，中国文人写意园的影响所及，不但影响亚洲，还远及18世纪的欧洲，西方不止一次地出现过历时甚久的中国园林热。从当今开放的现实来看，1980年苏州网师园的"明轩"，出现在美国纽约大都会艺术博物馆；1983年体现了古典园林传统的"芳华园"，在德国慕尼黑国际艺展上荣获园艺建设中央联合大会金质奖章和德意志联邦共和国大金奖……这些都显示了中国文人写意园经久不衰的魅力和具有再生性的旺盛生命力。另外，在国内虽然时代和人们的观念均已改变，但中国文人写意园的美仍为人们所接受和赞赏。其原因不只是它的艺术魅力，而且是它具有一种内在的民族心理稳定性，因为这些作品中的情理结构，与今天中国人的心理结构有相呼应的同构关系和影响。

伴随工业革命的发展，城市化进程的加快，人类社会摆脱了小农经济的羁绊，充分利用工业化成果大规模开发和改造自然，在享受便利的同时也饱尝疾病、噪声、污染之苦。此时人们对园林的认识已割裂了人与自然之间的有机联系，完全沉醉于人工环境建设与修饰上。自然已成为配角，人工已改造了自然。因此，《联合国人类环境宣言》中指出："保护和改善环境对人类至关重要，是世界各国人民的迫切愿望，是各国政府应尽的职责。"

中国的写意园林是自然写意山水园，"道法自然"是写意园林所遵循的一条不可动摇的原则。无论是"师法自然"，还是"高于自然"，其实质都是强调"自然"，即在尊重自然的前提下改造自然，创造和谐的园林形态，进而与自然融为一体。

西方园林意在悦目，中国园林意在悦心。通过园林艺术表达人生感悟、情感追求和审美理想是中国写意园林的深邃之处。

第四节　国内外古典园林鉴赏

一、苏州拙政园

拙政园始建于明正德四年（1509年），王献臣是该园的第一位主人。他在嘉靖、正德年间官居监察御史，晚年仕途不得意，罢官而归，买地造园，借《闲居赋》"拙者之为政"的句意，取名为拙政园。园以水景取胜，平淡简远，朴素大方，保持了明代园林疏朗典雅的古朴风格。拙政园分为东、中、西 3 个部分，是中国古代江南名园，名冠江南，胜甲东吴，是中国四大名园之一，苏州园林中的经典作品。

东区的面积约 $2\,hm^2$，现有的景物大多为新建。园的入口设在南端，经门廊、前院，过兰雪堂，即进入园内。东侧为面积广阔的草坪，草坪西面堆土山，上有木结构的亭，四周萦绕流水，岸柳低垂，间以石矶、立峰，临水建有水榭、曲桥。西北土阜上，密植黑松，枫杨成林，林西为秫香馆（茶室）。再西有一道依墙的复廊，上有漏窗透景，又以洞门数处与中区相通。

中区为全园精华之所在，面积约 $1.2\,hm^2$，其中水面占 1/3。水面有分有聚，临水建有形体各不相同、位置参差错落的楼台亭榭多处。主厅远香堂为原园主宴饮宾客之所，四面长窗通透，可浏览园中景色；厅北有临池平台，隔水可欣赏岛山和远处亭榭；南侧为小潭、曲桥和黄石假山；西循曲廊，接小沧浪廊桥和水院；东经圆洞门入枇杷园，园中以轩廊小院数区自成天地，外绕波浪形云墙和复廊，内植枇杷、海棠、芭蕉、竹等花木，建筑处理和庭院布置都很雅致精巧。

西区面积约 $0.8\,hm^2$，有曲折水面和中区大池相接。建筑以南侧的鸳鸯厅为最大，方形平面带四耳室，厅内以隔扇和挂落划分为南北两部，南部称"十八曼陀罗花馆"，北部名"卅六鸳鸯馆"，夏日用以观看北池中的荷蕖水禽，冬季则可欣赏南院的假山、茶花。池北有扇面亭——"与谁同坐轩"，造型小巧玲珑。东北为倒影楼，同东南隅的宜两亭互为对景。

早期王氏拙政园，有文徵明的拙政园"图""记""咏"传世，比较完整地勾画出园林的面貌和风格。当时，园广袤约 $13.4\,hm^2$，规模比较大。园多隙地，中亘积水，浚沼成池。有繁花坞、倚玉轩、芙蓉隈及轩、槛、池、台、坞、涧之属，共有 31 景。整个园林竹树野郁，山水弥漫，近乎自然风光，充满浓郁的天然野趣。

经历 120 余年后，明崇祯四年（1631 年）已成为丘墟的东部园林，归侍郎王心一所有。王善画山水，悉心经营，布置丘壑，并以陶潜"归田园居"诗，命名此园。该园有放眼亭、夹耳岗、啸月台、紫藤坞、杏花涧、竹香廊等诸胜，可分为 4 个景区。中为涵青池，池北为主要建筑兰雪堂，周围以桂、梅、竹屏之。池南及池左，有缀云峰、联壁峰，峰下有洞，曰"小桃源"。步游入洞，如渔郎入桃源，桑麻鸡犬，另成世界。兰雪堂之西，梧桐参差，茂林修竹，溪涧环绕，为流觞曲水之意。北部系紫罗山、漾荡池。东部为荷花池，面积约 $0.3\,hm^2$，中有林香楼。家田种秫，皆在望中。

乾隆初年（1736 年），拙政园东部园林以西又分割成西、中两个部分。

西部现有布局形成于光绪三年（1877 年），由张履谦修葺，改名"补园"。遂有塔影亭、留听阁、浮翠阁、笠亭、与谁同坐轩、宜两亭等景观。又新建卅六鸳鸯馆和十八曼陀罗花馆，装修精致奢丽。

中部系拙政园最精彩的部分。虽历经变迁，与早期拙政园有较大变化和差异，但园林以水为主，池中堆山，环池布置堂、榭、亭、轩，基本上延续了明代的格局。从咸丰年间《拙政园图》、同治年间《拙政园图》和光绪年间《八旗奉直会馆图》中可以看到山水之南的海棠春坞、听雨轩、玲珑馆、枇杷园和小飞虹、小沧浪、听松风处、香洲（图5-1）、玉兰堂等庭院景观与现状诸景毫无二致。因而拙政园中部风貌的形成，应在晚清咸丰至光绪年间。

图5-1　拙政园的中心景观——香洲

拙政园的特点是园林的分割和布局非常巧妙，把有限的空间进行分割，充分采用了借景和对景等造园艺术，因此拙政园的美在不言之中。近年来，拙政园充分挖掘传统文化内涵，推出自己的特色花卉。每年春夏两季举办杜鹃花节和荷花节，花姿烂漫，清香远溢，使素雅幽静的古典园林充满了勃勃生机。拙政园西部的盆景园和中部的雅石斋分别展示了苏派盆景与中华奇石，雅俗共赏，陶冶情操。

拙政园的不同历史阶段，园林布局有着一定区别，特别是早期拙政园与今日现状并不完全一样。正是这种差异，逐步形成了拙政园独具个性的审美特点。拙政园向来以"因地制宜，以水见长；疏朗典雅，天然野趣；庭院错落，曲折变化；园林景观，花木为胜"的独特个性著称。数百年来一脉相承，沿袭不衰。

1.因地制宜，以水见长

据《王氏拙政园记》和《归田园居记》记载，园地"居多隙地，有积水亘其中，稍加浚治，环以林木""地可池则池之，取土于池，积而成高，可山则山之。池之上，山之间可屋则屋之"，充分反映出拙政园利用园地多积水的优势，疏浚为池，望若湖泊，形成晃漾渺弥的个性和特色。

2.疏朗典雅，天然野趣

早期拙政园，林木葱郁，水色迷茫，景色自然。园林中的建筑十分稀疏，仅"堂一、楼一、为亭六"而已，建筑数量很少，大大低于今日园林中的建筑密度。竹篱、茅亭、草堂与自然山水融为一体，简朴素雅，一派自然风光。拙政园中部现有山水景观部分，约占园林面积的3/5。池中有两座岛屿，山顶池畔仅点缀几座亭榭小筑，景区显得疏朗、雅致、天然。这种布局虽然在明代尚未形成，但它具有明代拙政园的风范。

3.庭院错落，曲折变化

拙政园的园林建筑早期多为单体，到晚清时期发生了很大变化。首先表现在厅堂亭榭、游廊画舫等园林建筑明显增加，中部的建筑密度达到了16.3%。其次是建筑趋向群体组合，庭院空间变幻曲折。如小沧浪，从文徵明的《拙政园图》中可以看出，仅为水边小亭一座。而八旗奉直会馆时期，这里已是一组水院。由小飞虹、得真亭、志清意远、小沧浪、听松风处等轩亭廊桥依水围合而成，独具特色。水庭之东还有一组庭园，即枇杷园，由海棠春坞、听雨轩、嘉实亭3组院落组合而成，主要建筑为玲珑馆。在园林山水和住宅之间，穿插了这两组庭院，较好地解决了住宅与园林之间的过渡。同时，对于山水景观而言，由于这些大小不等的院落空间的对比衬托，主体空间显得更加疏朗、开阔。

这种园中园式的庭院空间的出现和变化，究其原因除使用方面的理由外，还与园林面积缩小有关。光绪年间的拙政园，仅剩下$1.2 hm^2$园地。与苏州其他园林一样，占地较小，因而造园活动首要解决的问题是在不大的空间范围内，能够营造出自然山水的无限风光。这种园中园、多空间的庭院组合以及空间的分割渗透、对比衬托，空间的隐显结合、虚实相间，空间的蜿蜒曲折、藏露掩映，空间的欲放先收、先抑后扬等手法，其目的是要突破空间的局限，达到小中见大的效果，从而取得丰富的园林景观。这种处理手法，在苏州园林中带有普遍意义，也是苏州园林共同的特征。

4.园林景观，花木为胜

早期王氏拙政园31景中，2/3景观取自植物题材，如芙蓉榭，借周围风景构成，形式灵活多变。芙蓉榭一半建在岸上，一半伸向水面，凌空架于水波上，伫立水边，秀美倩巧。此榭面临广池，是夏日赏荷的好地方。竹涧，"夹涧美竹千挺""境特幽回"；"瑶圃百本，花时灿若瑶华"。归田园居也是丛桂参差，垂柳拂地，"林木茂密，石藓然"。每至春日，山茶如火，玉兰如雪，杏花盛开，"遮映落霞迷涧壑"。夏日之荷，秋日之木芙蓉，如锦帐重叠。冬日老梅偃仰屈曲，独傲冰霜。另有泛红轩、至梅亭、竹香廊、竹邮、紫藤坞、夺花漳涧等景观。至今，拙政园仍然保持了以植物景观取胜的传统，荷花、山茶、杜鹃花为著名的三大特色花卉。仅中部23处景观，80%是以植物为主景的景观。如远香堂、荷风四面亭的荷（"香远益清""荷风来四面"），倚玉轩、玲珑馆的竹（"倚楹碧玉万竿长""月光穿竹翠玲珑"），待霜亭的橘（"洞庭须待满林霜"），听雨轩的竹、荷、芭蕉（"听雨入秋竹""蕉叶半黄荷叶碧，两家秋雨一家声"），玉兰堂的玉兰（"此生当如玉兰洁"），雪香云蔚亭的梅（"遥知不是雪，为有暗香来"），听松风处的松（"风入寒松声自古"）（图5-2），以及海棠春坞的海棠，柳荫路曲的柳，枇杷园、嘉实亭的枇杷，得真亭的松、竹、柏等。

图 5-2　松风水阁

拙政园的园林艺术，在中国造园史上具有重要的地位。它代表了江南私家园林一个历史阶段的特点和成就。

二、北京颐和园

1.颐和园的概述

颐和园，其前身叫清漪园，为乾隆年间所修建，乾隆十五年（1750年）弘历为庆其母60大寿，将原瓮山改名万寿山。清漪园在1860年被八国联军所毁。到了光绪十四年（1888年），慈禧太后挪用海军经费3 000万两白银，兴建颐和园，作消夏之所。

"颐"之义为保养，如"颐神养性"，意为保养精神元气；又如"颐养天年"，意为保养年寿。而"颐和"意为颐养天和。清代刘光第诗："宏观岂虚构，颐和祈天福。"（《万寿山》）天和意为人体的元气，原来是西太后要颐养天年之意，也就是要身体健康以便长寿。

颐和园面积逾290 hm²，主要由万寿山和昆明湖组成，是现今规模最大、保存最为完整的中国古典皇家园林之一。该园因集中国历代造园艺术之精粹，1998年12月，以"世界几大文明之一的有力象征"的崇高评价荣列《世界遗产名录》，成为世界级的文化瑰宝。颐和园既有苏州园林的典雅，又有皇家园林的大气，是人文景观与自然景观的和谐统一。

整个景区规模宏大，是集中国园林建筑艺术之大成的杰作。一部颐和园的盛衰史，堪称中国近代数百年沧桑变幻的缩影和见证。

2.颐和园的造园艺术赏析

（1）颐和园的布局艺术。中国第一部造园艺术专著《园冶》中说：造园以相地为先。建园首要的步骤是选择恰当的地点。颐和园除拥山抱水、绚丽多姿的风景外，园内还有亭、台、楼、阁、宫殿、寺观、佛塔、水榭、游廊、长堤、石桥、石舫等多处古典建筑，众多园林要素能统一协调在园内，以独特的风姿使游人赞叹不已，其造园手法值得人们研究学习。

①巧妙选址，因地制宜。《园冶》说："因者：随基势之高下，体形之端正，碍木删桠，泉流石注，互相借资；宜亭斯亭，宜榭斯榭……"造园之初得先选址，选址得宜可以省去许多人力物力，而且能得自然之妙。

颐和园有巍峨耸立的万寿山，碧波涟漪的昆明湖，在缺水的北方选择一拥山抱水的地形是难能可贵的，为其湖光山色打下了良好的环境基础。颐和园到处苍松翠柏、奇花异草，又具有良好的植被环境。良好的环境基础减少了人力和物力的施工改造。园内依山湖形势布置了许多各具特色的建筑，如慈禧太后居住的宜荟馆，这里除堂内华丽的陈设外，还有庭院的各种奇花异草，满树玉蕊，加上前面昆明湖，背后万寿山的衬托，显得格外雅致、迷人。颐和园松柏森森、假山奇秀、古铜宝鼎，颇具有帝王苑囿的特点。颐和园成功的选址为造园打下了良好的基础。

②主次分明，功能明确。颐和园的布局是经过精心设计的。全园建筑由近及远层层展平，显得变化无穷，又有主有从，层次分明。全园可分为政治活动区、生活居住区、风景游览区3个部分。政治活动区和生活居住区集中在东宫门一带，政治活动区以行寿殿为主体，殿前有仁寿门，门外两侧有九卿值房和配殿。生活居住区以乐寿堂为中心，是一组用五六十间游廊连缀起来的3座大型四合院。风景游览区则是全园景物的精华，以万寿山为中心，分为前山后山、南湖西湖几部分。前山部分是游览区的重点，也是全园建筑的精华所在，有长廊、排云殿、德辉楼、佛香阁、智慧海、宝云阁、听鹂馆、画中游、清晏舫等建筑，其中佛香阁是全园最高大的宏丽建筑；后山后湖则是一片江南景色，有多宝塔、景福阁、谐趣园、苏州街等景物，谐趣园仿无锡名园寄畅园而建，既有南方园林的特色，又有皇家园林的华丽，自成一体，成为园中之园。南湖西湖一带有南湖岛、西堤、十七孔桥、铜牛、知春亭、文昌阁等景物。由于布局得法，众多的景物融汇成一个统一的环境，显得十分协调。众多建筑所构成的这个重点突出、脉络清晰、宾主分明的布局，能够寓变化于严整，严整中又有变化。这种布局不仅恰如其分地掩饰了山形的缺陷，而且体现了帝王苑囿雍容磅礴的气势和仙山琼阁的画境，却又不失其园林的婉约风姿。这在现存的中国古代园林中，实为独一无二的"大手笔"。

③利用视觉规律构置景点。人眼能看到的最远距离约为1 200 m，较清晰的范围为200 m～300 m。安排景物时近景可安排在100 m内，中景可安排在300 m～500 m内，远景可安排在1 000 m内。人眼恰当的水平视锥和垂直的视锥控制在60～90度，所获得的画面为包括建筑物和树、石、云天、水池等自然景物在内的理想范围。

颐和园中的"知春亭"是颐和园主要的观景点之一。在这个位置上，大致可以纵观颐和园前山景区的主要景色，在180度的视域范围内，从北面的万寿山前山区、西堤、玉泉山、西山，直至南面的龙王庙小岛、十七孔桥、廓如亭，视线横扫过去，形成了恰似中国画长卷式、单一面完整的风景构图立体画面。在距离上，"知春亭"距万寿山前山中部中心建筑群体轮廓看得比较清晰的一个极限，成了画面的中景。而作为远景的玉泉山、西山侧剪影式地退在远方，而从东堤上看万寿山，"知春亭"又成了使画面大大丰富起来的近景。从乐寿堂前面朝南看，知春亭小岛遮住了平淡的东堤，增加了湖面的层次。"知春亭"的位置选择从"观景"和"点景"两方面看都是极为成功的，近对万寿山前，远对南湖岛，西借玉泉山宝塔。

（2）颐和园的造园手法。

①对比手法的运用。一是纵横对比。万寿山地处颐和园的中心部位，高崇奇丽的万寿山与昆明湖形成垂直高差的明显对比。山区依地势的起伏，把建筑作点景需要布列于山阜之中。从昆明湖北岸的中间码头开始，经过云辉玉宇排楼、排云门、金水桥、二宫门、排云殿、德辉殿、佛香阁、众香界、智慧海9个层次，层层上升。从水面一直到山顶构成一条垂直上升的中轴线。无论是从下往上仰视，还是从上往下俯视，那层层升高的宏伟建筑都充分展示了这座皇宫御苑的皇家气派。万寿山以佛香阁为中心，荟萃了园内建筑精华，是宫廷功能、宗教功能、园林功能的集中体现。万寿山与昆明湖利用了纵横对比的手法，衬托了万寿山的高耸与昆明湖的浩渺。

二是虚实对比。在宫廷区和山林区的衔接部位，即仁寿殿的南侧，堆置了一带小土岗代替通常的墙垣，使严整的"宫"和开朗的"苑"之间，既有障碍，又能够把两者的空间巧妙地沟通起来，从而创造了一种"欲放先收"的景观对比。从东宫门入园必先经过宫廷区的一重重封闭而多少有些森严的建筑空间，绕过仁寿殿南侧的一带小土岗，于不经意间进入豁然开朗的另一天地。放眼西望，湖光山色突然呈现在面前，这是一个极其强烈的对比，一开始便增强了人们对园林的感受，其动人心弦之处恐怕是每个游人所不能忘怀的。如果没有这个建筑空间的过渡，刚入园即一览无余，那么，园林所给予人的第一个印象也就大为逊色了。

三是开合对比。万寿山后坡，林深谷邃，藏有花承阁、绮望轩等许多清幽的苑囿。林木茂密，松柏森森，古木参天，灌木杂以野花，富有自然野趣。沿山脚下一条狭长而曲折的溪流，在峰回路转时露出港汊桥岛，环境幽静，与前山的旷朗开阔形成鲜明的对比。

②采用多种园林要素划分空间。昆明湖与北京最大的水库——密云水库相连接，是北京城近郊最大的一块水域。每年的4～10月，是颐和园的游览旺季，乘坐大小御舟和各种游艇在昆明湖上畅游消暑，是最吸引人的活动。昆明湖因面积较大，采用了建筑、植物、桥、岛屿等多种分隔要素对其进行分隔。昆明湖由西堤和东堤分割出里湖、外湖、南湖和西湖。南湖岛上有十七孔桥接连东岸。岛上有藻鉴堂、龙王庙和涵虚堂，隔湖对望佛香阁，有如蓬莱仙境。昆明湖岸边有知春亭、廓如亭（八方亭）、文昌阁、铜牛、西堤大桥，还有画中游、谐趣园、石舫、十七孔桥等都是园中著名胜景。知春亭、东堤、西堤大桥，还有画中游、南湖岛、石舫、玉带桥、十七孔桥（图5-3）及沿堤的翠柳都为昆明湖增添了层次。

图 5-3 十七孔桥

西堤是一道蜿蜒水中的长堤，仿杭州西湖上的苏堤，也建有 6 座桥亭，桥亭和行道树一路相间。昆明湖上最著名的桥要数玉带桥，因形似玉带而得名，仿佛是在西堤这绿色的项链上镶嵌的一颗耀眼的明珠。除玉带桥外，其他 5 桥从北向南依次是界湖桥、豳风桥、镜桥、练桥、柳桥。大大小小的岛屿和建筑或远或近浮于碧波荡漾的昆明湖中，采用了传统的"一池三山"模式，表达了封建帝王刻意追求的神仙之境。

③借景的运用。一是远借前山的西面，是西堤的一派自然景色，它与前山浓重的建筑点缀完全不同，两者形成了强烈的景观对比。这条平卧湖上的西堤除了点缀着几座小桥之外，看不到任何高大的建筑物。因此，园外玉泉山的美丽山形以及玉峰塔玲珑挺秀的体态得以完整地、毫无遮挡地收摄为园景的一部分。玉泉山外的西山群峰起伏，呈北高南低的走势，万寿山的山形正好与这个走势相呼应。而昆明湖南北向的宽度又恰恰能够把西山群峰与玉泉山借景全部倒映湖中。两者之间又用西堤沿岸的柳树，遮住了分隔园内外的宫墙。从东堤一带西望，园外借景与园内之景浑然一体，嵌合得天衣无缝。其构图之完整，剪裁之得体，简直就是一幅绝妙的天然图画。这也是中国园林中运用"借景"手法的杰出范例之一。

二是邻借佛香阁是全园的制高点，控制了全园风景点。佛香阁高 41 m，八角攒尖，三层四重檐，建于万寿山前山的巨大石造台基上，这座台基包山而筑，把佛香阁高高托举出山脊之上。仰视有高出云表之慨，随处都能见到它的姿影。阁仗山雄，山因阁秀，万寿山在远处西山群峰的屏峰和近处玉泉山的陪衬下，小中见大，气势非凡，苍松翠柏，郁郁葱葱。佛香阁面对的昆明湖又恰到好处地把这个画面全部倒映出来，山之葱茏，水之澄碧，天光接应，令人荡气舒怀。中国造园家们所津津乐道的造园手法——借景在这里得到了完美的运用和体现。

三是借历史古迹。谐趣园仿江南无锡惠山寄畅园而建。乾隆《惠山园八景诗序》称：

"江南诸名墅，惟惠山秦园最古，我皇祖赐题曰寄畅。辛未春南巡，喜其幽致，携图以归，肖其意于万寿山之东麓，名曰惠山园。一亭一径，足谐奇趣。"当时谐趣园有8景：载时堂、墨妙轩、就云楼、淡碧斋、水乐亭、知鱼桥、寻诗径、涵光洞。清朝嘉庆十六年（1811年），经过一番大修，改名为谐趣园。蜿蜒于万寿山后山脚下的后溪河自然朴素，饶有江南的景趣。这里最著名的建筑是仿照江南水乡的水街兴建的买卖街，即后来的苏州街，乾隆时仿江南水乡而建，是专供清代帝后逛市游览的一条水街，1860年被英法联军焚毁，1990年在遗址上复建。街全长300余米，以水当街，以岸作市，沿岸设有茶馆、酒楼、药房、钱庄、帽店、首饰铺、点心铺等60多个铺面，集中展现了18世纪中国江南的商业文化氛围。

④统一与变化。长廊是颐和园的主要建筑之一，蜿蜒于万寿山南麓、昆明湖北岸，将如画的景区、景点串联一线，使湖山之间的景色层次分明，有如系在昆明湖与万寿山之间的一条彩带。长廊共273间，全长728m，中间建有象征春、夏、秋、冬的"留佳""寄澜""秋水""清遥"4座八角重檐的亭子。长廊以排云门为中心，分为东西两段。在两边各有伸向湖岸的一段短廊，衔接鸥舫和鱼藻轩两座临水建筑。西部北面又有一段短廊，连接一座八面三层的建筑，山色湖光共一楼。长廊的西部终端是石丈亭，从邀月门到石丈亭，沿途穿花透树，看山赏水，景随步移，美不胜收。颐和园的长廊在美学上体现了"千篇一律"与"千变万化"的结合。它的结构和装饰都是在变化中求统一，最明显的是廊内梁枋上的油漆彩画，共有14 000多幅，没有一幅是重复的，有《西游记》《三国演义》《水浒》等书中的人物画和全国著名的风景画，都做了有秩序的相间的安排，随着长廊空间的变化，画的大小样式也相应变化，游人在长廊一边漫步，一边欣赏，不时还可以坐下来休息，眺望昆明湖的风光，使人乐而忘返。长廊的道路还存在微妙的起伏与曲直的变化，同时在变化中又保持统一，如廊内等距离的柱和枋，一纵一横，在廊的两侧和上方，有秩序地反复，形成一种轻快的节奏。柱与枋、路面由于符合透视原理而在远方融汇在一起，使人产生一种柔和的音乐感。长廊的设计使人感到变化多样而又不杂乱。

颐和园取于皇家造园的意图，利用优美的景色，布置了大量的豪华建筑，宫区布满了宏伟壮丽的宫殿群组，大量的园中高阁、长堤、绿岛、虹桥，充分利用了中国传统的造园手法，把这些大的景物融汇在一个统一的环境里，显得十分协调。颐和园以水取胜，水面广大，层次多而不紊乱，以山作全园的构图中心，主体佛香阁的体量感突出全园，以雄伟的气势、高耸的地形来控制全园。利用万寿山一带地形，加以人工改造，形成前山开阔的湖面和后山幽深的不同境界，并充分运用了对比、借景等造园手法。颐和园从选址、布局到造园手法的运用都是极为成功的。

3.颐和园的建筑艺术赏析

（1）"宫"与"苑"相结合。建园目的最终是为皇家所享用。他们在此居住、议政、吃喝玩乐，如同一个小朝廷，他人是不可随便出入的。即使召见重臣也只限于正殿，再往内就是生活区、游览区，未经皇帝特召不能越雷池半步。所以一进正门（东宫门）就是皇帝询问朝政的"勤政殿"，后改名"仁寿殿"。正殿的两侧有两配殿、内外朝房、值班房。从功能看，与紫禁城的殿宇不相上下。殿正中也建有地平床，上有象征皇权的九龙宝座，前有御案，后有围屏、掌扇。但唯一不同的是，它的屋顶一律灰色青瓦，而故宫的大殿却是黄色琉璃瓦。

由三进院落组成的这个严整的建筑群，丝毫看不出与自然景观有任何关系，但毕竟是园林的一隅，不能完全割裂。所以在殿的南侧堆了一个数米高的土岗，代替了墙垣。从严整的殿院转过土岗，就是一片湖光山色。豁然开朗，到处是赏心悦目的迷人景色。如果没有这个土岗，一进大门就是湖光山色一目了然，对于景来说失去悬念，对于殿来说太不严整。土岗就成了"宫""苑"相结合的纽带。

殿的后面就是皇家的生活区。生活区不可离大殿太远，但又不能密集一片，如玉澜堂、乐寿堂、宜芸馆等适当地分散开来，但同属生活起居之地，在某种范畴中又是集合，这种"大分散"与"小集合"的建园布局比比皆是。方便了生活，也点缀了园景。各个群体，又用曲廊、游廊、半廊等使各个独立体有机地联系起来，宫中有苑，苑中有宫，相辅相成，相映成趣。

（2）山与水的处理。水域面积占全园的 3/4，对水的处理就不能单纯以扩大蓄水为目的，要从园林风景角度考虑，利用湖水来造景。原来的瓮山，只西半部临湖，东半部是一片田野。为扩湖蓄水解决水利问题，往东挖到现在的东堤，往西利用挖土堆成现在的西堤，南面水域开阔，堆成一个南湖岛，北面用挖湖土加高堆成了今天的万寿山。在湖的西北端将水引入万寿山后山，开凿了后湖。这条水路曲曲直直有阔有窄，利用凿出的土堆成北墙的土埂，又仿江南街市筑成宫市，名"苏州街"或"买卖街"。设有古玩店、估衣店、茶馆、饭肆等，不对外，只由太监掌管，供宫里人游玩取乐。

水域如此处理，分成三大系，各有中心岛。其中南湖岛水域最大，它的对面就是万寿山，山水遥相呼应，使整个万寿山镶嵌于湖中心。水域太大，为了交通方便，也为造景和点缀，修建了各式大小桥梁 30 多座。为使南湖岛与东堤相接，修造了由 17 个券洞组成的长 150m、宽 8m 的十七孔桥，桥栏柱顶雕有形态各异的 500 多只石狮子。西堤有桥 6 座，最出名的是玉带桥。当时由昆明湖到玉泉山，须乘船由此经过，所以是一座高拱桥。拱高而薄，用汉白玉和青石所建，故名玉带桥。半弧形的桥身，映在水里又呈一个半弧形，远观两者合成一个圆月，成了园中一景。有的桥是平桥，如谐趣园中的知鱼桥，为观鱼方便，桥身几乎平贴水面。还有亭桥，如西堤的幽风桥、镜桥、练桥、柳桥等。它们既为交通，又为造景。桥上观景亭供游者小憩，又可远眺四方景色。园中所建亭很多，有 40 余座，有圆形、方形、菱形、多角形、套环形等。其中又分单檐、重檐，有的亭四面敞开，有的筑有栏杆，有的建在堤上，有的建于山顶、山腰，还有的在水边。它们起到了交通、休息、连接、点缀等作用。除亭之外，还有其功能近似亭的"廊"。如东起邀月门，西到石丈亭，有长 728m，共计 273 间的长廊，如同彩带，把万寿山前的建筑群体有机地串联起来，使湖山之间的层次更加分明。画中游建在北面山坡上，依山坡高低曲折建了爬山廊和下山廊。园内花木繁茂，不仅是绿化，又是点缀与装饰的必要手段。在居住区，如乐寿堂种植的是牡丹、玉兰，临水地方种植的是垂柳、荷花，谐趣园的玉琴峡则以竹为主，山冈以苍松翠柏为主。目前园中古松柏树已是国家二级保护文物。每个殿堂前都有匾和联，起到装饰和命名作用。

生活区少不了娱乐。所以，颐和园内建有上下3层，高21m，底层舞台宽17m的大戏楼。舞台的顶板和地板有天井、地井，底部有深水井和5个方形水池，可以喷吐水景。在听鹂馆内又建有小戏楼，专供日常小规模演出使用。

（3）万寿山的前后山。万寿山前的面积很小，只能立体发展。其建筑身居正面，居高临下，面向大湖，可三面观景，是建筑群中的重中之重。因不能平面发展，只可因地制宜、因势利导、由下而上——从排云门向上为排云殿至德辉殿，再上去，斜坡上建有高21m的四方台基。通过八字形的梯级到台基顶部，修建了气宇轩昂、独立于一切之上的佛香阁。

佛香阁是一座宏伟的塔式宗教建筑，为全园建筑布局的中心。清乾隆时（1736—1795年）在此筑九层延寿塔，至第8层"奉旨停修"，改建佛香阁。咸丰十年（1860年）毁于英法联军，光绪时（1875—1908年）在原址依样重建。该阁仿杭州的六和塔建造，兴建在20m的石造台基上，阁高41m，八面，三层，四重檐。阁内有8根铁梨木大柱，直贯顶部，下有20m高的石台基。阁上层榜曰"式延风教"，中层榜曰"气象昭回"，下层榜曰"云外天香"，阁名"佛香阁"。游人至此，居高临下，可以饱览昆明湖及几十里以外的明媚风光。

（4）南湖岛。面积较大，帝王常在此观赏水军演练。它的四周用石栏团团围起。主要建筑有龙王庙（广润灵雨祠），北面有假山，在山上建了涵虚堂，为主体建筑。此建筑比较特殊，是一座两券殿。南有露台绕以石雕栏，乾隆时是仿武昌黄鹤楼所造的三层楼阁，重建后有所改动。

在岛的面前是一片烟波浩渺的湖水，西面的堤外就是玉泉山顶的玉峰塔和西山。数里外的玉峰塔和群峰起伏的西山与园内的人工美景相呼应，有目的地利用了园外之景来衬托和丰富园内之景。这就是所谓的"借景法"。

身处南湖岛，北面是重重叠叠错落有致的一片金黄屋顶的万寿山，西面是重峦起伏的西山风景，东面是文昌阁和浮现在绿树丛中的知春亭，四面景观映集在轻舟荡漾的湖波上，既有诗情又具画意。所以末代皇帝溥仪的英文老师、英国人庄士敦奉旨接管颐和园时，将他的办公室就设在南湖岛，称自己已入仙境。

（5）谐趣园。地处园东北角，构造别致另为一体，故又名"园中园"。它是仿无锡惠山的寄畅园建造，是帝王垂钓取乐的地方。一进大门，就可以感到小巧玲珑独特的江南味道。

园中四周有引镜、洗秋、饮绿、澹碧、知春堂、小有天、兰亭、湛清轩、涵远堂、瞩新楼、澄爽斋等亭、楼、堂、榭、轩等建筑，被曲曲折折的走廊随高就低、错落有致地串联起来，像一串项链围绕在中央的池塘边。塘的岸边是袅袅垂柳，在微风吹拂下不时划破静寂的水面。倾吐着阵阵清香的荷莲中，游鱼不停地穿梭游荡。塘的东南角，贴在水面的知鱼桥，使人想起古代庄子和惠子那场"知鱼乐"的辩论。在它的对角线上（西北角），是慈禧太后钟爱的"玉琴峡"。它由嶙峋怪石所堆砌，三面绕以绿竹和藤萝，淙淙的细流从峡谷而下，有似琴声，故名"玉琴峡"。慈禧在此题"松风""萝月"等字，并叹称：妙就在此"峡"字上。它的西侧，即"瞩新楼"，从园外看，是一座普通的一层堂屋，在园内观，是两层的观景楼，颇具新意。"园中园"确与其他景点的风格相异。最初名为"惠山园"，1811年重修时，改名为"谐趣园"（图5-4）。

图5-4　谐趣园

　　建造这样浩大的园林，从大胆的构思和规划到巧妙的施工，处处显示了劳动人民的伟大智慧，不愧为中华园林中的一件伟大作品。

三、法国凡尔赛宫及园林

　　凡尔赛宫最初是路易十三修建的用于狩猎的行辕，路易十四当政时开始建宫。从1661年动工，到1689年才得以完成。宫殿主体长达707 m，有700多个房间，中间是子宫，两翼是宫室和政府办公处、剧院、教堂等。室内地面、墙壁都用大理石镶嵌，并饰有雕刻、油画等装饰。中部的镜厅是凡尔赛宫不同于其他皇宫的地方，长73 m、宽100 m、高12.3 m。拱顶是勒勃兰的巨幅油画。长廊一侧是17面落地镜，镜子由483块镜片镶嵌而成，将外面的蓝天、绿树都映照出来，别有一番景色。厅内两旁排有罗马皇帝的雕像和古天神的塑像，并有3排挂烛台、32座多支烛台和8座可插150支蜡烛的高烛台，经镜面反射可形成3 000支烛台，映照得整个大厅金碧辉煌。

　　凡尔赛宫的园林在宫殿西侧，面积为1 km²，呈几何图形。南北是花坛，中部是水池，人工大运河、瑞士湖贯穿其间。另有大小特里亚农宫及雕像、喷泉、柱廊等建筑和人工景色点缀。放眼望去，跑马道、喷泉、水池、河流与假山、花坛、草坪、亭台楼阁一起，构成了凡尔赛宫园林的全貌（图5-5）。

图 5-5 凡尔赛宫园林的全貌

凡尔赛宫的花园收藏了大量的雕塑作品，镜厅前面的水坛有 2 个湖，每个湖内有 4 个雕塑，代表法国的河流：雷诺定代表卢瓦尔河和卢瓦尔特河，图别代表索思河和罗纳河，拉翁格勒代表马恩河和塞纳河，考赛伏克斯代表加龙河和多尔多涅河。还有一些生动的动物群体和无数古典神话中的形象，包括酒神巴克斯、太阳神阿波罗、众神信使墨丘利和森林诸神领袖塞利纳斯。另外，还有一些看起来忠实于古代原作的艺术复制品，如考塞伏克斯所做的维纳斯和福格尼的磨刀匠。法朗哥斯·格拉顿的叫作南姆菲斯浴池的喷泉是以一个铅制的浮雕而命名的，图别的铅制光辉杰作描述了太阳神阿波罗驱马跃出水池的情景。建于 1676 年的恩克拉多斯喷泉是一件巨大的作品，雕刻家加斯帕特·马斯刻画了提坦恩克拉都斯被埋在岩石底下的受苦形象。

广义的凡尔赛宫分为宫殿和园林两部分，宫殿指主要建筑凡尔赛宫，园林分为花园、小林园和大林园 3 部分。总体布局以宫殿的轴线为构图中心，沿宫殿—花园—林园逐步展开，宫殿的中轴线向前延伸，通过林荫道指向城市；向后延伸，通过花园和林园指向郊区，形成一个完整统一的整体，体现至高无上的君权。

凡尔赛宫宫殿为古典主义风格建筑，立面为标准的古典主义三段式处理，即将立面划分为纵、横三段，建筑左右对称，造型轮廓整齐、庄重雄伟，被称为理性美的代表。宫顶建筑摒弃了巴洛克的圆顶和法国传统有尖顶的建筑风格，采用了平顶形式，显得端正而雄浑。宫殿外壁上端林立着大理石人物雕像，造型优美，栩栩如生。其内部装潢则以巴洛克风格为主，少数厅堂为洛可可风格。

宫殿位于全园中轴线的视线焦点处，正宫朝东西走向，两端与南宫和北宫相衔接，形成对称的几何图案，是统治权力的体现。

整体园林布局强调有序严谨，庞大恢宏的宫苑以东西为轴，南北对称，规模宏大，轴线深远。中轴线两侧分布着大小建筑、树林、草坪、花坛和雕塑，形成了一种宽阔的外向园林形式，反映了当时的审美情趣。在平展坦荡中，通过尺度、节奏的安排又显得丰富和谐。

花园从南到北分为 3 个部分。南北两部分均为模纹式花坛，南面模纹式花坛再向南是橘园和人工湖，景色开阔，是外向性的空间。北面花坛被密林包围，景色幽雅，是内向性的空间。一条林荫大道向北穿过林园，大道尽端是大水池和海神喷泉。中央部分有一对水池，从这里开始的中轴线长达3千米，向西穿过林园。

凡尔赛宫花园内道路、树木、水池、亭台、花圃、喷泉等均成几何图形，花园内的中央主轴线控制整体，辅之以几条次要轴线和几条横向轴线，所有这些轴线与大小路径组成了严谨的几何格网，构图整齐划一、主次分明。轴线与路径的交叉点，多安排喷泉、雕像、园林小品作为装饰。这样做，既能突出布局的几何性，又可以产生丰富的节奏感，从而营造出多变的景观效果。

此外，轴线与路径延伸进林园，将林园也纳入几何格网中。林园分为两个区域，较近的一区叫小林园，被道路划分成12块丛林，有斜向的或曲折的小径通向各个丛林园，每块丛林中央分别设有道路、水池、水剧场、喷泉、亭子等，不断在游览过程中为参观者呈现惊喜。

中轴线穿过小林园的部分称为"国王林荫道"，中央有草地，两旁设置雕像。"国王林荫道"的东端水池中是阿波罗母亲的雕像，西端则是阿波罗的雕像，这两组雕像说明"国王林荫道"的主题就是歌颂"太阳王"的路易十四。

进入大林园后，中轴线变成一条水渠，另一条水渠与之十字相交构成横轴线，它的南端是动物园，北端是特里亚农宫。大林园栽植高大的乔木，新颖的装饰物和喷泉与严格对称的大片树林形成了鲜明的对比。利用各种各样的水资源，勒诺特尔从阴暗的空间（林园）穿向更明亮的地区（花园），创造了神奇的明暗对比效果。以林园作为花园的延续和背景，可谓构思精巧。

花园内的景观有别于其他皇家园林，多以人文为主，透溢出浓厚的人工修造痕迹。花坛和主路两旁散布着雕塑和经过修剪的拥有让人惊奇的形状的紫杉，它们让凡尔赛花园成为花木修剪艺术的圣殿（图5-6）。

图5-6　凡尔赛花园

1.凡尔赛宫造园特点

凡尔赛宫花园总体规划对称严谨,规模宏大,体现君权统一,整个园林及各景区景点皆表现出人为控制下的几何图案美,与此同时还具有以下几个突出的特点。

(1)面积大。意大利的园林一般只有几公顷,而凡尔赛园林有1 600公顷,轴线有3 000米长。如此巨大的面积,是一项十分繁重的工程。虽然过大的面积给整体设计带来了一定的困难,但就视觉效果来说,还是非常有特色的。

(2)花园主轴线明显。凡尔赛花园中的轴线已不再是意大利花园里那种单纯的几何对称轴线,而变成了突出的艺术中心。最华丽的植坛,最辉煌的喷泉,最精彩的雕像,最壮观的台阶,一切好东西都集中在轴线上或者靠在它的两侧。把主轴线做成艺术中心,一方面是因为园林面积大,没有艺术中心就显得散漫,另一方面,也是绝对君权的政治理想在园林构建中的体现,在设计中一定要分清主从。

(3)园林的总体布局具有浓重的皇权象征意义。凡尔赛宫具有浓重的皇权象征寓意。宫殿或者府邸统率一切,往往在整个地段的最高处,前面有笔直的林荫道通向城市,后面紧挨着花园,花园外围是密密麻麻、无边无际的林园。宫殿的轴线贯穿花园和林园,是整个构图的中枢,在中轴线两侧,跟府邸的立面形式呼应,对称地布置次级轴线,与几条横轴线构成园林布局的骨架,编织成一个主次分明、纲目清晰的几何网络。

(4)几何对称美显著。凡尔赛宫园林是规则式园林,园林在构图上呈几何形式,在平面规划上依据一条中轴线,在整体布局中前后左右对称。园地划分时多采用几何形体,其园线、园路多采用直线形;广场、水池、花坛多采取几何形体;植物配置多采用对称式,株、行距明显均齐,花木整形修剪成一定图案,园内行道树整齐、端直、美观,有发达的林冠线。勒诺特尔的设计突出了"强迫自然接受匀称法则"的规则式设计理念,肯定了人工美高于自然美。而人工美的基本原则,则是变化中的统一。所谓变化,就是园林地形和布局的多样性,花木的品类、形状和颜色的多样性。所谓统一,即一切多样性,都应该"井然有序,布置得均衡匀称",直线和方角的基本形式都要服从几何比例原则,有着严谨的数理逻辑。

(5)植物造景奇特。勒诺特尔用多种方式进行植物造景,其中,常绿树种在设计中占据首要地位。其非常独特之处在于大规模地将成排的树木或雄伟的林荫树用在小路两侧,加强了线性透视的感染力。在植物造景的艺术性方面,追随了造型艺术的基本原则,即多样统一,对比调和,对称均衡和节奏韵律。无论是水体与植物的组合景,还是街道与植物的组合景,都强调了相互因借,相互映衬的和谐美。

(6)喷泉和雕塑的运用。凡尔赛宫园林的另一特色是喷泉和雕塑。宫殿后的花园喷泉多且美,每组喷泉都有一个神话故事。一组由红色大理石砌成的拉冬娜喷泉,为希腊神话中阿波罗和狄安娜之母复仇的故事。拉冬娜曾被小亚细亚农民所辱,众神之王朱庇特便把这些农夫变成青蛙。喷泉中一群青蛙和头部刚刚变成青蛙的农夫口喷清泉,形成一个晶莹的水帘,把立于泉水之巅的拉冬娜罩在一片白茫茫的水花之中。沿台阶走下中央平台，可以看到拉冬娜喷泉里的马尔西雕塑的代表作。喷泉中央制高点，女神和她的孩子阿波罗与狄安娜呈三角形依偎在一起，这座喷泉处在长长的绿色地毯大道的起点。再往前，这条路通往又一个大的阿波罗喷泉。在此喷泉中，设计者杜比想象出阿波罗乘坐一辆四马战车跃出水面，显示出一副英姿勃发的形象，几个海妖手持海螺吹响着，宣告阿波罗的降临。

2.空间布局分析

勒诺特尔园林的伟大之处在于创造了更为统一、均衡、壮观的整体构图，其核心在于中轴的加强，使所有的要素均服从于中轴，按主次排列在两侧，这是在古典主义美学思想的指导下产生的。与意大利园林相比，其空间布局更显宏伟，更有秩序，关系更明确。

（1）内向与外向。勒诺特尔园林空间的另一个独到之处是有一些独立于轴线之外的小空间——丛林园。丛林园的存在使园林在一连串的开阔空间之外，还拥有一些内向的、私密的空间，使园林空间的内容更丰富、形式更多样、布局更完整，体现了统一中求变化、又使变化融于统一之中的高超技巧。

（2）疏与密。勒诺特尔园林的空间关系是极为明确的，轴线上是开敞的，尤其是主轴线，极度的开阔；两旁，是非常浓密的树林，不仅形成花园的背景，而且限定了轴线空间。而在树林里面，又隐藏着一些小的林间空地，布置着可爱的丛林园。浓密的林园反衬出中轴空间的开阔。这种空间的对比是非常强烈的，效果很突出。这种空间的疏密关系突出了中轴，分清了主次，像众星拱月一样，反映了绝对君权的政治理想，也反映了理性主义的严谨结构和等级关系。

3.造园技巧

（1）透视学的应用。仔细看一下凡尔赛花园的平面图，比较一下几个水体的大小，会发现它们是按照远大近小的规律来布置的。宫殿前的一对水池，在现场看十分巨大，它们是与宫殿的尺度相适宜的。但与远处的阿波罗水池和大运河相比，这两个水池又实在是小巫见大巫。大运河的东西两端和中间，各有一个放大的水池，从平面上看，这3个水池呈逐渐扩大的趋势。尤其是西端的水池，与整个运河相比，有些超乎寻常的大，显得有些比例失调。但实际看起来轴线上的系列水体比例是和谐的。大运河的末端距宫殿将近3 000 m，如果不将它放大，由于透视的关系，在宫殿前花园里看起来会显得过于渺小。这样的处理就是为了在视觉上让它显得与整个构图相称。在宫殿前横轴上的水池，也是按照这个思想来布置的。

（2）地形的处理。站在拉冬娜喷泉前的大台阶上俯瞰全园，会觉得大运河翘了起来，其实是因为从拉冬娜喷泉开始到国王林荫路，一直是一条下坡路，它的透视灭点和大运河的灭点不重合，看上去大运河仿佛有点向上倾斜。而从运河的西端看花园，由于有将近3 000 m的距离，所有的景物都浓缩在一个层面上了，这时的国王林荫路已经变成了竖立起来的一小块绿毯。这种坡道的处理在勒诺特尔式园林中很常见，尤其是在林荫路的设计中。

宽阔而漫长的坡道林荫路，远方安置对景，具有特殊而优美的透视效果，表现了巴洛克艺术对深远透视的爱好。

第五节　国内外现代园林鉴赏

一、上海世纪公园

　　世纪公园位于上海市浦东新区行政文化中心，是上海内环线中心区域内最大的富有自然特征的生态型城市公园，占地 140.3 hm²，总投资为 10 亿元，体现了东西方文化的融合、人与自然的结合，是具有现代特色的中国园林，享有"假日之园"的美称。

　　公园以大面积的草坪、森林、湖泊为主体，建有湖滨区、观景区、疏林草坪区、鸟类保护区、乡土田园区、异国园区和迷你高尔夫球场 7 个景区，以及世纪花钟、镜天湖、高柱喷泉、南国风情、东方虹珠盆景园、绿色世界浮雕、音乐喷泉、音乐广场、缘池、鸟岛、奥尔梅加头像和蒙特利尔园等 45 个景点。园内设有儿童乐园、休闲自行车、观光车、游船、绿色迷宫、垂钓区、鸽类游憩区等 13 个参与性游乐项目，同时设有会展厅、蒙特利尔咖啡吧、世纪餐厅、海纳百川文化家园和休闲卖品部。园内乔灌相拥、四季花开、湖水荡漾、溪水蜿蜒、竹影斑驳、草木葱郁，是大都市中的一片绿洲、繁华中的一片宁静，是休闲、度假的怡人佳境。

　　世纪公园突出的特点表现在以下几个方面。

1.新型的自然生态型公园

　　用自然要素"风、土、水"创造出不同的环境要素。以人为本，并充分考虑到整体的生态环境，在满足大量游人的需求，使人们深感兴趣和快乐的同时，也为野生动物（鸟类、鱼类、昆虫等）提供了生活场所。例如，开辟了游人不可入内的生态型小岛——鸟类保护区。

　　一个成功的公园，应具有一些保护性功能，能抵御冬季寒冷的西北风和夏季炎热的西风，并向东南开敞以接纳凉爽的海风。

　　沿公园西界和北界创造一系列绵延起伏的山丘，形成公园的轮廓。水通过内外水体的不同处理，将污水引开，以保证中央湖泊的清洁。

2.体现休闲公园的性质

　　休闲作为现代社会进步的标志，表示人们有越来越多的闲暇时间从事各种休闲活动。

体现休闲的性质正是现代公园的一种标志，它必须满足城市居民日常游憩的需求，最大限度地发挥公园的作用。从功能上来讲，世纪公园在布局上设置儿童游戏场、大型露天剧场，供游人交往的会晤广场、民俗村、自然博物馆、大草坪等，提供了各种形式的休憩场所，既有休闲又有文化。

3. 融现代高科技于园林之中

为了与附近国际博览区相结合，公园内设置了科技园，展示当今科技热点，如太阳能、风能、通信、植物的医用功能和生态环境等内容。这种寓教于乐，融科学性和趣味性相结合的手法与时尚流行的游乐园截然不同。公园内还利用高科技，创造了新的园林景观，如激光喷泉、水幕电影、大型温室等。

4. 自然中融入规整的布局形式

中国园林很少见到有直线和规整的处理手法，即使在皇家园林中，为了体现中央集权的政治要求，也只采用对景等虚的造园手法。世纪公园突破了中国传统园林手法上的束缚，将直线引入了公园，充分展示了直线在园林内不同于曲线的魅力。直线伸展，具有很好的视觉连续性，能给人心情舒畅感，可体现大公园恢宏的气势，这是曲线所达不到的效果。另外，直线在布局中，还可将公园内不同的部分紧紧地联系在一起。如会晤广场与民俗村入口，国际花园景区和中央大草坪之间的联系。直线可使自然中出现条理化，紧张和松弛达到完美的统一。

世纪公园的布局以自然为主、规整为辅，自然中融入规整。自然性主要体现在自然的造园素材上，水、石、土、植物，弯曲的游路可以给人景色变化多姿的感觉，与自然的闲情雅趣是一致的。这种自然与规整、直线与曲线的辩证统一和合理运用，会创造出更多的景致，适合不同的心情，更好地体现出现代与传统和中西文化相结合的这一设计原则。

5. 适合多样的使用需求

为提高公园使用效率，既考虑白天使用，又考虑晚上使用，以适应不同的需求层次。公园在主要游路和主要景点，开辟晚间使用的专用路线和区域，如主要入口、国际花园景区、景观大道、会晤广场、湖滨大道、露天剧场等，非常适合大城市生活的模式。为适应不同层次游人的需求，在主要入口处，开辟了儿童游戏场和体育运动场所。同时公园入口处的设计充分考虑到入口所处的环境，不仅为了迎接游人进入公园，还为了把它作为一种有硬质铺地的繁忙的城市空间，其中具有诸如亭子、咖啡馆、厕所、自行车停车场等设施。设立在公园边界外围的入口，即使在公园关闭时也能连续使用。这种设计手法是非常新颖和独特的，也是以人为本的设计思想的完美体现。

6. 采用新颖的建筑形式

建筑形式采用钢结构，小型建筑采用单元组合的方式，既体现了公园的现代性，又有利于整体环境的统一，也易形成公园鲜明的个性，有别于上海乃至全国的同类型公园。从世纪公园三号门建筑来看，此种形式开创了中国园林建筑形式的先河，是非常有特色的。

7.以水为中心的艺术处理手法

以水为主题的创作手法是中外园林常用的造园艺术手法之一。水是生命之源。水是自然中富有动感，且能映衬人们心情的素材。中外园林用水这一素材，创造了丰富多彩的园林艺术形式。中国传统文化具有重源观念，重水口之"隐"，认为"隐"使水景富于趣味和不尽之意，比"显"标志着更高的境界，"水欲远，尽出之则不远，掩映断其派，则远矣"（宋·郭熙《林泉高致》）。显然，这种观念使园林在具体处理形式上，对水口处理采用藏的手法，池岸曲折多变，源头细而源远流长。西方园林同样重视水口的处理，但水口直露，强调水口的动感效果，并着意刻画，进行重点装饰处理，以瀑布、喷泉、水踏步等手法直接创造出水的动人效果。这种对水口"显"和"隐"的艺术手法的运用代表了两种不同文化上的观念，而且也表现出民族审美心理形态在历史过程中的差异。世纪公园充分运用了这两种艺术处理手法，既在鸟岛等其他地方展示了水的连绵不断、变幻多姿的景象，又在轴线端点处显示了水的惊心动魄、激动人心的效果（如大喷泉等）。以水这一较软的自然素材进行端点处理是非常成功的，充分体现了中西文化相结合这一设计原则。

二、纽约中央公园

1.闹市中的绿洲

在摩天大楼林立的纽约曼哈顿岛上，中央公园是一块难得的绿洲。它像人体的肺部，把这座拥挤、嘈杂城市里的混浊空气吸入 840 英亩绿茵覆盖的空间，滤去渗透在闹市生活中的各种有害杂质，然后向全城各处输送清新的氧气，使周围的楼房、街道充满无限的生机。

中央公园的历史可以追溯到 19 世纪 40 年代。著名记者、诗人威廉·卡伦·布赖恩特看到城市的高速发展使居民的生活空间越来越狭窄，土地的商业化使城里缺乏必需的娱乐场所，便率先在《纽约时报》上提出了修建一个大型公园的倡议，得到另外两名著名作家华盛顿·欧文和乔治·班克罗夫特的响应。经过十几年的努力，市政府终于采纳了他们的建议，买下了城北的一大片土地，然后又通过一项法案，使其受到法律的保护。1856 年，纽约市政府以 2 万美元作奖金，办了一次公开求征设计方案的竞赛，求得公园的最佳设计方案。结果，弗莱德里克·洛·奥姆斯特德和卡弗特·沃克斯提出的以自然风景为主，辅以人工园林的方案在竞赛中获胜。

数年之后，工人们挖出 10 万平方米土方，安装了下水管道，建起了道路、桥梁，栽上了树木花草，一个初具规模的、漂亮的自然公园呈现在纽约市民面前。

这个公园的构思十分巧妙，它充分利用了原有的地形，多岩石处铺上一层薄薄的泥土，让青苔在上面任意生长；在密林中则辟出几条蜿蜒曲折的小径；沼泽地上的片片水塘深挖以后，便成了微波荡漾的小湖；平坦的地面植上大片草皮，牧羊人可以赶着一群群山羊在这里放牧，给整个公园带来了牧场般的乡村气息。但自1934年以后，中央公园明文规定禁止羊群进入。公园四周修起了石墙，把喇叭长鸣、警笛尖厉、人流拥挤的城区挡在园外，使公园内保持一种幽静的世外桃源景色。

位于59号大街第五大道的"广场入口"，是闹市与幽静公园的分界线。进入公园，经过"解放者"西蒙·玻利瓦尔的雕像，便是九曲连环的水塘和一个冬季滑冰场，再往前走很短一段小路是一个小规模的动物园。动物园东侧有一座建于1940年的哥特复兴式建筑，这里原本是纽约州军火库，现在则是纽约市公园娱乐部的办公楼。

最引人注意的是一条笔直的通向露天音乐厅的林荫道。林荫道的两旁，失业的流浪者在长凳上横七竖八地躺着，年轻的母亲推着童车，一对对情侣偎在一起窃窃私语，画家在聚精会神地创作，而音乐爱好者则组成小乐队欢乐地演奏……林荫道的尽头是毕士达喷泉。这是一处风景绝佳的高地，站在上面遥望对面碧波荡漾的小湖，诸如号称"摩天大楼"的102层的"帝国大厦"等都像披了轻纱似的倒映在湖水中，五彩帆船往来驰骋，景色极为迷人。

林荫道两旁，有许多名人塑像，如德国科学家亚历山大，英国伟大的戏剧家莎士比亚、诗人罗伯特·彭斯，小说家沃尔特·司各特等。旱冰爱好者自有他们的天堂。在一块平坦的空地上，游人经常自动拉成一个大圆圈，中间放着两三台大功率的录音机，播放着节奏强烈的音乐，身着奇装异服的年轻人有的自由滑行，有的做着惊险的花样动作，还有的随着音乐摇摆跳跃，一副悠然自得的神态，使这块空地成为中央公园最活跃、最吸引人的地方。

中央公园的另一处典型景色是"哥伦布舞台"，进去即可见到一块牧羊草坪，在这一大片绿色灌木与树林环绕的草地上，常常可以看到一些人懒洋洋地躺在那里沐浴宝贵的阳光，年轻人经常兴高采烈地在此唱歌、跳舞，拨动着心爱的吉他，五色飞盘在空中飞快地旋转。情人们一对对、一双双亲密地趴在草地上。绿茵茵的草地，湛蓝色的天空，远处一幢幢高楼大厦，仿佛是舞台美术师精心设计的奇妙布景。牧羊草地的西边是纽约市很有名气的四星餐厅"草坪酒馆"。这家餐厅原来是一个牧羊圈，1934年才改成餐厅。餐厅旁有个小花园。每当夏季鲜花盛开的时候，乐队在园里演奏，客人在五彩缤纷的太阳伞下进餐，真是一种美好的享受。

公园里有好多处儿童游艺场，牧羊草坪旁边就有海克尔游艺场，还有一个喷水池和秋千等儿童游艺器械，以及艾丽丝仙境雕像和汉斯·克里斯蒂安·安德森塑像。贝尔维德尔城堡是中央公园的制高点，这是一座完全仿中世纪风格建成的城堡（图5-7）。登高远眺，公园四周的风景尽收眼底，一览无余。它的北面有莎士比亚花园，建花园时原计划把莎士比亚著作中提到的每种花都种植在这里，后来因故未能实现，殊为憾事。但旁边的贝拉科特剧场可以弥补人们的一些缺憾：一百多年来，每逢夏季，这儿都免费上演莎士比亚的戏剧，供人们观赏。另一处欣赏演出的是新湖对面的大草坪，著名的纽约交响乐团每年都在此举行3场音乐会，把最精彩的交响音乐献给听众。举行音乐会的夜晚，大草坪上就像过节一样热闹，既有来自纽约本地的听众，也有从许多边远地区赶来的音乐爱好者。他们带着毯子和食品等，把毯子铺在地上，点起蜡烛，聆听巨型音箱播放的优美音乐，边吃边喝，谈笑风生，享尽了夏夜露天音乐会的野餐乐趣。

图 5-7　贝尔维德尔城堡

中央公园还有一件稀世珍宝——克里奥帕特之针。这是一座用花岗岩造的浅棕色方型尖塔，1475 年建于海里奥波利斯城，后来被罗马人移至埃及亚历山大港。19 世纪时埃及国王把两座方型尖塔分别赠给英国和美国，一座运到了伦敦，另一座于 1880 年安放在纽约中央公园。

久住闹市的纽约人，特别需要有一个远离尘嚣的幽静去处，他们眼前整日浮动着楼房、商店、人群、汽车，亟须呼吸清新的空气，中央公园便是理想的去处。曼哈顿岛是伸向大西洋的一座狭长岛屿，其西侧是哈德逊河，码头停泊着许多巨轮。东侧是东河，联合国大厦就坐落在东河附近。东河河面横跨着一座座大桥，夜间灯光仿佛是一串串晶莹的珍珠项链。在纽约最繁华的地段修建中央公园，使整个城市的布局融为一个整体。若乘飞机俯瞰曼哈顿岛，中央公园就像王冠上的一颗珍珠。

2.平民的公园

欧洲国家有许多古老而著名的园林，但几乎找不出一个与皇家或贵族毫无关联的。"公园"一词第一次出现是在中古 13 世纪的英文辞书上，意思是"皇家敕令之娱乐禁地"。但是到了美国，词典上的"公园"变成了临城或城内供人们休憩娱乐之地，是保持其自然状态作为国家共有财产的地方。

中央公园的可爱在于它的天然野趣。数十公顷遮天蔽日的茂盛树林，开阔的草坪，大片的水面，山水巨石也都保持着史前时代的模样，一点没有刻意的人工雕饰，各种野鸟山兽也就自然而然地把这儿当成了自己的家。周围全是超现代的繁华，从繁华的大商场、繁忙的写字楼一头撞进中央公园，就好像穿越了时空，掉进了时光隧道，一下子进入碧绿的幽谷，顿时俗念全消。中央公园自己制造了一种生态环境，它平衡和调节了空气，湿润了纽约的天空。其实，它不仅湿润了纽约的天空，也润泽了纽约人的心灵。

早在1876年，中央公园就以"人民公园"的名义开放，主要为上层人士建立一个室外兜风、社交、"看"与"被看"的场所，也为城市的中下层居民提供免费的娱乐休闲场所。其设计从环境心理学、行为学理论等科学的角度来分析大众的多元需求和开放式空间中的种种行为现象，为公园的功能进行定位。园内设置了供人们骑马、散步、划船等的设施，并创立了轿式马车俱乐部。20世纪初将原有的一座水库重建成一片巨大的草坪，并成为开放的可以举行大型活动的场地。1926年，第一个充满笑声与活力的儿童游戏场建成。到1940年，园里已建成了20多个游戏场，同时还建成了网球场、溜冰场、足球场、排球场、棒球场、草地滚球场等体育活动场所，以及由海狮表演区、极圈区和热带雨林区组成的中央公园动物园。通过定性地研究人群的分布特性，确定行为环境不同的规模与尺度，并通过定点研究人的各种不同的行为趋向与状态模式，确定不同的户外设施的选用、设置及不同的局域空间知性特征，以创造多样化的户外活动场所。

在清晰明确的结构中，中央公园还借助一定程度的含糊和冗余产生令人欣慰的熟悉感和适应感，以吸引更多的人。很明显，这些场所的设计可能更适合某些活动，但同时也可容纳灵活的、临时的、不确定的活动，为市民提供了多种体验和选择性，而不仅仅是公园中的装饰品或是表面上好看的设施，营造出一个充满纽约日常气息、生机勃勃、含义丰富的城市场所。人们不仅可以在公园里聚会、打球、休息、漫步，也可以进行积极的活动，所以在公园里经常可以看到高水准的免费表演节目，从莎剧、歌剧，到爵士、摇滚，到不定期的演唱会，还有不少的婚礼、宴会等。各种场所的功能设置都围绕市民的日常活动和心理需求展开，以吸引大批市民。如公园原来为马车设计的环路改铺沥青，成为开放的跑步道和溜冰道。根据人的活动方式设计成合理、顺畅的流线类型：平滑的道路曲线，多变的景色，自由的穿插，足够的长度，使人们在环道上进行运动成为一种享受，因而环道上常常由一些长跑、竞走、骑马、滑滑板、溜旱冰的人群占据着。

第六章

园林美学的继承与发展

　　中国古典园林存在着与西方迥异的哲学基础，由此产生的审美情趣引领并展示了中国先人的智慧与美学追求。中国现代园林应适应新时代的需求，在保留我国传统园林美学风格的基础上，理性吸收西方园林美学的精华，将东西方园林元素进行有机融合，走"以中为本，中西融合"之路，才能健康、长足发展。

第一节 园林美学思维的嬗变

一、时代赋予园林美学新的内涵

今天，随着新世纪和新时代的来临，一方面，人类在深刻的反省中重新审视自身与园林的关系，重新谋求建立人文生态与自然生态的平衡关系，意图重建已遭破坏的家园；另一方面，新时代的来临使人们更加需要建立一个融当下社会形态、文化内涵、生活方式为一体，面向未来、更具人性、多元综合的理想生存环境空间，这是新时代赋予园林美学新的内涵。

1.城市社会经济文化的生态理念及美学深化

21世纪是一个崭新的绿色生态文明时代，园林美学又获得了新的现代本质定性，即"生态美"的科学内涵。时下十分流行的"生态园林"建设概念，尤其像历史文化名城，实际上就是"山水园林城市"建设在现代科技文化水平上的新发展，是生态意识的现代深化和表述。"山水园林美学"思想赋予了现代都市"城市大花园"的壮观图景。

2.生态城市社会经济发展模式的转型

现代山水园林城市建构的美学特征，就是在固有的自然美、艺术美的建设基础上突出对生态美的建设，并且紧紧地与城市生活方式、发展方式的深层变革联系在一起。生态园林的经济形态，就是以最少的能源、资源投入和最低的自然生态环境代价，为社会产生最多、最优的产品，为民众提供最充分、最有效的服务。生态园林的科技支撑形态，就是以信息、生物、海洋、空间、新能源、新材料等技术为主体的科学知识高度密集的科学技术群和产业群。生态城市的组织形态，就是在生态环境良好保持与创造的基础上，兼容工业生产、科教文卫、自然山水、园林建筑等要素，使城市走向区域化和城乡一体化。这就是当今人们追求的园林美的生活图景。

二、新时期园林审美意识的转变

1.审美概念的变化

风景园林艺术的概念已从狭义的人工园林艺术扩展到追求大环境的自然化和美化的"环境艺术"的范畴。随着生产力和交通、商品经济及信息交流的日益兴旺，人们对环境的概念已不再局限于一个小庭院或小地区，而是把一个城市区域、整个地区和国家，乃至地球作为生态环境的整体来关注。

从园林审美类型来看，当代风景园林已从传统的人工园林扩展到以自然山水为基础的风景名胜区和特殊地貌景观保护区、区域性公园、小游园等公共绿地系统，包括各类专用绿地及与建筑物相关的庭院小园林等广泛多样的类型。

从园林美学研究的对象来看，当代园林美学已从单一的研究园林艺术特征，诸如形式美、内容美、意境美扩展到研究艺术、科学和自然三者之间的关系，特别是扩展到人和自然的审美关系这一现代美学的重要课题上来。当代园林美学已成为自然美的主要社会实践目标。

2.审美需求的变化

从单一的追求园林的画面美向多形式、多功能的综合审美要求扩展，既向往未来，又怀念过去，既追求豪华，又希望宁静，既享受现代生活的便利，又对田园的古老情趣流连忘返，这是矛盾的统一。市区发展追求现代化，风景区则保留民族风格，外观可古色古香，内部设施则一应俱全。柳永"市列珠玑，户盈罗绮，竞豪奢"与郁达夫"泥壁茅篷四五家，山茶初苗两三芽"的意境可并存。

同时，追求立体空间的丰富变化和虚实空间的奇妙创构，声光的配合以及现代色彩、画面的运用。如音乐喷泉、激光背景、窗、墙、电梯内壁运用新技术、新材料装饰的自然风光画面等，以满足现代人多种审美需求。

3.审美时空观的变化

审美客体的内容和三维空间结构形式的高层次审美需求导致了多序列、多声部、复杂的立体空间结构形式。如山洞中激光背景下的湖泊，国外游乐园中奇妙、复杂的人工景观。

同时，现代文化背景又要求审美实体空间（物质要素构成的境界）与意象空间（人的感受、联想）范围的紧密联系与扩展。不能过于讲求含蓄、玄妙，要求更接近大自然的思维规律，且更丰富（景观外在形式引发联想）。

当然，审美客体在空间顺序和时间顺序上的多样性与复杂性日益发展，这也使得现代科学技术和生活的发展让人们对审美客体要求更高，近年来世界各地的特色公园颇受欢迎就是一种反映。

中国古典园林景观远涉重洋，先后在加拿大（梦湖园、逸园等）、美国（网师园一隅）的西洋现代园林或大型文化娱乐中心内"安家"。

当然，最后还有审美主体的变化，即园林美的欣赏者由少数王公贵族、封建士大夫变为全体人民大众。而人民大众不仅在数量上大幅度增加，也在欣赏需求和文化上呈现出多样化趋势。

园林审美观的这些变化、发展为园林美学和园林美提出了新的课题，它要求我们从时代的角度去研究。从某种意义上说，这是具有承前启后的历史价值的。

第二节　城市的更新与园林美的探索

一、城市更新概述

"城市更新"这一概念是在 1958 年荷兰海牙召开的城市更新研讨会上提出的，主要内容是对城市中的建筑物、街道、公园、绿地、购物和游乐场所等周围环境和生活的改善，尤其是对土地利用的形态的改善，以便形成舒适的生活和美丽的市容。英国学者彼得·罗伯茨和休·塞克斯对城市更新的定义是："综合协调和统筹兼顾的目标和行动。这种综合协调和统筹兼顾的目标和行动引导着城市问题的解决，这种综合协调和统筹兼顾的目标和行动寻求持续改善亟待发展地区的经济、物质、社会和环境条件。"[①]显然，这一定义有些笼统和模糊。我国学者陶希东认为，所谓"城市更新"，就是在城市转型发展的不同阶段和过程中，为解决其面临的各种城市问题，如经济衰退、环境脏乱差、建筑破损、居住拥挤、交通拥堵、空间隔离、历史文化破坏、社会危机等，由政府、企业、社会组织、民众等多元利益主体紧密合作，对微观、中观和宏观层面的衰退区域，如城中村、街区、居住区、工厂废旧区、褐色地块、滨河区乃至整个城市等，通过采取拆除重建、旧建筑改造、房屋翻修、历史文化保护、公共政策等手段和方法，不断改善城市建筑环境、经济结构、社会结构和环境质量，旨在构建有特色、有活力、有效率、公平健康城市的一项综合战略行动。[②]

改革开放以来，我国在城市建设上取得了巨大的成就，对城市更新的要求也更高。深圳从一个小渔村发展成为一座拥有上千万人口的花园城市，并成为中国高新技术产业基地和国际大都市。20 世纪 90 年代初开发的浦东，历经 10 余年的开发与建设，成功带动上海成为全国最大的经济中心城市，陆家嘴也因此成为 CBD 的成功案例，这为我国城市发展及建设提供了宝贵的经验。进入 21 世纪，北京、上海、深圳等城市开始向现代化进军，广州、杭州等城市建设实现了实质性突破，长江三角洲、珠江三角洲、环渤海等沿海地区正形成大都市密集区，随着西部大开发战略的深入，重庆、西安、昆明等西部城市也在谋求更大的发展。目前，全国城市中存量供地占比逐年增加，在东部城镇化水平较高的大城市中表现得更为明显。深圳、苏州等部分城市存量供地占比超过 50%，北京、上海等一线城市未来规划中的城乡建设用地规模也在收窄，城市发展进入更新时代。因此，2017 年 3 月住房和城乡建设部印发的《关于加强生态修复城市修补工作的指导意见》指出：开展生态修

---

① 彼得·罗伯茨，休·塞克斯：《城市更新手册》，叶齐茂、倪晓晖译，中国建筑工业出版社 2009
年版，第 16 页。
② 陶希东：《城市更新：一个基础理论体系的尝试性建构》，载《创新》2017 年第 4 期。

复、城市修补是治理"城市病"、改善人居环境的重要行动，是推动供给侧结构性改革、补足城市短板的客观需要，是城市转变发展方式的重要标志。住房和城乡建设部明确提出实施城市更新行动，就是要推动城市开发建设方式从粗放型外延式发展转向集约型内涵式发展，将建设重点从房地产主导的增量建设，逐步转向以提升城市品质为主的存量提质改造。2019 年，中央和地方都出台了许多城市更新的相关政策，宣告"城市更新元年"的到来，城市更新也由锦上添花的点缀，变为城市高质量、可持续发展的核心手段。2020 年中央经济工作会议强调，要实施城市更新行动，推进城镇老旧小区改造，为进一步提升城市发展质量指明了方向。此次中央经济工作会议将实施城市更新行动和推进老旧小区改造并列，可以理解为推动城镇老旧小区改造，建设生活便捷、和谐包容、充满活力的居住社区，为人民群众提供高品质的生活空间，是实施城市更新行动的重要抓手和突破口。党的十九届五中全会通过的《中华人民共和国国民经济和社会发展第十四个五年规划和 2035 年远景目标纲要》明确提出：加快转变城市发展方式，统筹城市规划建设管理，实施城市更新行动，推动城市空间结构优化和品质提升。这是以习近平同志为核心的党中央站在全面建设社会主义现代化国家、实现中华民族伟大复兴中国梦的战略高度，为实现城市高质量发展而作出的重大决策部署，也是"十四五"以及今后一段时期我国推动城市高质量发展的重要抓手和路径。

二、现代城市的发展理念

1.生态城市理念

改革开放以来，我国经济飞速发展，极大地带动了城市规模的扩张，城市居民的物质生活水平也有了很大的改善。与此同时，对能源、电力和水资源的消耗以及对公共服务的需求也相应地增加。相伴而来的是一系列城市问题开始不断出现，导致城市交通拥堵、住房短缺、环境污染和能源短缺。在这种情况下，现代城市的发展观念也开始发生变化，人们开始渴望生态文明，追求人与自然和谐发展，以建设美好的工作和生活家园。

2.文明城市理念

一座城市的综合性价值离不开其历史文明，特别是在某些历史遗迹中，包含着珍贵的历史信息以及时代的变迁痕迹。现代城市的发展不能以摧毁或破坏历史文明为代价。同时，文化是城市的灵魂。如今，随着人们综合素养的不断提高，越来越认识到如何在追求现代生活方式的同时，珍视和保护历史文明。建设文明城市的认同感更是根植于人们的心中，这不仅是对历史的尊重，也是对文化的尊重。

3.绿色城市理念

如今城市设计更加注重"公园城市"的特征。公园城市既不是普通的经济城市，也不是普通的生态城市，而是一个有机整合的生态经济城市，它不仅促进了经济的可持续发展，而且保持了可持续的生态。绿色城市中，利用现代技术来建造新建筑物，扩大居民的生活空间，为城市提供更多空间进行绿色发展，并为居民提供更宜居的生活环境，从而满足人们对美好的生态环境的需求。

三、园林美是城市现代化的有机组成部分

传统的城市园林是在城市发展过程中，根据人们的需要而专门建立的模仿自然，供人们观赏、游憩的场所。这个时期，主要是借鉴古典园林的造园思想，在一个个独立的地域内建造一些公园、花园和纪念园等。事实上，这个时期很多的园林就是古典园林经过简易的改造后形成的。这时的园林虽然结束了园林为少数人服务的狭隘，开始对外开放，为大众服务，但毕竟园林还只是一个独立的园子，与城市建筑、街道等城市设施没有形成相互的联系。园林、建筑、城市设施都是城市建设中的独立体，是一种简单的混合，是城市园林发展的初级阶段。园林的研究主要偏重于古典园林造型艺术和园林的观赏性方面。

随着我国城市建设的进一步发展和生态环境的改善，整体环境艺术成为城市现代化建设的一个重要方面，园林在这方面起着重要的作用，近年来逐步形成了大园林思想。大园林思想，是在传统园林和城市园林绿地渐成系统的基础上，继承中国古典园林理论，借鉴国外系统绿地规划理论和风景园林理论发展起来的。其核心是建设园林式的区域、城市甚至国家。实现大地景观规划，其实质应当是园林与建筑及城市设施的融合，也就是说，将园林的规划建设放到城市的范围内去考虑，园林即城市，城市即园林。它强调城市人居环境中人与自然的和谐，以满足人们改善城市生态环境，回归自然、亲近自然的需求，满足人们对建筑室内外空间相互交融，以提供休闲、交流、运动、活动等工作和生活环境的需求，满足人们对建筑等硬质景观与山石、水体和植物共同构筑的环境美、自然美的需求，创造集生态功能、艺术功能和使用功能于一体的城市大园林。因此，大园林理论是城市建设发展的必然，也是园林发展的必然，它使园林进入了与城市建筑和城市设施融合的高级阶段，也使园林进入了对园林艺术、园林生态和园林功能综合研究的大园林阶段。

大园林理论的出现，从理论上阐明了园林美是城市现代化的有机组成部分，自此我们可以从更广泛的层面理解园林的概念：首先园林即城市，其次包括城郊森林、自然保护区、名胜古迹、著名的现代建筑、雕塑、公园、绿地、喷泉、行道树等。

在现代化的城市建设中，除了考虑交通、商业、通信、能源和粮食供应等因素，应当重点考虑为城市居民提供高质量的居住环境，最终使人们逐步拥有一个鸟语花香、可以"诗意地栖居"的环境。

四、城市更新中风景园林的协同作用

城市更新并非一门学科，其实践的直接动机是应对城市发展过程中的现实问题。通过回顾城市发展的历史，分析城市发展的阶段特征与矛盾主体，不难发现，对园林空间的营建始终是解决城市更新问题的重要手段之一。例如，第一次工业革命后，英国第一个城市

公园的建设和实施，极大地缓解了利物浦市中出现的公共健康和社会公平问题；奥姆斯特德在波士顿的"翡翠项圈"建设过程中，形成了大量的连续开敞绿地，为城市提供了丰富的生态服务功能，有效地优化了城市的空间环境；"二战"后一系列后工业景观、城市"棕地"的转型开发建设，为后工业时代的土地利用提供了极佳的发展模式参考；20多年来西方"景观都市主义"经过研究和实践，也对城市发展过程中产生的一系列问题进行了非常积极的探讨和尝试。

中国的城市更新实践发展较晚，但同样经历了一系列的变化。中华人民共和国成立后，计划经济背景下的城市建设以满足基本的生产需要和生活需求为核心。这一阶段中国的城市更新以棚户区和危房改造为主，风景园林专业的实践以"城市及居民区绿化"为主要内容。该时期建设的城市公园和街头绿地，优化了旧城的服务功能，在一定程度上缓解了空间矛盾，提升了环境质量。20世纪80年代后，随着中国市场经济体制的逐步确立，城市建设得到了长足的发展。城市空间资源的持续消耗、政策的渐进式调整，以及资本运作模式的多元化，促进了城市更新从初期的旧城改造、城中村改造等不同主体的物质空间改造，到城市存量空间、存量土地的功能更新，再到以生态文明为核心的城市职能转变。近年来的城市更新实践中，园林发挥了更多的作用：不同尺度的城市绿地建设实践，显著改善了城市的面貌，极大优化了城市环境，体现了城市绿地重要的生态价值和社会效应，同时以绿色为基础的城市产业、城市公共服务和城市生活方式成为主流。在这一过程中，园林从业者融合多个专业的应用技术，在绿色基础设施更新、生态城市建设、低碳城市建设、海绵城市建设、城市双修等实践领域都进行了探索，并取得了一系列积极的成果。

城市更新行动，明确提出了建设宜居城市、绿色城市、韧性城市、智慧城市、人文城市的目标。然而，不同于以往以增量建设为主题的开发建设模式，城市更新的工作任务需要以促进资本和土地要素的进一步优化配置为主，进行存量资源的转型和升级。因此，在多专业融合解决城市更新问题、实现更新目标的过程中，风景园林的协同作用首先以城市发展的现实问题为核心展开。

1.以妥善处理人地关系为专业出发点，对城市人文价值进行挖掘和延续

城市更新的过程是一个扬弃的过程，其所面对的人文环境不仅包含历史文化名城、历史街区、历史建筑或不可移动文物、古树名木等空间要素或物质要素，还有城市发展过程中所形成的特定生活方式、价值取向、记忆情怀，都应该在更新过程中被尊重。如何评判这些非物质因素的价值，进行怎样的技术决策，是存量用地的更新业务中的必然矛盾和热点。在一定程度上，需要园林从业者基于保护的视角开展业务实践，实现对已有场所精神的挖掘和行为模式的尊重，这是避免更新过程同质化、更新内容物质化的重要手段。

2.通过园林规划，实现对区域生态功能的修复和完善

通过园林规划，实现对区域生态功能的修复和完善，是园林规划参与城市更新实践的核心和重点。更新工作中所面对的城市建成区环境，通常难以具备基本的生态服务功能，而产业的置换和升级通常会对环境承载力提出新的要求，这也是园林规划发挥优势的主要

途径。以环境资源为刚性约束条件，建立连续完整的生态基础设施体系，是实施城市更新行动的明确要求，园林规划已经在此领域积累了良好的理论和实践基础。

3.以城市绿色空间为依托，对区域结构和功能进行重组及优化

户外绿色空间的营建，是城市更新过程中提升适用人群幸福感、获得感的重要手段。如何满足绿色空间在转型提质更新过程中的发展要求，如何通过和城市其他属性的公共空间建立逻辑上的联系而达到资源优化配置，如何通过变更、整合、串联实现绿色开放空间的系统服务功能，都是园林从业者需要思考和解决的问题。

4.通过对景观环境的系统营建，实现城市风貌的展现和提升

城市的文化特质和精神内核，需要通过视觉途径来展现，以风景园林的手段阐述和表达更新区域的地域文化、山水格局、人文印记、风貌遗产，更有助于展示城市的发展活力，让人真正地与空间环境产生价值共鸣。

第三节 美丽中国理念下园林美的建设

当今的时代，是一个充满重大变革的时代。人类的科学文化取得了前所未有的进展，人们的自然观、社会观、伦理观以及生活方式、思维方式也相应发生了深刻的变化。

一、构建生态网络体系

2016 年，中共中央、国务院印发的《中共中央 国务院关于进一步加强城市规划建设管理工作的若干意见》提出要恢复城市自然生态。城市建设要以自然为美，把好山、好水、好风光融入城市里面，要把城市内部的水系、绿地同城市外围的河流、森林、耕地形成完整的生态网络。尊重自然，按照山水林田湖草沙是一个生命共同体的理念，构建系统完整、城乡协调的生态网络体系，将城市毗邻的山水、林地、耕地等绿色空间引入城市，留住绿水青山，构建"显山露水，透绿见蓝"的空间格局，让城市居民"看得见山、望得见水"。通过生态系统保护与修复，构建联通城市内外的生态网络体系，实现生态系统功能最大化和生态产品供给多样化，达到人居环境改善、公共资源共享、生活品质提升、社会和谐善治等综合效益。

二、绿地系统扩容提质

当下，我们面临的城镇化进程不断加快与地球资源匮乏、土地资源不可增长之间的矛

盾日益突出，如何统筹"三生"空间是我们面临的新挑战。各地多年来的实践证明，最智慧的做法就是在保护已有城市园林绿化建设成果的基础上，在规划建绿的前提下，横向纵向拓展绿色空间（扩容）。横向拓展，主要是实施生态修复，对被污染、被废弃的场地进行修复并用来建设绿地，其次是借棚户区改造、旧城改造、拆迁拆违等见缝插绿、拆违复绿、留白增绿、更新植绿。纵向拓展就是全面推广立体绿化，包括屋顶、墙体、桥体、廊架、桥涵、边坡等绿化美化。扩容与提质要并举，提质主要包括绿色空间品质提升和功能叠加复合最大化。一是合理增加绿地，优化绿地布局，提升绿地就近服务市民百姓的功能；二是加强绿地专业化精细化管养和保护，提升景观效果、生态功效等；三是按照可观赏、可进入、可享用的原则，对公园绿地、附属绿地等进行升级改造，如对城市商业区、体育场馆、车站码头等实施公园化更新，为市民提供数量更多、环境更美的绿色公共活动空间。

三、建立完善公园体系

社会资源和公共服务均等化是建设和谐社会、保障人民幸福的前提，是人民城市为人民的基本要求。推进公园体系分级分类配置和公园基本服务均等化，构建数量达标、分布均衡、功能完备、品质优良的公园体系，努力让每个老百姓都能公平享受生态园林建设成果，达到"出门见绿、步行入园"，共享绿色福利。如徐州市为解决中心城老城区绿地不足问题，着力优化城市总体规划和绿地系统规划，将城市环境综合整治、棚户区改造、拆除违法建设等腾退出的 $0.67\,\mathrm{hm}^2$ 以下的土地全部用于公园绿地建设。目前，徐州市市区 $5\,000\,\mathrm{m}^2$ 以上的公园达到 177 个，城市公园绿地 500 m 服务半径覆盖率高达 90.8%，市民能就近享受绿化成果。

四、构建城市绿荫网络

绿荫网络是城市景观风貌的骨架，主要包括绿道绿廊和林荫路。

1. 绿道绿廊

绿道一是联通城市内外的重要纽带，连接风景名胜区、旅游度假区、农业观光区、历史文化名镇名村、特色乡村等，在保护生态环境、保护资源的同时，供市民休闲、游憩、健身和生物迁徙等；二是串联城镇功能组团、公园绿地、广场、防护绿地等，供市民休闲、游憩、健身、出行。如江苏省依托苏州等城市，完成了环太湖绿道绿廊规划，把城市内部的水系、绿地与城市外围的山体、河湖、湿地以及一些历史名村名镇、历史人文保护点等全部串联起来，形成一个完整的生态网络体系，并借此平台推进区域绿道绿廊和城市慢行交通系统建设，实现了整个绿色生态空间的有机融合和生态系统闭合循环，生态系统功能大大提升，生物物种种类也逐年增多。珠三角绿道网络规划的实施不仅使城市绿心、绿楔、绿环、绿廊等结构性绿地布局进一步优化，而且有效串联城市绿地与城市外围的风景名胜、历史文化遗存等，联通了城市内外和城市群生态空间体系，犹如给城市戴上了绿色项链。

2．林荫路

道路绿化应根据道路等级、位置等确定绿地率指标，并满足遮阴通风、吸尘降噪、吸霾吸热、人机分离、交通组织等功能需求，营造出安全、舒适的交通出行环境和景观良好的生态廊道。按照"一路一景、一路一品"的原则，合理选择以抗逆性强、耐粗放管理、乡土适生为主的植物，增加城市道路乔木种植比重，行道树要选择冠大荫浓的高大乔木，实现"有路必有树、有树必有荫"，形成绿荫如盖的城市绿色慢行交通网，为市民步行、骑车出行营造舒适环境。保存完好、历史悠久的林荫路既是城市发展的见证者，又是净化美化城市的亮丽名片。

五、开展城市双修，塑造公园城市特色风貌

城市双修（生态修复、城市修补）作为治理"城市病"、改善人居环境的重要行动之一，应首先开展城市生态环境评估，对城市山体、水系、湿地、绿地等自然资源和生态空间开展摸底调查，找出生态问题突出、亟须修复的区域，用再自然化的理念，实施山体、水体、废弃地和城市绿地系统综合修复，创造越来越多的公共空间、舒适宜人场所，满足人们出行、交往、交流、休闲、娱乐、康体等需要，提升城市凝聚力和活力。此外，在公园城市建设过程中，应充分挖掘利用特殊的地形地貌、乡土植物、民俗风情等城市特色要素，找准城市长期发展建设过程中积淀形成的富有特色的历史空间和城市文脉等特质基因，通过城市设计，塑造地域特征、民族特色和时代风貌，避免"贪大、媚洋、求怪""千城一面"。

六、推进文化传承与保护发展

推进文化传承和保护发展是生态文明建设的重要命题。如何在当代社会发挥好公园的载体作用：一要保护好历史名园，中国作为世界园林之母，要按照党中央国务院要求切实增强中国文化自信，大力弘扬中国优秀园林文化，支持中国园林代表性项目"走出去"，扩大中国园林国际影响；二要大力倡导文化建园，加大对地域、历史、文化元素的挖掘，有机融合历史、文化、艺术、传统工艺、风俗民情等，塑造人文景观，提高公园文化品位和内涵，陶冶入园游人文化情操；三要充分发挥公园文化宣传、科普教育平台作用，开展公园课堂自然教育、公园文化节等活动，增强游人人文体验，传播生态文明理念，弘扬社会主义核心价值观，提升市民文化素养和获得感、幸福感。

七、提升公园综合功能

公园作为城市绿地系统的核心组成部分，既是公众游览、休憩、娱乐、健身、交友、学习、舒缓情绪、减缓压力等的重要场地，也是政府、社会团体等举办相关文化教育活动的公共平台，还是各种城市灾害来临时的主要应急避险场所之一，是老百姓日常生活不可或缺的"第三空间"，是构建社会和谐的重要物质基础。建设公园城市，要切实加强公园配

套服务设施建设和管养维护，提升公园综合品质，提升就近服务市民日常活动的功能、城市海绵体功能、防灾避险功能、安全防护功能、大气污染防治功能、节能减排功能和助推绿色生活功能。

第四节　绿色生态理念与园林美

园林在人类社会的漫长历史中，基本上是沿着"自然—模仿自然—由人工表现自然或改造自然—回归大自然"的轨迹发展的。目前，人们普遍产生了"回归大自然"的愿望，这也造成人们对风景园林的审美情趣有了新的趋向，人们对自然风光和人工痕迹很少的景观的喜爱程度明显增加，人们对海滩、峡谷、原始森林、大草原的兴趣与日俱增，甚至人迹罕至的沙漠也能吸引游人。

一、绿色生态理念在园林设计中的意义

1.满足人们对自然的向往

人们的生活节奏越来越快，压力也越来越大，心情压抑紧张，让人感觉疲惫。周围的高楼大厦越来越多，使人们缺乏自然的生活环境。随着人们对生活质量的追求越来越高，人们对生态绿化环境也有了更高的要求，绿色的环境能够让人们身心愉悦。自古以来，契合自然、天人合一这样的思想已经在人们的脑海中根深蒂固，打造绿色自然的生态城市必然是城市发展的重要方向。在园林环境设计中，首先要以绿色生态理念为设计的第一要素，保障人与自然的和谐共处，要注意人与自然界中各种生物的共同发展。其次，要在视觉景观、生态环境、人们的行为习惯等方面进行全面分析，设计师不仅要考虑到绿化的功能，园林生态建设还要在保障大自然生存基础的同时，满足人们心灵和精神上的需求，让人们感受到美，做到真正地回归大自然。以城市居住的小区为例，以绿色生态理念为基础的景观环境设计，通过小区的建筑、水文、地形等要素和自然环境中气候、水、土壤、树等物质的深层次联系，将这些联系进行合理安排，让人们不仅感受到怡人的环境、良好的生态系统，呼吸到新鲜的空气，还在心灵上得到愉悦和满足，在生活的小范围内就能感受到自然的美。

2.弥补大自然的生态环境

绿色生态理念提倡尊重爱护大自然，与大自然和谐共处，不能破坏大自然。在园林环境设计中，只有以绿色生态理念为主旨，才能恢复被人类生活干扰和破坏的自然生态，通过人工要素和自然要素来表达人们规划的体验。建筑物、道路等景观都是设计中的人工要

园林美学

素，自然要素是指气候、水、土壤、地形、动植物以及大地景观特征等。在进行园林环境设计时要综合考虑这些要素，要以人与自然相互协作和依赖为前提。我们不能只简单了解自然系统的演变，还要理解在人类的作用下自然系统的发展和变化。自然的发展规律对人类的破坏承受度有限，所以在园林环境设计中，必须遵照自然的发展规律和自然的演变，促进人与自然的和谐发展。

3.塑造风土人情和特色

文化是发展的手段之一，它与发展的目的有着必然联系，城市是文化的表现形式之一，城市的文化价值和内涵体现了城市的生态价值，城市需要结合多种手段达成文化多样性原则。实现绿色生态理念的同时要挖掘城市的历史文化传统，并将其表现在园林设计中，要注重文化的多样性和延续性，将丰厚的历史底蕴继承下来，并且发扬光大。人们对生活环境的最高期待便是融入自然、享受自然，绿色生态理念要求尊重当地的传统文化。绿色景观是城市景观的重要组成部分，不仅要为城市增添亮丽的风景，还要满足生态系统，满足人们对精神文化的需求。展现城市文化，是在传承传统文化的同时把传统文化发扬光大。这种特色文化是文化发展的基础，本土文化不仅体现了当地的精神，还造就了当地特有的风土人情。

在绿色生态理念下的园林环境设计中，不需要追求各种奇花异草，只需能够表达设计理念的植物来打造良好的环境氛围。绿色生态理念能够充分体现植物的自然美，在这个基础上，添加一些人为的改造设计，精心养护，让景观产生强烈的艺术感染力，让观赏的人们心旷神怡、心情愉悦。在景观设计的植物搭配上，要注意植物之间的相互联系，让植物搭配更加有美感、不突兀。为了让景观效果稳定和谐，在设计中要注意各方面的均衡。设计师要关注新的美学和趋势，设计出前沿的景观满足人们对美的追求。

4.合理的设计理念能够降低能源消耗与施工成本

绿色生态设计理念提倡保持原有的地形地貌，减少过度设计和开发。在自然生态理念下的不可再生自然资源重点强调保护。不到万不得已不可使用，尽可能地提高生态效率，减少能源、土地、生物资源的使用。在园林环境设计中，适当利用自然界中的风、水等，增加能源的利用率。绿色生态理念讲究就地取材，对设计场地中原有的材料进行二次利用甚至是多次利用，以节约资源和减少能源的消耗。采用场地原有的植物也是绿色生态设计的一种表现形式。影响全世界的生态问题的重要因素之一就是物种的消失，最能适应当地生产环境的物种就是乡土物种，管理和维护的成本也较低，为设计施工和后期的养护节约了成本。

二、绿色生态理念在园林设计中的应用原则

1.因地制宜原则

在园林环境设计中，要遵守相应的设计原则，盲目设计会对园林设计中的科学合理性带来严重影响，甚至影响到人们的日常生活。因此，因地制宜是非常重要的。每个城市的

地理位置和气候环境都各不相同，发展的态势也各有不同，设计师要充分考虑当地的实际情况，包括对当地的自然资源、气候、水、土壤等方面进行分析和研究，在进行科学合理的设计时不破坏原有的自然要素。在景观环境设计中应融入当地的风土人情和传统文化，确保当地生态环境的平衡，继承当地的风土人情和传统文化，并将之发扬光大。

2.多样性原则

在园林设计中，除了因地制宜，还要遵守多样性原则。园林设计本身较为复杂，很多外界因素都会影响到景观环境设计，要有效控制外界因素，以免影响到最终的设计结果。所以，要充分考虑多样性原则，把生态系统的方方面面都要考虑清楚，在设计景观环境时，尽可能地添加绿色，有效地将自然生态和人工生态结合起来，在确保设计科学合理的同时，促进园林设计符合当前人们的需求。

3.节约原则

在园林设计中，除了确保设计合理、科学外，还要遵守节约性原则。要尽可能地减少投入的成本，以及资源和能源的消耗，科学合理地处理一些废弃物，达到二次利用的效果，这样既可以保证设计合理科学，还能节省施工成本。

4.局部补偿原则

园林设计虽然有效促进了城市化建设的良好发展，但也出现了一些负面影响，如在施工过程中产生的噪声、灰尘、废气等。所以，在绿色生态理念下的园林设计过程中要尽可能地减少这些污染，给人们营造绿色健康的生活环境。例如，种植大量的绿色植物减少建设中出现的噪声，采用水流来抵消建设过程中出现的噪声。采取相关措施，能够尽可能地减少建设带给人们的不良影响。

5.适度性原则

园林设计时，要尽可能地体现审美价值和功能，与此同时，还要具备适用性，这样才能符合人们的审美追求。在园林设计的具体过程中要遵循适度性原则，不能一味地追求景观效果，盲目地增加设计环节。园林设计过多有可能不符合当前需求，阻碍城市的发展。

三、绿色生态理念在园林设计中的应用策略

1.设置微型自然保护区

在园林设计中设立微型自然保护区，打造适合生物生存繁殖的自然环境，采用封闭式的管理模式，尽量避免人类对它们的打扰和影响，这样的方式充分表现出景观设计师对大自然的敬畏，与自身设计的能力相结合，还原自然环境，打造出今后园林设计的模板，引发思考和探究。在设计进程中，设计人员要明确保护目标，提前做好相关准备。例如，保护一些小动物的洞穴、生存的草丛等，营造一个具有当地特色的生物群体部落。不同的生

物群体，要规划出不一样的保护区域，防止外界因素对它们的打扰，尤其要避免人类的生活干扰到它们的生存发展。设立警示牌，有效提醒人们爱护环境，促进生物链区域的环境与生存空间保护的扩展。

2.设计特色水体景观

在设计景观时，要具有充分利用雨水、保护水资源的绿色生态理念，建设特色水体景观。地面铺装不可采用硬质的材料，尽可能地减少水资源的消耗。在景观环境设计时，要尊重水自流和向地下渗透的特性；进行地表铺装时，充分借助地势，打造内容丰富的生态水体景观，如雨水花园等。还可以借鉴自然河流小溪、湖泊的形态，做好边缘处理，尽量避免用水泥混凝土搭建边缘，更好地保护水生动植物，有效恢复水体的自净能力，尽可能避免人类的破坏和干预。

3.保留再利用

我国经济发展飞快，在城市化建设飞速发展过程中出现了很多工业废弃基地，可以采用保留再利用的绿色生态园林设计的方式，有效管理这些工业废弃基地。在最大限度保护原有场地资源的同时，创造和再利用景观，促进生态景观价值的提高，很好地继承和发扬当地的一些历史文化。这一方法充分发挥了节约资源原则，有效保护了当地的生态环境。在设计过程中，要全面了解当地的自然环境，特别是一些特殊的建筑和动植物群，根据当地的实际情况设计不同的方案，从而进行全面的分析研究，更好地设计出符合当前城市发展的景观环境。

4.因地制宜地设计

在进行园林设计时，由于每个城市所处的地理环境不同，发展过程中的发展理念和目标有差异，因此要制定因地制宜的设计策略。在设计景观环境时，保护当地原有的地形地貌，尊重当地的自然生态环境，有助于打造具有当地特色的生态景观。设计时不仅要满足人们的需求，还要将人文情怀和历史文化有效结合起来，并融入设计中。对生态环境进行有效保护，如进行人工科学干预、减少人类生活干扰；打开自然植被自我恢复进程，帮助自然生态形成良好的循环；加强我国生态环境的保护，让景观设计具备科学合理性。

5.与文化设计相融合

在当今城市建设中，景观环境设计不仅要遵循绿色生态理念，还要与中华文化进行有机融合，各地的地域特色、风土人情等，都可以与景观设计紧紧关联在一起。景观环境设计具有浓郁的文化特性、独特的地域风格，包含了景观特点，让景观具有浓厚的艺术气息。在景观设计中，建筑和植物都有着独特美好的寓意，有效帮助了设计元素的形神结合。中华文化的传承，人文传统和自然规律的有机结合，打造良好的意境氛围，让景观的情调和品位得到了提高，舒缓了人们的身心，与当前人们的生活质量需求相契合，在丰富了景观内涵的同时，有效提高了景观的功能，这正是进行绿色生态理念环境设计的意义。

四、智慧园林

人们常说科学技术是第一生产力，可是在科技快速发展的背景下，伴随着生产活动而来的还有工业污染、生活污水肆意排放、空气质量下降等诸多问题。针对这些问题，科学研究发现，通过在城市中建设人造园林、人工种植绿色植被、建设可循环园林绿化系统等便可以净化空气、净化水体。因此，现代城市中的景观园林设计，承担着改善居民生活环境、净化空气、提高生活舒适度的重要使命。

随着居民对生活品质的追求，以及审美情趣的提高，景观园林设计已经成为现代城市建设必不可少的一部分，除要完成改善环境的使命外，还要能够在提高大众审美、促进以人为本等方面有所作为。所以，设计者在从事景观园林设计时，需要运用新颖的设计理念和先进的生产技术，在改善生态环境和提高大众审美的基础上，通过景观园林设计达到功能性与审美性统一的目的。

利用智能化的设计对园林设计加以改造，不仅能让我们更好地休闲娱乐，还可以让我们更高效地参与到环境中。如智能化的照明，使我们不仅不受光污染，还可以做一个与自然和谐相处的自由人。智能化的公共设施和背景音乐的结合，不仅给人带来生活上的一种享受，还在缓解人的心理压力方面有一定的助益。

景观园林设计的一大部分载体是绿植和公共设施。以往的公园景观，多是自娱自乐，而人工智能化的景观园林，可以资源共享，环保互助。智能化园林设计还有利于当地的人文风俗推广并做到相得益彰，在不违背大自然规律的前提下，集多种利益于一体。

首先，人工智能在景观园林建设中的应用。将人工智能技术运用到景观园林建设中，可以弥补人工技术不足的缺陷，突破技术难题，完成人工无法完成的施工工作。例如，在前期方案设计阶段，利用人工智能计算出精确的虚拟图像，模拟真实的设计场景，提升设计方案的可行性和科学性；在设计实施阶段，人工智能可以通过大数据推算出实际地形、气候、温度等所对应的植物、建材种类，从而更科学有效地进行现场施工，达到提升工程质量的目的。

其次，人工智能在水景设计中的应用。水景是景观园林设计中的重要组成部分，是整个微生态系统的核心。但由于缺少数据支持、施工技术等，传统的水景设计多以假山、死水等为主体，这种设计相对来说可循环性差，后期维护成本高。而在人工智能技术的支持下，设计者可以通过智能感应技术建造音乐喷泉、光影水池、净水系统、智能雨水收集系统等，从而形成可持续的循环水景系统。

再次，人工智能在地面铺装中的应用。在景观园林设计中，地面铺装应具备硬化面的功能性和提升视觉效果的美观性。然而传统的地面铺装往往只具备功能性而缺少美观性。利用人工智能技术中的大数据进行色彩分析，根据不同的自然光改变地面铺装的颜色，利用人工智能技术中的投影技术将生动的动态图像投影在地面上，能够达到美观性与功能性统一的设计效果。

最后，人工智能在视觉灯光中的应用。传统的灯光设计在景观园林中起到照明、调节气氛的作用，缺点是灵活性差、可变性差、互动性差。人工智能技术的出现，为灯光设计带来了全新的视觉体验。智能感应系统通过感知周围空间环境，调整灯光颜色、强度、位置、方向等，使灯光不再是固定不变的物体，而是成了可以与人互动的"精灵"。通过灯光的变化能够构建出一个浸入式互动景观园林空间。

今后，景观园林设计加上人工智能化技术还可以应用在更多方面。如背景音乐的智能化，让人们与音乐结合，不仅能够治愈心灵，启迪人生，还可以使地域文化得到推广；灯光照明的智能化，不仅使建筑和人有机结合，还可以创造无光污染的生活场所，在不影响别人的前提下，更好地娱乐大众；公共设施的智能化，将现有的垃圾箱改为智能机器人垃圾箱，可移动且方便处理垃圾；等等。

参考文献

［1］ 金学智.中国园林美学［M］.2版.北京：中国建筑工业出版社，2005.

［2］ 徐化成.景观生态学［M］.北京：中国林业出版社，1996.

［3］ 彭一刚.中国古典园林分析［M］.北京：中国建筑工业出版社，1986.

［4］ 梁隐泉，王广友.园林美学［M］.北京：中国建材工业出版社，2004.

［5］ 章采烈.中国园林艺术通论［M］.上海：上海科学技术出版社，2004.

［6］ 朱迎迎，李静.园林美学［M］.3版.北京：中国林业出版社，2008.

［7］ 冯荭.园林美学［M］.北京：气象出版社，2007.

［8］ 周武忠.园林美学［M］.北京：中国农业出版社，2011.

［9］ 吕忠义.风景园林美学［M］.北京：中国林业出版社，2014.

［10］ 成玉宁.现代景观设计理论与方法［M］.南京：东南大学出版社，2010.

［11］ 刘伯霞，刘杰，程婷，等.中国城市更新的理论与实践［J］.中国名城，2021，35（7）：
1-10.

［12］ 朱凌俊.绿色生态理念在景观环境设计中的运用［J］.绿色环保建材，2021（8）：
197-198.

［13］ 李丰彩.探究人工智能在现代景观园林设计中的运用［J］.现代园艺，2021（10）：
100-101.

［14］ 袁牧，梁斯佳.城市更新背景下风景园林专业的协同与应对［J］.风景园林，2021（9）：
47-51.